Gottfried Seebaß

Willensfreiheit und Determinismus

Die Bedeutung des Willensfreiheitsproblems

Gottfried Seebaß

WILLENSFREIHEIT UND DETERMINISMUS

Band I

Die Bedeutung des Willensfreiheitsproblems

Akademie Verlag

Bibliographische Information der Deutschen Nationalbibliothek
Die Deutsche Nationalbibliothek verzeichnet diese Publikation in der Deutschen Nationalbibliographie; detaillierte bibliographische Daten sind im Internet über http://dnb.d-nb.de abrufbar.

ISBN 978-3-05-004339-5

Das eingesetzte Papier ist alterungsbeständig nach DIN / ISO 9706.

Lektorat: Mischka Dammaschke
Einbandgestaltung: Günter Schorcht, Schildow
Satz: Veit Friemert, Berlin
Druck: MB Medienhaus Berlin GmbH
Bindung: Druckhaus „Thomas Müntzer", Bad Langensalza

Printed in the Federal Republic of Germany

Inhaltsverzeichnis

Vorwort

1. Freiheit ist eines der großen Themen, die Menschen immer wieder beschäftigt haben, theoretisch genauso wie vortheoretisch und lebenspraktisch. Dieses Interesse kommt nicht von ungefähr. Gilt Freiheit doch als ein hohes, ein sehr hohes Gut, das alle Menschen erstreben und zu erhalten suchen. Entsprechend lax und tendenziös ist der Umgang mit diesem wertbesetzten Begriff. Geistige und politische Kämpfe, Kriege werden im Namen „der Freiheit" geführt, vom alltäglichen Mißbrauch des Wortes zu unterschiedlichsten Werbezwecken ganz zu schweigen. Versucht man jedoch, genauer zu bestimmen, worin diese Freiheit jeweils besteht und wie weit Menschen, losgelöst von allen plakativen Beteuerungen, tatsächlich frei sind oder sinnvoll nach Freiheit streben können, beginnen die Dinge nebulös zu werden. Das hohe, scheinbar vertraute Gut „Freiheit" entgleitet und erscheint – ähnlich wie die noch unbestimmtere Rede vom menschlichen „Glück" oder „Wohl" – nur noch als schlagworthaft oder chiffrenhaft. Freiheit wird zum Problem. Und dieses Problem, je länger man sich mit ihm befaßt und je tiefer man eindringt, erweist sich nicht nur als außerordentlich vieldeutig, facettenreich und verzweigt, sondern auch als gedankenverwirrend und hintergründig, ja abgründig.

Letzteres gilt zumal für sein traditionelles Kernstück, das Problem der *Willensfreiheit*, insbesondere in der Beziehung zum *Determinismus*. Dieses vor allem gibt Rätsel auf, die allen Versuchen zu trotzen scheinen, sie rational zu lösen. Damit will sich die Philosophie nicht abfinden. Sie bleibt bestrebt, dieses alte, provozierende Skandalon der menschlichen Vernunft prinzipiell auszuräumen. Manche Autoren haben in diesem Bestreben geltend gemacht, das Problem selbst sei von vornherein falsch gestellt bzw. von Voraussetzungen abhängig, die keine Allgemeinverbindlichkeit haben, weshalb sich das traditionelle Willensfreiheitsproblem, wenn nicht im ganzen, so doch zumindest als Problem von „Willensfreiheit und Determinismus" für aufgeklärte Denker von selbst erledige. Diese Auffassung hat in der Philosophie der Neuzeit zunehmend an Einfluß gewonnen und auch die breitere

Öffentlichkeit stark beeinflußt. Noch vor wenigen Jahren konnte es deshalb scheinen, als sei diese Frage, die lange als Kern des Freiheitsproblems gegolten und anhaltende, kontroverse Debatten ausgelöst hatte, gänzlich obsolet bzw. zu einem Seitenthema geworden, das allenfalls von historischem oder rein akademischem Interesse ist.

Das hat sich inzwischen gründlich geändert. Das alte, fast vergessene Thema boomt und durchstrahlt die Öffentlichkeit, bis hinein in die Massenmedien. Nicht die Philosophie allerdings hat bei dieser jüngsten Erleuchtung die Fackel vorangetragen. Vorreiter waren die neu ausgerufenen Leitdisziplinen der *Neurowissenschaft* und der *Psychologie*. Einige ihrer Vertreter sind dabei ziemlich weit vorgeprescht, manche Wissenschaftsjournalisten noch weiter. Sie haben mehr oder weniger unverhohlen zum Halali auf „die Willensfreiheit" geblasen und zugleich auf vieles andere, was sich traditionell mit ihr verbindet: moralische und rechtliche Verantwortlichkeit, Rationalität, Absichtlichkeit und Willentlichkeit des Handelns, bewußte Handlungskontrolle, Urheberschaft, aktives Selbstverständnis. Begründet werden solche Ansprüche mit der Behauptung, alle Leistungen des menschlichen Bewußtseins seien erwiesenermaßen neuronal determiniert. Folglich habe sich auch die gewöhnliche Vorstellung von Menschen als „willensfreien" Personen, die autonom denken und handeln können, definitiv als illusionär erwiesen. Thesen dieser Art sind nicht absolut neu, sondern gehören seit langem zum Standardrepertoire von Materialisten bzw. Physikalisten, auch in der Philosophie. Neu jedoch ist der autoritativ erhobene Anspruch, daß es sich dabei nicht länger um abstrakte, rein theoretische Überzeugungen handelt, sondern um konkrete, experimentell gesicherte Tatsachen, denen man fortan auch praktisch und gesellschaftspolitisch Rechnung zu tragen hat, z.B. in der Erziehung und in der Strafjustiz.

Aufgeschreckt durch solche Fanfarenstöße ist auch die *Philosophie* inzwischen aus ihrem freiheitstheoretischen Schlummer erwacht, nicht unbedingt allerdings aus ihrem dogmatischen Schlummer. Hat sie doch zunächst gemeint, sich auf eine bloße Bekräftigung und Erläuterung ihrer verfestigten Erledigungsthesen beschränken zu können. Das traditionelle Problem von „Willensfreiheit und Determinismus", das von den Kritikern naiverweise noch immer als Kern der Debatte behandelt werde, sei in der Philosophie schließlich längst überholt und durch Freiheitskonzepte ersetzt worden, für die der scheinbar „revolutionäre" Nachweis der neuronalen Determiniertheit genauso irrelevant sei wie die Frage der Determiniertheit überhaupt. Träfe das zu, wäre der ganze Wirbel um den proklamierten Verlust „der Willensfreiheit" nichts weiter als ein Sturm im Wasserglas. Und um ihn definitiv zu beenden, wäre nicht mehr erforderlich als die dezente oder (wenn nötig) energische Erinnerung daran, daß auch die psychologischen und neurowissenschaftlichen Schuster besser bei ihrem Leisten blieben und sich mit ihren probaten Stimulatoren und Drucktasten, Reaktionszeitmessern, Scannern, Hirnstromkurven und bunten Bildern von aktivierten Hirnregionen zufriedengäben, anstatt sich laienhaft über Gebiete zu verbreiten, von denen sie nichts verstehen.

Doch so einfach liegen die Dinge nicht. Gewiß, die plakativen *Thesen* vom Ende des „freien Willens" (o.ä.) sind weithin durch Simplifizierung, Pauschalisierung, begriffliche Undifferenziertheit und Vagheit gekennzeichnet und in dieser Form kaum dazu angetan, als substantielle Beiträge zur Freiheitsdiskussion ernst genommen zu werden. Noch mehr gilt dies für die verwendeten *Ausdrucksweisen*, die oft deplaziert und begrifflich verwirrt erscheinen. Liest man in einer Zusammenfassung etwa, neurowissenschaftliche Experimente hätten gezeigt, daß immer dann, wenn wir glauben, eine rationale und freie Entscheidung zu treffen, „unser Gehirn bereits für uns entschieden hat", kann ein begrifflich reflektierter Leser diesen gedanklichen Salto mortale kaum anders als mit Lachen quittieren. Ernst dagegen und auch philosophisch ernst zu nehmen sind die *Sachfragen*, die sich in solchen Mißgriffen verbergen. Was bleibt übrig von der uns vertrauten, subjektiv offenbar unhintergehbaren Vorstellung, Personen zu sein, die zu überlegten und freien Entscheidungen fähig sind, wenn alle bewußten Leistungen, die unsere Überlegungs- und Entscheidungsprozesse ausmachen, objektiv schon (wie hier unterstellt) vor ihrem Auftreten unbewußt neuronal determiniert sind? Und was ergäbe sich daraus für unser Selbstverständnis als aktive, verantwortlich handelnde Personen? Diese irritierenden Fragen lassen sich, wie es scheint, *weder* mit der Beteuerung, sie seien falsch gestellt oder von überholten Voraussetzungen abhängig, pauschal zurückweisen *noch* mit dem Hinweis auf vorliegende Alternativkonzepte schlüssig beantworten. Sie zeigen vielmehr, ausgehend von einer konkreten wissenschaftlichen Herausforderung, daß die alten Rätsel um „Willensfreiheit und Determinismus" offenbar alles andere als erledigt sind, sondern so drängend und klärungsbedürftig wie eh und je, auch wenn sie zu Unrecht lange vernachlässigt und von manchen Philosophen vorschnell für obsolet erklärt wurden.

2. Es scheint deshalb an der Zeit, daß die Philosophie auch ihren dogmatischen Schlummer endgültig abschüttelt und die Sache neu überdenkt. Das allerdings bedarf sorgsamer Vorbereitung. Nicht nur die Tagesaktualität und mediale Rücksichten können, wie die Debatte zeigt, zu übereilten Reaktionen und undurchdachten Schnellschüssen in die eine oder andere Richtung verleiten. Auch wer versucht, die Sache selbständig und rein systematisch anzugehen, stößt auf gravierende Hindernisse. Eines davon ist die hohe *Wertgeladenheit* des Freiheitsbegriffs, ein anderes seine Funktion als Legitimierungshintergrund für etablierte *soziale Praktiken*, speziell in Moral und Recht. Hinzukommen die notorisch große *Schwierigkeit* und *Verzweigtheit* des Willensfreiheitsproblems und die entsprechend lange, kontroverse *Debatte*, die darüber schon geführt wurde. Diese hat ja nicht nur eine unüberschaubare Menge an Literatur hervorgebracht, sondern auch eine außergewöhnliche Vielfalt vertretener Positionen und Konzeptionen, die niemand vollständig aufarbeiten kann. Schon die bestehende *Materialfülle* kann deshalb leicht zur Entmutigung jedes theoretischen Neubeginns führen, und noch mehr die Erfahrung, daß es trotz aller Anstrengungen offenbar nicht gelungen ist, in den entscheidenden Fragen substantiell weiterzukommen, so daß der *Verdacht* der rationalen Undurchdringlichkeit bleibt.

Wer einen gordischen Knoten nicht lösen kann und sich gleichwohl der Versuchung verweigert, ihn deshalb kurzerhand für bedeutungslos zu erklären oder mit einem Gewaltstreich zu durchtrennen, braucht einen langen Atem. Rasche Antworten sind hier nun einmal nicht zu erwarten. Positionelle *Epoché* ist deshalb bis auf weiteres angebracht, nicht aber *Resignation*. Konzeptionelle und theoretische Vorklärungen lassen sich sinnvoll anstreben und auf dieser Basis, gegebenenfalls, auch weitere Schritte tun, um einer möglichen Lösung näher zu kommen. Das erste Ziel muß darin bestehen, ein besseres *Verständnis* davon zu gewinnen bzw. nach einer Phase der Problemvergessenheit oder -verdrängung zurückzugewinnen, worin das alte, vielumstrittene Rätsel von „Willensfreiheit und Determinismus" genau besteht und was seine besondere Schwierigkeit, aber auch seine praktische Dringlichkeit und theoretische Unabweislichkeit ausmacht. Danach erst kann die Erarbeitung tragfähiger *Antworten* auf die kritischen Fragen selbst in Angriff genommen werden. Das wiederum kann nur schrittweise, ergebnisoffen und ohne Voreingenommenheit auch gegenüber der Frage geschehen, ob bzw. wie weit solche Antworten tatsächlich zu finden sind oder wo es gilt, sich theoretisch weiterhin zu bescheiden. Zugleich bedarf es geeigneter *Vorkehrungen*, um den diversen Fußangeln zu entgehen, die diese vielfältig vorbelastete Sache bereit hält. Dazu gehören die Fähigkeit und dezidierte Bereitschaft zu systematischer wie problemgeschichtlicher Eindringlichkeit, kritischer Distanz gegenüber gängigen Analyseschemata und interferierenden sozialen oder persönlichen Wertungen und Vorurteilen, vor allem aber begriffliche Klarheit, Differenziertheit und methodische Reflektiertheit. All dies ist anspruchsvoll. Aber es ist, wie mir scheint, den Versuch allemal wert und die langfristig einzig erfolgversprechende Weise, mit diesem schwierigen Thema umzugehen.

3. Das vorliegende Buch bildet den ersten Teil eines größeren, auf insgesamt drei Bände angelegten Werkes zum Thema „Willensfreiheit und Determinismus", das einen solchen Versuch unternimmt. Im Zentrum der Untersuchung steht die Klärung der beiden Schlüsselbegriffe. Ihnen wird jeweils ein eigener Band gewidmet. Der *zweite Band* gilt dem Begriff und den Problemen des „Determinismus". Dieser wird zunächst eingehend analysiert, präzisiert und differenziert, wobei zugleich verschiedene irrige Vorstellungen, die sich mit ihm verbinden, zu korrigieren sein werden. Anschließend wird geprüft, welche Möglichkeiten bestehen, den Determinismus als These über die Gesamtheit oder relevante Teile der Welt plausibel zu machen bzw. definitiv zu begründen oder zu widerlegen. Das geschieht vorzüglich auf einer systematischen Ebene, methodisch aber auch in direkter, kritischer Auseinandersetzung mit konkreten Versuchen, die in dieser Absicht in Philosophie und Wissenschaft schon unternommen wurden, beginnend in der Antike. Abschließend wird herausgearbeitet, welche Bedeutung ein konsequenter Determinismusglaube für das praktische Selbstverständnis von Menschen hat, orientiert an der Frage, ob und wie weit es möglich bzw. überhaupt wünschenswert ist, einen deterministisch begründeten Fatalismus zu vermeiden.

Bis zu diesem Punkt spielt das Willensfreiheitsproblem als solches noch keine entscheidende Rolle. Dessen systematische Untersuchung erfolgt im *dritten Band*. Auch hier stehen zunächst rein begriffliche Fragen im Zentrum. Diese gelten im ersten Schritt dem Freiheits- und

Willensbegriff und der Willensbildung im allgemeinen, danach speziell der Willensfreiheit. Erst auf dieser Grundlage kann im nächsten Schritt auch das Willensfreiheitsproblem selbst präzisiert werden, einschließlich des alten Rätsels von „Willensfreiheit und Determinismus". Rückgreifend auf die Ergebnisse des zweiten Bandes wird nun herausgearbeitet, welches die wirklich kritischen, anhaltend offenen Fragen sind, worin genau ihre Schwierigkeiten bestehen und welche Konzepte zu ihrer Beantwortung sinnvoll verfolgt werden können. Dabei wird sich zeigen, daß der Spielraum tragfähiger Antworten wesentlich kleiner ist als zumeist angenommen und daß ein Großteil der vorliegenden Versuche zur Lösung bzw. Auflösung des Problems verfehlt sind oder auf Illusionen beruhen. Aus dieser negativen Problembegrenzung ergeben sich zugleich diverse positive Gesichtspunkte, die dann genutzt werden können, um im Rahmen der verbleibenden offenen Fragen und theoretischen Optionen eine eigene Position zu entwickeln.

4. Der *erste Band*, der hier vorgelegt wird, ist weniger umfangreich als die beiden folgenden und hat einführenden Charakter. Er dient der Vorbereitung, konzeptionellen Vorstrukturierung und problemgeschichtlichen wie systematischen Rechtfertigung des Gesamtprojekts. Das ist nötig. Denn der eingangs erwähnte Verdacht, daß die Irritationen über die Frage der Willensfreiheit *auch* durch unhinterfragte Voraussetzungen bedingt sein könnten, die nicht selbstverständlich sind, oder durch die spezielle Form, in der diese Frage gestellt wird, ist natürlich nicht grundlos entstanden und bedarf genauerer Prüfung. Deshalb wird in *Kapitel I*, ausgehend von einem einfachen Beispiel, zunächst auf einer allgemeinen Ebene herausgearbeitet, worin die zentrale Frage besteht und welche Schritte erforderlich sind, um sie sinnvoll in Angriff nehmen zu können. Zugleich werden Vorbegriffe von „Willensfreiheit" und „Determinismus" eingeführt, die der weiteren Untersuchung zugrunde gelegt werden können, bis sie im zweiten bzw. dritten Band genauer analysiert werden. Der Hauptteil des Bandes besteht dann in einer eingehenden Auseinandersetzung mit den beiden wichtigsten Einwänden, die gegen die Signifikanz des Problems erhoben werden. Ihnen wird jeweils ein eigenes Kapitel gewidmet.

Im Gegenzug gegen eine verbreitete Auffassung wird in *Kapitel II* gezeigt, daß das Willensfreiheitsproblem im Kern ein *theoretisches* ist, das prinzipiell nicht von der praktischen, normativ gebundenen Frage nach moralischer bzw. rechtlicher Schuld und Verantwortung abhängt. Das gilt in doppelter Hinsicht. Einerseits ist der Begriff der „Willensfreiheit“, anders als von einem Teil der Kritik behauptet, kein präskriptiver, sondern ein *deskriptiver* Begriff. Er wird Personen nicht deshalb zugeschrieben, weil normative Forderungen an sie gestellt werden, sondern fungiert vielmehr umgekehrt als Beurteilungsmaßstab dafür, ob bzw. wie weit solche Forderungen sinnvoll und legitim sind. Andererseits ist seine *Bedeutung* als Kriterium für bestehende normative Ansprechbarkeit und Verantwortlichkeit keineswegs so groß und einzigartig wie häufig angenommen. Vielmehr ist der Besitz von Willensfreiheit nur eines von mehreren relevanten Kriterien, von denen einige ihm sogar sachlich vorgeordnet sind. Diese doppelte Abgrenzung des Willensfreiheitsproblems gegenüber Problemen, die faktisch mit ihm verbunden sind, es aber nicht als solches betreffen, dient nicht nur zur Abwehr unangemessener Problemkritiken. Sie erfüllt auch eine konstruktive, systematisch bedeutsame Klärungsfunktion, indem sie die Fragestellung auf ihren theoretischen Kern zurückführt und sachfremde Gesichtspunkte ausblendet.

Gleiches gilt für die Untersuchungen in *Kapitel III*, auch wenn die zentrale Perspektive hier keine systematische ist, sondern eine historische. Geprüft wird die von Kritikern wiederholt vorgetragene Vermutung, das Willensfreiheitsproblem sei an einen bestimmten geistesgeschichtlichen *Kontext* gebunden, mit dessen Voraussetzungen es auch der Sache nach stehe und falle. Bezogen wird dies zumeist auf die jüdisch-christliche Tradition, kontrastiert mit der griechisch-römischen. Beide Traditionsstränge werden deshalb eingehend auf ihre Stellung zum „freien Willen“ hin untersucht, einschließlich der Fragen nach dessen möglicher Determiniertheit oder Indeterminiertheit und nach den tieferen Gründen für seine Einführung. Das Ergebnis bestätigt die kritische Vermutung nicht. Weder historisch noch konzeptionell erweist sich der Versuch, Begriff und Problem der Willensfreiheit geistesgeschichtlich zu relativieren und damit sachlich zu destruieren, als durchschlagend oder auch nur im Kern plausibel. Auch in dieser Beziehung also wird die Signifikanz des Problems gegen bestehende Zweifel gesichert. Zugleich läßt der genauere Blick auf die Geistesgeschichte die wichtigsten Gründe hervortreten, die Menschen zur Reflexion auf den „freien Willen“ veranlassen, und gibt Aufschluß über exemplarische Fragestellungen und Begriffsbildungen in der bisherigen Willensfreiheitsdiskussion, so daß der kritische Umgang mit ihr erleichtert wird. Im abschließenden und sehr kurzen *Kapitel IV* werden die Resultate systematisch zusammengeführt und ein Ausblick auf die weiteren Untersuchungen gegeben.

5. Die Auseinandersetzung mit den Problemen wird auf drei verschiedenen Ebenen geführt, die textlich klar voneinander getrennt sind. Damit erhält der Leser die Möglichkeit, je nach Wunsch oder Bedarf mehr oder weniger weit in die Tiefe zu gehen. Der *Haupttext* in Normalschrift bietet den zentralen Gedankengang, der alle systematisch entscheidenden Schritte enthält und für sich allein verständlich ist. Der eingelagerte *Zwischentext*, gedruckt in kleinerer Schrift, dient der historischen wie systematischen Erläuterung und Vertiefung von Argumenten, Theoremen oder Begriffen, die den Haupttext direkt betreffen und partiell in ihm auch angesprochen werden, nicht aber näher ausgeführt. Diese z.T. recht ausgedehnten Passagen, die den zentralen Argumentationsgang ergänzen, führen zwar auch bei kursorischer Lektüre zu keiner gedanklichen Unterbrechung, können von eiligen Lesern aber, wenn sie dies wollen, erst einmal übersprungen werden. Die dritte Ebene wird durch den *Anmerkungsteil* gebildet. Auch dieser fällt umfangreicher als üblich aus. Denn neben den nötigen Textbelegen und Literaturhinweisen dient er vor allem der zusätzlichen Vertiefung einzelner, besonders verwickelter oder umstrittener Sachfragen bzw. historischer Zusammenhänge und Hintergründe sowie, soweit erforderlich, der kritischen Auseinandersetzung mit der Literatur. Von daher ist er zur kursorischen Lektüre neben dem Haupt- und dem Zwischentext kaum geeignet. Deshalb werden die Anmerkungen auch nicht am Fuß jeder Seite abgedruckt, sondern in einem gesonderten Teil am Ende.

6. Ein großes Projekt wie das hier unternommene hat naturgemäß einen längeren *Vorlauf*. Einschlägige Vorarbeiten reichen bis in die Zeit des Autors am Starnberger Max-Planck-Institut (1978–80) zurück und wurden danach an der Freien Universität Berlin und seit 1993 an der Universität Konstanz fortgeführt. Abgesehen von einer größeren Studie zum Willensbegriff („*Wollen*“, Frankfurt 1993) wurden Teil- und Zwischenergebnisse bisher nur in Überblicksartikeln und Aufsätzen publiziert, von denen die neun wichtigsten kürzlich in einem Sammelband vereinigt wurden („*Handlung und Freiheit*“, Tübingen 2006). Auf

diese früheren Arbeiten wird auch in diesem Band mehrfach Bezug genommen. Zwei Gründe sprechen dafür. Einerseits soll auf Texte verwiesen werden, in denen Detailfragen, die hier nur von bedingtem Interesse sind, ausführlicher oder genauer behandelt werden. Andererseits wird auf Passagen verwiesen, in denen bestimmte Punkte, die von zentraler Bedeutung sind, deren genauere Erörterung aber erst für den zweiten oder dritten Band vorgesehen ist, in verkürzter Form bereits thematisiert wurden. So können Leser, die an diesen Punkten speziell interessiert sind, immerhin eine gewisse Vorstellung von dem gewinnen, wofür später eingehend argumentiert werden wird. Daß keiner der publizierten Aufsätze die Lektüre der systematischen Diskussion in den Folgebänden ersetzen kann, versteht sich jedoch von selbst.

Der *Plan* einer größeren Publikation zum Thema „Willensfreiheit und Determinismus" liegt gleichfalls lange zurück, einschließlich einer konkreten Verlagsvereinbarung. Seine *Umsetzung* hat sich jedoch immer wieder verzögert. Der Hauptgrund dafür lag in den enormen, stetig gewachsenen außerwissenschaftlichen Verpflichtungen und Belastungen, denen engagierte Hochschullehrer in Deutschland seit Jahren ausgesetzt sind. Ein anspruchsvolles geisteswissenschaftliches Forschungsvorhaben wie das hier unternommene ist unter diesen Bedingungen kaum noch zu leisten, jedenfalls nicht in der Philosophie. Hinzukam allerdings auch die Tatsache, daß das Projekt selbst sich in der Durchführung wesentlich aufwendiger gestaltete als ursprünglich angenommen. Auch wenn Vollständigkeit an keiner Stelle angestrebt wurde, erwies es sich doch als unerläßlich, bei der Erörterung dieses komplexen Problems weit stärker als zunächst geplant nicht nur in die Tiefe, sondern auch in die Breite zu gehen, historisch genauso wie systematisch. Andererseits machten gerade die publizistische Hektik und Leichtfertigkeit, die weite Teile der jüngsten Diskussion des Willensfreiheitsproblems kennzeichnen, ein solches Kontrastprogramm auch publikatorisch wünschenswert. Deshalb mußte die gesetzte Terminplanung wiederholt der erstrebten Gründlichkeit der Untersuchung und der Sorgfalt bei der Formulierung der Texte weichen.

Ohne die kontinuierliche, hilfreiche Unterstützung von vielen Seiten wäre dies Buch nicht möglich gewesen. Mein *Dank* gilt hier zuerst dem Akademie Verlag, der trotz aller Verzögerungen und Verschiebungen das Interesse am Gesamtprojekt nicht verloren und viel Verständnis für seinen säumigen Autor aufgebracht hat. Mein Dank gilt sodann der

Deutschen Forschungsgemeinschaft und dem Konstanzer Sonderforschungsbereich „Literatur und Anthropologie“, die mir 1998 ein Forschungssemester außer der Reihe ermöglichten, das ich für dringende Vorarbeiten von größerem Umfang nutzen konnte. Mein ganz besonderer Dank gilt zudem allen Kolleginnen und Kollegen, Assistenten, wissenschaftlichen Mitarbeitern und Studierenden, mit denen ich zu verschiedenen Zeiten – teilweise über viele Jahre hinweg – wissenschaftlich verbunden war und von denen ich zahllose wertvolle Anregungen erhalten habe, kritische wie konstruktive. Und mein Dank gilt nicht zuletzt den Sekretärinnen an meinem Lehrstuhl, die alle Versionen des vielfach revidierten oder vollständig überarbeiteten Manuskripts ebenso kompetent wie geduldig geschrieben haben. Im Vorwort zu dem erwähnten Sammelband sind die Namen all der Personen genannt, denen auch dieses Buch am meisten verpflichtet ist. Meine Danksagung an sie könnte ich hier nur wortwörtlich wiederholen.

I. Willensfreiheit und Determiniertheit

1. Eine Kindergeschichte

Daniel, vierjähriger Sohn eines protestantischen Pastors in den Vereinigten Staaten, ist als solcher bereits mit einigen Stücken christlicher Mythologie vertraut. Engel und Teufel sind ihm geläufig. Heilig ist er dadurch allerdings nicht geworden. Eines Tages beobachtet er, wie sein Vater, der seine verstreute Landgemeinde mit dem Auto betreuen muß, den verstaubten Wagen mit dem Gartenschlauch wäscht. Später steht der Wagen verwaist und der Schlauch liegt noch dabei. Daniel, der sich langweilt und den der Umgang mit Wasser lockt, kommt auf den Gedanken, das Geschäft des Wagenwaschens sei mit der Außenwäsche noch nicht beendet. Innenwäsche steht an. Gedacht, getan: Daniel stellt den Schlauch wieder an, öffnet die Seitentüren und beginnt, den Wagen gründlich von innen abzuspritzen. Als die Polster schon kräftig gezogen haben und das Bodenblech zentimeterhoch unter Wasser steht, kommt seine Mutter zufällig vorbei und sieht die Bescherung. Entsetzt entreißt sie ihm den Schlauch und weist ihren Sprößling mit der entnervten Frage zurecht, wie denn um alles in der Welt er auf diese unselige Idee gekommen sei. Daniel, der wohl weiß, daß seine Hilfsbereitschaft nicht uneigennützig war und nur bedingt als zweckdienlich gelten konnte, sucht nach einer durchschlagenden Entschuldigung. Und er findet alsbald die Antwort, der seine Mutter sich schwerlich entziehen kann: „Zwei kleine Teufel haben mir das eingegeben!"

Diese Kindergeschichte, die sich tatsächlich ereignet hat, illustriert in vorphilosophischer Form das Problem der Willensfreiheit und seine Beziehung zur Frage des Determinismus. Sie ist in mehrerer Hinsicht aufschlußreich. Halten wir zunächst fest, daß Daniel, indem er sich zu entschuldigen sucht, weder bestreitet, *daß* er mit Willen gehandelt hat, noch seine Rechtfertigung darauf gründet, daß sein *guter Wille*, sich nützlich zu machen, unerwartbare oder zumindest von ihm nicht erwartete *schlechte Folgen* zeitigte. Welchen Schaden er angerichtet hat, wird ihm vielleicht erst durch die Reaktion seiner Mutter bewußt. Aber daß er etwas willentlich tat, das er auch hätte bleiben lassen können und sollen, weil sein positiver Effekt fragwürdig war und die Zustimmung seiner Eltern höchst ungewiß, das kam ihm offenbar schon zu Bewußtsein.

In diesen Hinsichten unterschied seine Lage sich signifikant von zwei vorausgegangenen, anders gearteten Schadens- und Tadelserlebnissen, die wir um des Kontrastes willen in unsere Geschichte einführen wollen. Einmal, so nehmen wir an, hatte Shanti, der Haushund, bei der Rückkehr vom Einkaufen Daniel so stürmisch begrüßt, daß ihm die Saftflaschen aus den zu schwachen Händen glitten und zu Bruch gingen. Ein andermal hatte er eine Vase, die ein unersetzliches Erbstück war, beim Geschirrabtrocknen ungeschickt fallen lassen. Auch damals hatte seine Mutter sich aufgeregt, aber doch weniger über Daniels Verhalten als über den ungebärdigen Hund bzw. über sich selbst, die den Vierjährigen ein so empfindliches Stück überhaupt hatte abtrocknen lassen. Kindliches Ungeschick, kindliche Schwäche oder das Fehlen jeder Eigentätigkeit bilden, so scheint es, hinreichende Entschuldigungsgründe. Eigenmächtigkeit in einer Situation dagegen, in der man offenkundig erst fragen muß und sich ausrechnen kann, daß die Erlaubnis nicht erteilt werden würde, entschuldigt nicht.

Psychologische Untersuchungen zur Entwicklung des Moralbewußtseins haben die Annahme nahegelegt, daß kleinere Kinder negative Werturteile noch nicht nach der Größe der *Schuld*, sondern nur nach der Höhe des *Schadens* fällen. Unsere Kindergeschichte zeigt jedoch, daß das nur eingeschränkt richtig sein kann. Träte die Frage, wie der Schaden zustande kam, hinter der faktischen Schadenshöhe zurück, hätte der kleine Daniel wahrscheinlich nur betreten geschwiegen oder wäre in Tränen ausgebrochen. Solche Reaktionen passen auch zu der zerbrochenen Vase und zu den Saftflaschen. Auf den Gedanken, Entschuldigungsgründe zu suchen, dürfte er dabei gar nicht gekommen sein, und wenn doch, hätte er seine „zwei kleinen Teufel" nicht zu bemühen brauchen. Diese kommen ins Spiel, weil er die Erregung der Mutter nicht mehr allein auf den Schaden bezieht, sondern auch und zuallererst auf die Rolle, die er selbst bei dessen Entstehung hatte. Diesem Vorwurf muß er entgegentreten. Die „Tücke des Objekts" jedoch, die ein dem Willen nach gutes Vorhaben scheitern ließ, kommt als Entschuldigung ebensowenig in Frage wie die unwiderstehliche, wider Willen erlittene Gewalt eines Dritten. Was Daniel braucht, ist ein inneres, auf sein handlungsleitendes *Wollen* bezogenes Gegenstück zu diesen äußeren Entschuldigungsgründen, die nur sein *Handeln* betreffen. Und was könnte da besser geeignet sein als das vereinte Wirken zweier diabolischer Geister, die seinen Willen vollständig mit Beschlag belegen? Die Allgegenwart und die Kraft des Bösen, so lautet die in seinem religiösen Umfeld fraglos gewitzte Botschaft des kleinen Daniel, manifestieren sich nicht erst im Handlungsvollzug, sondern schon bei der Entstehung des Wollens, das dem bösen Handeln zugrunde liegt.

Die Logik der Entlastungsstrategie, die der Vierjährige nur halb bewußt und mythologisch verbrämt verfolgt, läßt sich aus der Perspektive eines Erwachsenen ungefähr so beschreiben:

(1) Daniel hat etwas getan, was erheblichen *Schaden* verursachte und ihm von seinen Eltern *nicht erlaubt* worden war (Autoinnenbewässerung).

(2) Die *Konsequenzen* waren ihm dabei nicht voll bewußt, wohl aber, daß er sich mit seinem Tun über eine geltende *Norm* hinwegsetzte (notwendige Erlaubniseinholung von seinen Eltern).

(3) Dennoch hat er sich dafür *entschieden* und seine Handlung *willentlich* ausgeführt.

(4) Dabei allerdings war er nicht sein eigener Herr, sondern *unwiderstehlich fremdbestimmt* (diabolische Einflüsterung).

(5) Deshalb waren seine Entscheidung und sein daraus resultierender handlungsleitender Wille *nicht frei.*

(6) Nur für ein Tun jedoch, das auf *freiem Willen* beruht, ist der Handelnde selbst *verantwortlich.*

(7) Folglich trifft Daniel, trotz der mit Wissen und Willen begangenen Normverletzung und des entstandenen Schadens, *keine Schuld.*

Natürlich enthält ein schematisierter Gedankengang wie dieser zahlreiche Vereinfachungen und Idealisierungen. Nicht nur ein vierjähriges Kind, auch ein Erwachsener wird sich in vergleichbaren Situationen kaum in dieser schrittweisen, logisch durchstrukturierten Form verteidigen. Tonbandprotokolle würden das rasch an den Tag bringen. Im alltäglichen Hin und Her wechselseitiger Beschuldigungen und Verteidigungen werden die wichtigsten Punkte zwar angesprochen, aber selten so explizit und zusammenhängend. Zugleich werden zahllose Details erwähnt, die in unserer Schematisierung fehlen. Viele davon sind für die Sache ohne Belang, andere könnten bei einer differenzierteren Falluntersuchung Bedeutung gewinnen. Davon sehen wir ab. Uns dient der schematisierte Gedankengang, den wir dem kleinen Daniel zuschreiben, nur als Ausgangspunkt, um unser philosophisches Thema schrittweise einzugrenzen.

Diese Eingrenzung ist unerläßlich. Denn auch in unserer vereinfachten Form enthält der Gedankengang noch diverse Besonderheiten, die für die Sachfrage nach dem Zusammenhang von Willensfreiheit und Determinismus nicht wesentlich sind, obwohl sie etwas über den Kontext aussagen, in dem sie gewöhnlich steht. Eine Besonderheit ist der soziale und kulturhistorische *Hintergrund*, vor dem der kleine Daniel seine Vorstellungen vom determinierten und daher unfreien Willen entwickelt. Er ist nicht irgendwo auf der Welt zu Hause, sondern lebt in einem Umfeld, das religiös geprägt ist und seine eigene lange Tradition hat. Das ist vielleicht kein Zufall. Könnte es sein, daß das Problem selbst dadurch relativiert wird? Stellt es sich vielleicht *nur* vor einem bestimmten geistesgeschichtlichen Hintergrund und erübrigt sich, sobald man sich von ihm verabschiedet? Dieser Verdacht, den unsere Beispielgeschichte nahelegt und der auch sonst oft geäußert wird, kann die gesamte Fragestellung ins Zwielicht bringen. Er muß deshalb näher geprüft und vor dem Eintritt in ausgedehnte systematische Untersuchungen ein für allemal ausgeräumt werden (Kap. III).

Weniger augenfällig, für die Eingrenzung unserer Fragestellung aber nicht weniger wichtig, ist eine zweite Besonderheit. Trotz seines religiösen Hintergrunds nämlich hat der kleine Daniel das Problem der Willensfreiheit nicht etwa aus religiösen oder theoretisch-spekulativen Interessen heraus ins Spiel gebracht, sondern aus einem sehr handfesten praktischen. Er glaubte, sich auf diese Weise von moralischer *Schuld* und *Verantwortung*, bezogen auf die verletzte Norm, entlasten und weiteren Vorwürfen oder Sanktionen entziehen zu können. Nur deshalb kam er ja auf seine ingeniöse Idee von der doppelten diabolischen Fremdbestimmung. Diese Instrumentalisierung für moralische oder rechtliche Zwecke ist typisch. Die Fragen der Willensfreiheit und der vorhandenen oder fehlenden Determiniertheit des Wollens, wie auch die Frage nach persönlicher Verantwortlichkeit überhaupt, werden selten in unengagierter Distanz gestellt, sondern meist mit dem dezidierten Interesse, Menschen für Handlungen, die moralisch oder rechtlich bedeutsam sind, verantwortlich zu machen oder von Verantwortung freizustellen. Dieser Zusammenhang, der als Tatsache offenkundig ist, kann leicht mißdeutet werden. Er kann flüchtige Betrachter glauben machen, *alle* Fragen, die hier zu klären sind, seien normativer Natur und müßten deshalb von Moral und Recht selbst beantwortet werden. Oder er kann sie, unabhängig von solchen Verabsolutierungen, zu dem Glauben verleiten, Willensfreiheit und Nichtdeterminiertheit seien die *einzigen* nichtnormativen Kriterien, die Schuld und Verantwortung begründen können. Beides ist abwegig und muß entsprechend zurechtgerückt werden (Kap. II).

Zuvor allerdings müssen wir etwas genauere Vorstellungen davon gewinnen, worum es beim Problem von „Willensfreiheit und Determinismus", das wir zu klären suchen, systematisch eigentlich geht. Auch dabei kann die Analyse unserer Beispielgeschichte hilfreich sein, ausgehend von dem schon gewonnenen schematisierten Gedankengang (S. 19). Betrachten wir noch einmal seine einzelnen Schritte. Die erste Hälfte des Argumentes, d.h. die Sätze (1)–(3) und die Konklusion in Satz (7), sind für unsere Problemstellung offenbar uninteressant. Nur in der zweiten Hälfte, d.h. bei den Sätzen (4)–(6), kommt die „Willensfreiheit" ins Spiel. Aber auch hier ist von der „Determiniertheit" des Willens, geschweige denn vom „Determinismus", explizit gar nicht die Rede. Was an ihm ist es also, das den Gedankengang, den wir dem kleinen Daniel zuschreiben, für unsere Fragestellung bedeutsam macht?

2. Differenzierung der Fragestellung

2.1 Die Bedeutung des Determinismus

Nun, beide Schlüsselbegriffe werden zwar nicht direkt, wohl aber indirekt in ihm angesprochen. Entscheidend ist der argumentative Schritt von Satz (4) zu Satz (5). Denn mit diesem wird geltend gemacht, daß Daniels Wille deshalb nicht frei war, weil er „unwiderstehlich fremdbestimmt" war. Was aber kann das heißen? Offenbar nichts anderes, als daß dieser Wille in einer besonderen Weise, die sich durch Externalität („Fremdheit") und besondere Stärke und Durchschlagskraft („Unwiderstehlichkeit") der Willenseinwirkung auszeichnet, „bestimmt" wurde, was seinerseits ungefähr soviel bedeutet wie das lat. Fremdwort „determiniert".

Was dieses Wort genau beinhaltet, welche Arten der „Determiniertheit“ es gibt und welche Gründe für oder gegen ihr partikulares oder universelles Bestehen sprechen, ist damit natürlich noch nicht gesagt und bedarf eingehender Untersuchung, braucht uns im gegenwärtigen Zusammenhang aber noch nicht zu beschäftigen.[1] Für unsere Zwecke genügt es, von einem Vorverständnis des Wortes auszugehen, das all diese Fragen offen läßt und bildungssprachlich geläufig ist. In diesem Sinne können wir sagen, daß etwas genau dann *„determiniert“* ist, wenn es unabänderlich festliegt bzw. fixiert ist, gleichgültig in welcher speziellen Form und aus welchen speziellen Gründen. Das schließt verschiedene Fälle ein. Eine künftige Sonnenfinsternis z.B. kann determiniert sein, weil ihr Eintritt aus der gegenwärtigen Konstellation von Sonne, Erde und Mond und den geltenden Naturgesetzen ableitbar ist. Das Ergebnis der letzten Lottoziehung dagegen, das zufällig und völlig unberechenbar eintrat, gilt seit seinem Eintritt einfach deshalb als unabänderlich fixiert und somit determiniert, weil Vergangenes – gleichgültig, wie es zustande kam – nach gewöhnlicher Auffassung ein für allemal festliegt. Und daß die Gleichseitigkeit aller Quadrate eine feststehende, also determinierte Tatsache ist, hat sogar nur den trivialen logischen Grund, daß die Eigenschaft der „Gleichseitigkeit“ definitorisch im Begriff des „Quadrates“ enthalten ist. Die Arten und Gründe der Determinierung sind also vielfältig. Ebenso vielfältig sind die Ereignisse bzw. Sachverhalte, die determiniert sein können oder nicht, wie die zitierten Beispiele ebenfalls zeigen. Von alledem sehen wir bis auf weiteres ab. Entsprechend wird unter *„Determinismus“* einfach die These verstanden, daß „alles“ in der Welt oder innerhalb eines bestimmten Bereichs der Welt auf irgendeine Weise fixiert bzw. determiniert ist.

Zu dem, was determiniert sein kann oder nicht, gehören natürlich auch das menschliche Wollen und das vom Willen getragene menschliche Handeln. Nimmt man nun mit dem entscheidenden Schritt unseres schematisierten Gedankengangs an, daß ein intrinsischer *Gegensatz* zwischen Freiheit und Determiniertheit besteht, daß es jedoch nicht die dort angesprochene besondere *Weise*, sondern das Faktum der Determiniertheit *als solches* ist, das zur Unfreiheit führt, folgt daraus, daß *jedes* determinierte Wollen unfrei ist. Demgemäß würde der Determinismus das Bestehen von Willensfreiheit generell ausschließen. Ob es so ist, steht dahin und ist keineswegs selbstverständlich. Das Argument des kleinen Daniel etwa, so zwingend es in sich sein mag, unterstellt zwar eine relevante Ausschlußbeziehung, tut dies aber nur in der speziellen Version des Schlusses von Satz (4) auf Satz (5) und bezieht die Determiniertheit des Willens, die in Satz (4) vorausgesetzt wird, nur auf den mythologischen Sonderfall der „unwiderstehlichen diabolischen Fremdbestimmung". Darin liegt eine konzeptionelle Verengung, die seine Überzeugungskraft drastisch einschränkt. Dabei kann es in einer umfassenden, systematischen Untersuchung des Zusammenhangs von Willensfreiheit und Determiniertheit natürlich nicht bleiben. Doch bevor wir diese Beschränkung (in Abschnitt 3.1) fallen lassen, muß noch ein anderer zentraler Aspekt des Problems thematisiert und aufgeklärt werden.

Wie immer es nämlich mit den Gründen und speziellen Formen bestellt sein mag, die zur Determiniertheit des Willens führen: der beanspruchte *Schluß* auf seine Unfreiheit, wenn er berechtigt ist, bleibt davon unberührt. Die Schlüssigkeit eines Argumentes hängt nicht davon ab, daß seine Prämissen *wahr* sind, sondern nur davon, daß die gezogene Konklusion aus ihnen *folgt*. Das gilt für den speziellen Übergang von Satz (4) zu Satz (5) genauso wie für jede verallgemeinerte Version dieses entscheidenden Schrittes. Um schlüssig argumentieren zu können, daß es Willensfreiheit in einer deterministischen Welt nicht gibt, muß man also nicht glauben oder implizit mitbehaupten, daß unsere Welt oder bestimmte Bereiche in ihr tatsächlich deterministisch sind. Man kann diese Möglichkeit auch völlig abstrakt, rein hypothetisch oder sogar kontrafaktisch zu den konkreten Gegebenheiten ins Auge fassen, z.B. um sich zu vergewissern, was daraus für unser Wollen und Handeln folgen würde. Sinnlos wäre dies allenfalls, wenn bereits feststünde, daß die Prämisse der Determiniertheit des Wollens – generell oder zumindest in allen uns interessierenden Fällen – niemals wahr werden kann oder daß dies so unwahrscheinlich ist, daß ihre Annahme irrational wäre. Davon aber können wir bislang sicher nicht ausgehen. Insofern hat auch die verallgemeinerte Frage nach dem Zusammenhang von Willensfreiheit und Determinismus *Sinn*, gleichgültig, wie man die Wahrheit oder Wahrscheinlichkeit des Determinismus selbst einschätzt.

2.2 Zwei Leitfragen

Damit ist eine erste Klärung erreicht. Die zentrale Frage beim Problem von „Willensfreiheit und Determinismus" ist nicht, ob die These der universalen Determiniertheit *wahr* ist, gleichgültig, ob sie sich auf die Welt im ganzen bezieht oder nur auf den Bereich des menschlichen Wollens und Handelns. Diese Frage ist freiheitstheoretisch nachgeordnet und kommt erst dann ins Spiel, wenn bereits feststeht, daß sie verneint werden müßte, um Menschen tatsächlich als „willensfreie" Wesen verstehen zu können. Die zentrale, grundlegende Frage ist vielmehr, ob wir unter der Annahme, daß das, was ein Mensch will, determiniert ist, *folgern* können, daß dieses Wollen unfrei ist. Auch diese Frage läßt sich nicht direkt, sozusagen in einem einzigen großen Gedankenschritt beantworten, sondern bedarf der gründlichen Vorbereitung durch eine ganze Reihe verschiedener, mehr oder weniger komplexer Teilschritte. Welche dies sind, kann erst der Fortgang der Untersuchung selbst zeigen. Der erste und methodisch wichtigste Schritt allerdings erscheint klar. Er muß darin bestehen, die Hauptfrage in zwei *Teilfragen* zu zerlegen, die ihrerseits schrittweise aufeinander aufbauen:

(F1) Was *heißt* es, etwas zu wollen und darin determiniert oder indeterminiert, frei oder unfrei zu sein?

(F2) *Impliziert* die Determiniertheit des Wollens dessen Unfreiheit?

Die zweite Frage, die im folgenden kurz als *„Zusammenhangsfrage"* bezeichnet wird, betrifft das Problem im engeren Sinne. Wer sie bejaht, hält Willensfreiheit und Determiniertheit, also a fortiori auch Willensfreiheit und Determinismus, für unvereinbar bzw. inkompatibel, wer sie verneint, für kompatibel. In der neueren Literatur hat sich daher die Rede von *„Kompatibilisten"* und *„Inkompatibilisten"* eingebürgert, um die Vertreter beider Arten von Antworten zu unterscheiden. Doch diese Charakterisierung ist mißverständlich und soll hier nicht übernommen werden.[2] Sie bleibt abstrakt und erweckt durch die schlichte Entgegensetzung von Ja und Nein den Anschein, als stritten die Kontrahenten um ein und dieselbe These. Das aber ist nicht oder höchst selten der Fall. Fast immer nämlich verbergen sich hinter divergierenden *Antworten* auf die Zusammenhangsfrage (F2) auch divergierende *Interpretationen* der drei in ihr enthaltenen Schlüsselbegriffe „Determiniertheit", „Wollen" und „Freiheit". Diese müssen deshalb zuerst geklärt werden.

Darauf zielt Frage (F1). Sie bildet systematisch immer den ersten Schritt. Denn ohne Klarheit darüber zu haben, um welche *Begriffe* es überhaupt geht und welche *Behauptung* somit zur Debatte steht, ist es witzlos, nach deren Wahrheit zu fragen.

Frage (F1) erfüllt dabei eine Doppelfunktion. Zum einen dient sie der *Klärung* und *Präzisierung* der Schlüsselbegriffe. Zum anderen dient sie ihrer begrifflichen *Differenzierung* und damit der systematischen Trennung zwischen verschiedenen relevanten Bedeutungen, die Frage (F2) annehmen kann. Je nachdem, welchen Sinn man zugrunde legt, hat man mit unterschiedlichen Antworten zu rechnen. So könnte sich bei differenzierter Betrachtung leicht herausstellen, daß keineswegs alle, sondern nur besondere Formen der Determinierung des Wollens (wie die „fremde und unwiderstehliche" in unserer Beispielgeschichte, S. 22f.) zur Willensunfreiheit führen. Umgekehrt könnte sich zeigen, daß nicht jedes „unfreie Wollen" seine Unfreiheit ausschließlich daraus bezieht, daß es determiniert ist, in welcher speziellen Weise auch immer. Ja, viele der uns geläufigen Redeweisen von „Freiheit" – zumal im politischen oder ökonomischen Bereich („Wahlfreiheit", „Freizügigkeit", „Zollfreiheit" u.a.) – haben mit der Frage der Determiniertheit offenbar gar nichts zu tun, jedenfalls auf den ersten Blick. Neben der völligen Unvereinbarkeit, die durch die kategorische Formulierung von Frage (F2) nahegelegt wird, haben wir deshalb auch mit Formen des Wollens zu rechnen, in denen es trotz bestehender Determiniertheit frei oder trotz bestehender Indeterminiertheit unfrei ist. Die *generelle* Frage der Willensfreiheit kann also nicht einfach mit der viel *spezielleren* Frage nach der Indeterminiertheit des Willens gleichgesetzt werden. Wir werden wiederholt Gelegenheit haben, an diesen wichtigen Punkt zu erinnern.

Die grundlegende Bedeutung von Frage (F1) reicht aber noch weiter. Denn die begrifflichen Klärungen, Präzisierungen und Differenzierungen, die durch sie erreicht werden sollen, dienen nicht nur dazu, die Zusammenhangsfrage überhaupt mit Aussicht auf Erfolg *stellen* zu können, sondern enthalten oft auch schon die entscheidenden Schritte zu ihrer *Beantwortung*. Weiß man erst einmal, wonach man eigentlich fragt und welche weiteren Teil- oder Vorfragen sich daraus ergeben, liegen die Antworten relativ nahe oder ergeben sich fast von selbst. Das ist für alle philosophische Fragestellungen charakteristisch und wird sich auch für die unsere vielfach bestätigen.

Teilweise weist (F1) sogar selbst auf (F2) voraus. Denn Begriffe werden nicht nur durch explizite *Definition* der betreffenden Termini und deren Abgrenzung gegeneinander geklärt, sondern auch durch Verdeutlichung ihrer *Verwendungsweisen*. Ein einfaches außerphilosophisches Beispiel, das gewisse Analogien zu unserem Begriffsproblem aufweist, kann das veranschaulichen. Was ein „Spreizdübel" ist, wird einem nicht vorinformierten Interessenten kaum verständlich, wenn man nur angibt, wie Werkstücke dieses Typs aussehen und wie man sie dadurch von anderen unterscheiden kann. Diese Kenntnis genügt vielleicht für einen Lagerarbeiter im Baumarkt, der gelieferte Dübel einsortiert. Ein Verkäufer jedoch, der die Kunden berät, muß auch wissen und demonstrieren können, wie Spreizdübel funktionieren und wozu sie dienen. Daraus bestimmt sich erst, was sie als technische Produkte wesentlich sind.

Viele Alltagsbegriffe bedürfen Klärungen ähnlicher Art. Aber auch viele wissenschaftliche und theoretische Termini gewinnen ihre genaue Bedeutung erst aus dem Wissen darum, was sich mit ihnen innerhalb der Wissenschaften bzw. Theorien, in denen sie auftreten, machen läßt, und zwar nicht nur im Blick auf die Formulierung von einzelnen Sätzen, Prinzipien und Theoremen, sondern auch auf deren Verwendung in Schlüssen und Argumenten. Weit wichtiger noch als für die *Einzelwissenschaften* sind solche Klärungen für die *Philosophie*. Denn hier besteht die entscheidende Aufgabe selten darin, Lösungen für Probleme zu finden, die schon begrifflich bzw. terminologisch fixiert und einschlägig vorformuliert sind. Im Regelfall geht es darum, die Fragen und Problemstellungen, auf die es ankommt, überhaupt erst zu finden und sinnvoll zu formulieren, wobei die Differenzierung und Präzisierung der Schlüsselbegriffe, samt ihren Zusammenhängen und Folgerungsmöglichkeiten, die weitaus wichtigste Aufgabe darstellt. Deshalb ist damit zu rechnen, daß auch wesentliche Aspekte unserer Zusammenhangsfrage (F2) schon bei den Vorklärungen im Rahmen von (F1) mit in den Blick kommen und z.T. geklärt werden.

3. Erweiterung des Phänomenbereichs

(F1) und (F2) bilden also die allgemeinsten, schrittweise aufeinander aufbauenden Leitfragen für die gesamte Untersuchung. Bei ihrer Formulierung haben wir einige Zusätze stillschweigend weggelassen, die in den Sätzen (4) und (5) unseres schematisierten Gedankengangs (S. 19) noch enthalten waren. Das geschah natürlich nicht ohne Grund. Handelt es sich doch durchweg um Besonderheiten, die zwar in manchen Fällen mit unserer Fragestellung verbunden sind, keineswegs aber in allen. Sie stehen beispielhaft für Beschränkungen, die bei der Diskussion des Problems von „Willensfreiheit und Determinismus" häufig auftreten und geeignet sind, den Blick auf die Vielfalt und Reichweite der Phänomene zu verstellen, die wir berücksichtigen müssen, auch und gerade im Hinblick auf die zentralen Begriffsklärungen. Daher ist es ratsam, sie ausdrücklich anzusprechen und auszuklammern. Alle drei Schlüsselbegriffe sind mitbetroffen und sollen im folgenden kurz beleuchtet werden, beginnend mit dem Begriff der „Determiniertheit".

3.1 Relevante Formen der Determination

Daß die determinierende Wirkung „diabolischer Einflüsterung", die in Satz (4) unseres schematisierten Gedankengangs als Grund für den „unwiderstehlich fremdbestimmten" Willen des kleinen Daniel angeführt wird, nicht erschöpfend ist, liegt auf der Hand. Aber auch die Erweiterung auf beliebige andere, weniger extravagante Fälle „unwiderstehlicher Fremdbestimmtheit" würde nicht ausreichen. Denn beide Kriterien, die darin enthalten sind und den allgemeinen Gedanken der „Determiniertheit" spezifizieren, erweisen sich noch als zu eng, das Merkmal der „Fremdheit" ebenso wie das der „Unwiderstehlichkeit".

Beginnen wir mit dem Merkmal der *„Fremdheit"* und konzentrieren wir uns dabei zunächst auf Fälle signifikanter Willensbeeinflussung *von außen*. Viele von diesen erfüllen natürlich das Fremdheitskriterium. Der Einfluß eines Hypnotiseurs oder gar eines Neurochirurgen, der direkt in relevante Teile des Gehirns eingreift, die mit dem Willen zusammenhängen, ist ohne Zweifel nicht nur ein äußerlicher, sondern zugleich ein „fremder". Ebenso fremd ist der Willenszwang, den ein Straßenräuber mit seiner Pistole ausübt, oder der autoritative Befehl eines militärischen Vorgesetzten. Auch die zwangfreie Bitte einer unbekannten Person, die uns z.B. veranlaßt, ihr eine Auskunft zu geben, hat den Charakter fremder Willensbeeinflussung. Aber gilt dies auch noch für die beiläufig gestellte Frage eines vertrauten Partners im Wechselgespräch, die uns veranlaßt, sie willentlich zu beantworten? Gilt es auch für die schmeichelnden Bitten, die Kinder an ihre eigenen Eltern richten, um deren zögernden Willen zu erweichen? Hier kann von „fremder" Willensbeeinflussung kaum noch die Rede sein. Auch externe Einflüsse, die überhaupt nicht von Menschen ausgehen, sind nicht durchweg fremde. Gewiß, der plötzliche Wettersturz, der einen Bergwanderer zwingt, von seinem Vorsatz Abstand zu nehmen, die Paßhöhe direkt zu überschreiten, hat den Charakter einer freiheitsbeschränkenden Fremdeinwirkung und wird gewöhnlich auch als solche aufgefaßt. Anders jedoch, wenn der unaufmerksame Hobbykoch durch sein eigenes abgerutschtes Küchenmesser gezwungen wird, seinen Willen, anstatt aufs Zwiebelschneiden, erst einmal auf die Suche nach einem Pflaster zu richten. Offensichtlich gibt es auch Formen der äußerlich induzierten Willensunfreiheit, auf die das Kriterium der „Fremdheit" nicht zutrifft.

Mehr noch gilt dies für relevante Fälle *innerer* Willensunfreiheit. Durch eigenen Mißbrauch erworbene pathologische Drogensucht oder endogene Psychosen, die den zwanghaften Willen begründen, bestimmte Dinge zu meiden oder in seinen Besitz zu bringen, sind nicht (oder doch nur in einem übertragenen Sinne) „fremd" für Menschen, die davon betroffen sind. Für die Frage nach dem Verhältnis von Willensfreiheit und Determiniertheit aber sind sie gewiß nicht weniger bedeutsam als exogene Phobien und Manien oder als Formen pathologischer Sucht, die auf die manipulative Intervention von fremden Personen oder impersonale Einwirkungen (z.B. von Umweltgiften) zurückgehen. Entsprechendes gilt auch für weniger dramatische, nichtpathologische Willensfixierungen, die nicht von außen kommen. Dabei spielt es keine Rolle, ob diese instantan oder (wie man so sagt) „über Nacht" aufgetreten sind oder sich erst allmählich durch bestimmte Lebensweisen mit habituierender Wirkung gebildet haben, wie etwa fixe Ideen, Spleens und Leidenschaften oder verfestigte Denkgewohnheiten, die die Willensbildung beeinflussen. Die prinzipielle Bindung ans Kriterium der „Fremdbestimmtheit" enthielte deshalb eine unangemessene Verengung des Phänomenbereichs, der uns zu interessieren hat.

Auch das Merkmal der *„Unwiderstehlichkeit"* wäre als generelles Kriterium zu eng. Nicht alles, was bestimmenden Einfluß auf den menschlichen Willen gewinnt, ist für sich absolut überwältigend, sondern erhält diese Bedeutung erst in Verbindung mit anderen Faktoren oder oberhalb einer gewissen Intensitätsschwelle. Die meisten Drohungen oder Verlockungen etwa, denen gewöhnliche Menschen ausgesetzt sind, liegen in diesem Mittelbereich. Sie drängen den Willen in eine bestimmte Richtung und erschweren das Wollen des Gegenteils, ja machen es in gewissem Sinn für sie unmöglich, ohne es doch in jeder Hinsicht und absolut auszuschließen. Auch der brutalsten Erpressung zur Willfähigkeit durch Folter oder akute Todesdrohung können Menschen sich, anders vielleicht als der direkten Willensbeeinflussung durch neurostimulative Eingriffe, *prinzipiell* widersetzen. Aber natürlich muß man deshalb nicht glauben, daß solches Heroentum, das manche Menschen tatsächlich zeigen, zu den menschlichen Möglichkeiten gehört, auf die man im Einzelfall *aktuell* rechnen kann. Ob solche Formen der Willensbestimmung als „Determinierung" in einem prägnanten Sinn zu verstehen sind, kann hier dahingestellt bleiben.[3] Signifikant für die Frage der Willensfreiheit aber sind sie gewiß. Sie müssen also berücksichtigt werden – sei es auch nur, um Fälle von Willensunfreiheit, die nicht durch Determiniertheit im engeren Sinne begründet sind, dieser Fallgruppe jedoch ähneln und deshalb leicht mit ihr verwechselt werden, klar erkennen und ausgrenzen zu können.

Kompliziert wird die Abgrenzung dadurch, daß die „Widerstehlichkeit" oder „Unwiderstehlichkeit" von Einflüssen auf den Willen fast immer eine Sache des *Grades* und der speziellen *Hinsicht* ist, unter der man die einzelnen Fälle betrachtet. Insofern bleibt jede konkrete Einteilung *relativ* auf gegebene Interessen, Fragestellungen und konventionelle Reglementierungen in einer Gesellschaft und daher bis zum gewissen Grad *arbiträr*. Ohne definitorische Setzung aber sind scharfe Grenzen innerhalb eines Kontinuums nicht zu bekommen. Löst man sich von bestehenden Reglementierungen dieser Art und betrachtet jeden Einzelfall im Detail, wird man gewöhnlich feststellen müssen, daß der Spielraum des Willens zwar durch (interne wie externe) Einflüsse mehr oder weniger weitgehend *eingeschränkt* ist, nicht aber vollständig *aufgehoben*. Auch die Einflüsterungen, denen der kleine Daniel in unserer Beispielgeschichte ausgesetzt war und die wir (S. 18f.) in der Unwiderstehlichkeitsvariante erzählt haben, ließen sich so zu einer bloßen Versuchung abschwächen, der er zwar faktisch erlegen ist, aber trotz des Auftretens seiner „zwei kleinen Teufel" nicht unbedingt hätte erliegen müssen.

Ob eine Beeinflussung, die nicht absolut unwiderstehlich ist, als substantielle Verminderung oder Beseitigung der Willensfreiheit gewertet wird, hängt im übrigen nicht nur von den konkreten Umständen und deren theoretischer Deutung ab, sondern auch vom *Reifegrad* der betroffenen Individuen. Kinder werden hier anders behandelt als normale Erwachsene. Dasselbe gilt für Personen, deren Fähigkeit zur selbständigen Willensbildung signifikant unterentwickelt ist, sei es anlagebedingt oder aufgrund von Krankheiten oder bestehenden Sozialisationsdefiziten. Bei solchen Menschen wird die Schwelle zur Willensunfreiheit gewöhnlich *niedriger* angesetzt. Das heißt aber nicht, daß sie *überhaupt* keinen „freien Willen" mehr haben. Es kommt auf die Einzelumstände und die relative Stärke der Willensbeeinflussung an. Umgekehrt kann die Rede von „fehlender Willensfreiheit" in manchen Fällen oder für einen bestimmten, nicht von solchen Defekten betroffenen oder besonders befähigten Personenkreis auch wesentlich *anspruchsvoller* gefaßt und z.B. davon abhängig gemacht werden, daß die Willensbestimmung tatsächlich absolut unwiderstehlich ist oder nicht von innen, sondern von außen kommt. Doch um entscheiden zu können, wann dies angebracht ist und wo hier jeweils die Grenzen liegen, darf man sich nicht von vornherein auf diese eine, extreme Fallgruppe festlegen.

3.2 Formen des Wollens

Ähnliches gilt für den Willensbegriff. Auch dieser muß nicht nur (wie alle drei Schlüsselbegriffe, S. 24f.) hinreichend präzise und differenziert, sondern auch hinreichend weit gefaßt werden, um der Vielfalt der Phänomene Genüge zu tun, auf deren Determiniertheit und mögliche Unfreiheit die Zusammenhangsfrage (F2) abzielt. In Satz (5) unseres schematisierten Gedankengangs (S. 19) war jedoch nur vom *„handlungsleitenden Wollen"* die Rede. Diese Beschränkung liegt nahe, wenn es – wie dort – um Schuldzuweisungen oder Entschuldigungen für vollzogene Handlungen geht. Moral und Recht interessieren sich deshalb primär für diesen Fall. Aber auch sie belassen es nicht dabei, sondern stellen, wenn sie die Schuldfrage differenzierter behandeln, auch Willenshaltungen in Rechnung, die lange *vor* dem Eintritt ins Handeln liegen, ja vielleicht *niemals* zum handlungsleitenden Willen werden. Keineswegs alles von dem, was Menschen zeitweilig und tagtäglich wollen, wird eben auch zum bestimmenden Handlungsmotiv, glücklicher- oder unglücklicherweise. Häufiger bleibt es beim *bloßen* Wollen,[4] und auch dann, wenn der Wille zum Handeln führt, sind „Wollen" und „willentlich Handeln" nicht einfach dasselbe. Oft z.B. tritt ein gewolltes Ziel, mit dem wir ursprünglich zu handeln begannen, während der Handlungsausführung zurück, weil sich andere Dinge dazwischenschieben. Manchmal versuchen wir auch gar nicht erst, etwas Gewolltes herbeizuführen, sei es aus schlichter Vergeßlichkeit oder aus peinvoll erfahrener Willensschwäche. Dann wieder verschieben wir eine geplante Handlung und kommen später auf sie zurück oder geben sie endgültig auf, weil sie sich mittlerweile als unrealistisch erwiesen hat oder wir selbst das Interesse an ihr verloren haben, so daß es doch schließlich beim bloßen Wollen bleibt. Auch solche Formen des Wollens aber lassen sich offenbar sinnvoll als frei oder unfrei, determiniert oder indeterminiert beschreiben.

Ebenso irrelevant kann die Frage sein, ob oder welche *Überlegungen* unserem Wollen vorausgehen und wie umfangreich sie sich gestalten. Deshalb wurde die Rede von der *„Entscheidung"* des kleinen Daniel, die in den Sätzen (3) und (5) unseres schematisierten Gedankengangs auftrat, bei der Formulierung von (F1) und (F2) stillschweigend fallengelassen und durch die allgemeinere Rede vom „Wollen" ersetzt (S. 24). Denn mit der spezifizierenden Feststellung, daß er sich für die prekäre Autoinnenbewässerung „entschieden" hat, hatten wir unterstellt, daß Daniel, ehe er seinen Entschluß faßte und mit festem Willen zur Tat schritt, sich diese Handlungsmöglichkeit vorgestellt und ihr Tun gegen ihr Unterlassen abgewogen hatte, wenn auch nur für einen Augenblick („gedacht, getan", S. 17). Das ist in seiner Geschichte durchaus plausibel und auch sonst zweifellos der Normalfall. Doch es ist nicht die einzige Möglichkeit. Ob und wie viele alternative Optionen ein Mensch in Betracht zieht, ehe er seine Willensbildung beendet und sich zum Handeln entschließt, oder wie differenziert und rational seine vorbereitenden Überlegungen ausfallen, variiert je nach Person und Situation: Manchmal stehen uns viele Optionen vor Augen, von denen keine unseren Willen berührt, trotz langen Nachdenkens. Dann wieder gibt es nur eine einzige, die uns sofort mit Beschlag belegt und zum Handeln bringt, mitunter sogar ohne jede Rücksicht darauf, ob sich das Gewollte auf diesem Wege überhaupt realisieren läßt. Oder es blitzt nur für einen Moment der flüchtige, gleich wieder fallengelassene Gedanke auf, die schon gewollte Handlung (wegen der Zweifelhaftigkeit ihres Erfolgs z.B. oder aufgrund moralischer Skrupel) doch lieber bleiben zu lassen, so daß sich die handlungsleitende Willensbildung auf einen einzigen kurzen Pendelschlag zwischen Pro und Contra beschränkt. Und nicht einmal dieser ist immer gegeben. Ein Heroinabhängiger, der zeitweilig vielleicht überhaupt keinen anderen Gedanken mehr fassen kann, will seine Spritze und spritzt sich willentlich, obwohl er zu überlegten Entscheidungen gar nicht mehr fähig ist. Auch die Versuchung des kleinen Daniel könnte die Unwiderstehlichkeit, die sie in unserer Lesart (S. 18f.) für ihn besaß, vielleicht nur daraus bezogen haben, daß seine „zwei kleinen Teufel" es mit Erfolg verstanden, jeden anderen Gedanken momentan aus seinem Kopf zu verbannen.

Die Phänomene des menschlichen Wollens also, die sich als determiniert und frei oder unfrei erweisen können, sind vielfältig und reichen weit hinter das faktische willensgetragene Handeln zurück. Meist stehen sie im Kontext mehr oder weniger umfänglicher und rationaler handlungsbezogener Überlegungen, können aber auch unabhängig von solchen auftreten. Rationalistische Scheuklappen, wie sie für manche Diskussionen des Problems von „Willensfreiheit und Determinismus" charakteristisch sind, sind deshalb von der Sache her unangebracht. Wenn man die ganze Palette menschlicher „Willensfreiheit" und „Willensunfreiheit" erfassen will, darf man sich jedenfalls nicht auf Fälle beschränken, in denen mehrere Optionen zur Wahl stehen und explizit gegeneinander abgewogen werden, ehe es zu einem festen sei es handlungsleitenden oder handlungsverhindernden Wollen kommt. Dieser phänomenalen Offenheit gilt es im folgenden Rechnung zu tragen. Gegenstand unserer weiteren Fragen, soweit sie den zweiten Schlüsselbegriff betreffen, ist das Wollen an sich – gleichgültig, ob und wie weit es auf Überlegung oder Entscheidung beruht, unwiderstehlich bestimmt oder fremdbestimmt ist und sich danach in Handlungen äußert.

3.3 Willensfreiheit als Freiheit der Willensbildung

Und wie steht es schließlich mit dem Begriff, der die meisten Verwirrungen bereitet und in der Diskussion des Problems deshalb von jeher am meisten umstritten ist, dem Begriff der „Freiheit"? Auch diesen Schlüsselbegriff haben wir bei der Formulierung von (F1) und (F2) wohlweislich aller Konnotationen beraubt, die durch den Übergang von Satz (4) zu Satz (5) unseres schematisierten Gedankengangs nahegelegt wurden. Nicht nur in seiner mythologischen Einkleidung, die ihn besonders problematisch erscheinen läßt, sondern auch im Bezug auf weniger extravagante Anwendungsfälle ist der Gedanke abwegig, die Rede von „Freiheit" bzw. „Unfreiheit" beziehe sich *per se* und *ausnahmslos* auf die Frage fehlender oder vorhandener Determiniertheit, oder „Freiheit" sei sogar *gleichbedeutend* mit „Indeterminiertheit". Schon bei der ersten Erläuterung unserer zwei Leitfragen hatte sich dies sehr rasch gezeigt (S. 25). Deshalb eben läßt sich die Zusammenhangsfrage (F2) nicht einfach bejahen, sondern verweist – jenseits der simplifizierenden Gegenüberstellung von „Kompatibilismus" und „Inkompatibilismus" – auf die kontroverse begriffliche Vorfrage, was „Freiheit" heißt oder in Anwendung auf die konkreten Phänomene des menschlichen Wollens und Handelns sinnvollerweise heißen sollte. Auch die Signifikanz des Merkmals der Determiniertheit steht dabei mit zur Disposition. Und der vorstehende kurze Blick auf verschiedene Formen des Wollens und verschiedene Formen der Determination, denen es unterliegen kann, hat darüber hinaus verdeutlicht, daß man auch dann, wenn man von einem signifikanten Zusammenhang ausgeht, mit ganz verschiedenen Formen bestehender bzw. nicht bestehender Freiheitsbeschränkung rechnen muß. Auch unter diesem Aspekt wäre es deshalb verhängnisvoll, hier vorgängige phänomenale oder begriffliche Verkürzungen vorzunehmen. Folglich erscheint es angebracht, auch den Gattungsbegriff der *„Freiheit"* (ähnlich wie den der „Determiniertheit", S. 21 f.) zunächst so unbestimmt zu lassen, wie es das kolloquiale Verständnis des Wortes vorgibt, und bei der weiteren Untersuchung so flexibel zu halten, daß er für alle Verwendungsweisen offen bleibt, die alltagssprachlich und in der einschlägigen Literatur von Bedeutung sind.

Inhaltlich gilt dies natürlich auch für den speziellen Begriff der *„Willensfreiheit"*. Formal allerdings können wir bei diesem noch einen Schritt weiter gehen und eine Präzisierung vornehmen, die durch das Vorstehende nahegelegt wird und die wesentlich dazu beiträgt, der Gefahr inadäquater begrifflicher Verengungen entgegenzuwirken. Denn trotz der Vielfalt und Reichweite der Phänomene des menschlichen Wollens und seiner möglichen Determinationsformen, trotz der Verschiedenartigkeit des Sinns, den die Rede von seiner „Freiheit" oder „Unfreiheit" haben kann, ist allen Fragen nach der „Willensfreiheit" von Menschen etwas gemeinsam. Stets geht es darum zu klären, ob das, was eine Person will, auf freie oder unfreie Weise *zustande gekommen* ist. „Willensfreiheit", so kann man deshalb summarisch sagen, heißt immer soviel wie *„Freiheit der Willensbildung"*.

Wie diese sich im einzelnen abspielt und was dabei jeweils unter „Person", „Wille" und „Freiheit" verstanden wird, bleibt bis auf weiteres völlig offen. Die relevante Willensbildung kann den Charakter von mehr oder weniger ausgedehnten und komplexen Überlegungen haben, die späteres Handeln vorbereiten, kann aber auch davon unabhängig sein und sich in einem einzigen spontanen Akt der Willensbildung erschöpfen. Auch die Person, die den fraglichen Willen entwickelt, muß kein menschliches Individuum sein, sondern kann prinzipiell auch durch ein Kollektiv gebildet werden, z.B. durch eine Gruppe bestimmter Individuen oder eine individuenunabhängige Korporation oder Institution („juristische Person").[5] Ebenso unbestimmt bleiben Inhalt und Form des resultierenden Wollens. Es kann sich um einen festen, handlungsleitenden Willen handeln, der aus einem konkreten Entschluß oder festen Vorsatz für später hervorgeht, ebensogut aber um eine schwache bzw. revidierbare Willensregung, die lange vor jedem Gedanken an eigene Aktivitäten auftritt und vielleicht niemals zum Handeln führt. Darüber hinaus geht es nicht nur um aktuelle, bewußte Willenshaltungen, die eine Person zu einem bestimmten Zeitpunkt hat. Es geht auch um länger anhaltende Zustände des Wollens, die den Betreffenden zeitweilig oder dauerhaft unbewußt bleiben, oder auch nur um die gänzlich unspezifizierte Rede von „dem Willen" als einer Fähigkeit, die sich nur unter bestimmten Bedingungen in konkreten Willenshaltungen manifestiert.

In all diesen Fällen läßt sich sinnvoll nach der Freiheit des Willens fragen. Und in all diesen Fällen, so verschieden sie sich in der menschlichen Lebenswirklichkeit gestalten, sind es jeweils die relevanten, aktuellen oder schon früher vorausgegangenen Willensbildungsprozesse, die das resultierende Wollen als „frei" oder „unfrei" erweisen können. Jeder angemessene, differenzierte Begriff der Willensfreiheit hat dem Rechnung zu tragen. Und nur in diesem Rahmen stellt sich dann auch die spezielle Frage der Determiniertheit des Wollens und des Determinismus. Ob oder in welcher Form deren Bestehen geeignet ist, freie Willensbildungsprozesse zu beeinträchtigen oder unmöglich zu machen, das ist der Kern des Problems, das wir zu klären suchen, orientiert an den beiden schrittweise aufeinander aufbauenden Leitfragen (F1) und (F2).

II. Willensfreiheit und Verantwortlichkeit

1. Formen menschlicher Verantwortlichkeit

1.1 Das System der normativen Verhaltenskontrolle

Die Frage der Willensfreiheit, so zeigte schon unsere Beispielgeschichte, wird gewöhnlich nicht in abstracto gestellt, sondern als Teil der Frage nach *Schuld* und *Verantwortung*. Auch diese Frage aber ist meist keine rein theoretische, sondern hat einen praktischen Sinn. Denn ob jemand verantwortlich ist für das, was er tut oder nicht, interessiert vor allem im Hinblick auf seine Erfüllung geltender *Normen*. Dabei geht es nicht nur um Normen des Rechts und der Moral im engeren Sinne, d.h. um Gebote,[6] die juridisch oder moralisch kodifiziert und für alle Mitglieder einer Gesellschaft oder der Menschengemeinschaft im ganzen verbindlich sind. Es geht auch um normierte Standards und Regeln der Kunst und Technik, die nur für bestimmte Personengruppen bedeutsam sind, um Spielregeln, Regeln für religiöse und andere Rituale oder um normierte Regeln des sozialen Verkehrs, wie etwa Modevorschriften, Standesregeln, Freundschaftsregeln oder Regeln des Takts und der Etikette. Auch private Lebensregeln können für die betreffenden Personen verbindliche Normen sein. Viele Normen gelten eben nicht universell und sind nicht präzise umschrieben, geschweige denn formell kodifiziert. Dennoch spielen sie in der Lebenswirklichkeit eine bedeutende Rolle und bilden quantitativ sogar den Hauptbezugspunkt alltäglicher Verantwortungszuschreibungen.

Trotz ihrer sichtbaren Verschiedenartigkeit ist allen Normen, die gerade aufgezählt wurden, etwas gemeinsam. Sie alle sind Normen, die sich auf menschliches *Handeln* beziehen und dabei eine Doppelfunktion erfüllen. Sie sind (1) an Menschen *adressiert*, von denen sie Normenkonformität fordern und deren Handeln sie in diesem Sinne beeinflussen wollen, und sie fungieren (2) als *Maßstab*, an dem vollzogene Handlungen gemessen, bewertet und eventuell sanktioniert werden. Zu den Sanktionen, die hier in Frage kommen, gehören positive genauso wie negative: Lob, Anerkennung oder Belohnung ebenso wie Vorwurf, Tadel und Strafe. Handlungsnormen spielen in allen Gesellschaften eine zentrale Rolle. Sie dienen dazu, grundlegende Formen sozialen Verhaltens zu befördern, ohne die ein gedeihliches Zusammenleben von Menschen, die als Individuen wie als soziale Gruppierungen höchst unterschiedliche und z.T. konfligierende Interessen verfolgen, offenbar nicht oder nicht dauerhaft möglich wäre. Als solche bilden sie das Kernstück des Systems der *normativen Verhaltenskontrolle*, das seit Menschengedenken praktiziert wird und auch in unserer Gesellschaft das bedeutendste Steuerungsmittel bildet.

Seine *Effektivität* allerdings ist spürbar begrenzt. Denn Menschen sind zwar durch Normen ansprechbar, folgen ihnen aber nicht immer. Deshalb wird dieses System auch nicht als einziges angewandt, sondern durch andere Steuerungsmittel ergänzt. Keine Gesellschaft verläßt sich z.B. nur auf das sanktionenbewehrte Diebstahlverbot, sondern verwendet auch Türen und Schlösser, die entschlossenen Dieben das Handwerk erschweren und unentschlossene nicht in Versuchung führen. Potentielle Normenverletzer können also auch dadurch zu einem erwünschten Verhalten gebracht werden, daß man ihnen ein Fehlverhalten *objektiv unmöglich* macht. Tiere werden gewöhnlich, Maschinen sogar ausschließlich in dieser Weise kontrolliert. Die verwendeten Mittel sind vielfältig. *Äußere* Kontrollmaßnahmen gehören dazu, wie etwa Maulkörbe, Laufgitter, Schienen oder Meßapparaturen mit Rückkopplungsschleife. Nicht weniger wichtig aber sind *innere* Steuerungsmittel. Bei elektronischen Rechnern z.B. sorgt die installierte Software für regelkonforme Operationen, bei Lebewesen könnten genetische oder neurochirurgische Manipulationen diese Funktion übernehmen. Partiell erfolgt das auch schon in der Tierzüchtung und gentechnischen Veränderung von Nutzpflanzen. Und in einem totalitären Staat der Zukunft wäre Entsprechendes (mit etwas science fiction) auch für Menschen prinzipiell vorstellbar.

Bestehende Gesellschaften verzichten bislang allerdings auf derart massive innere Eingriffe und bedienen sich anderer nichtnormativer Kontrollmechanismen. Anstatt sie normativ anzusprechen, lassen sich Menschen ja auch durch Vorbild oder Belehrung *erziehen* bzw. mit Hilfe von Strafen und Belohnungen auf ein gewünschtes Verhalten *abrichten*, ähnlich wie dies von jeher bei der Dressur von Tieren („mit Zuckerbrot und Peitsche") geschieht. In welchem Maße soziale Kontrolle auch dem Abrichtungsmuster folgt oder folgen sollte, ist notorisch strittig.[7] Vor allem bei der frühkindlichen Sozialisation (z.B. beim Erlernen von

Körperhygiene und Grußverhalten) ist aber kaum zu bestreiten, daß beide Verfahren beteiligt sind und wesentlich zum reibungslosen Zusammenleben einer Gemeinschaft beitragen. Und unbestreitbar scheint auch, daß manche sozialen Koordinationsmechanismen (z.B. Gestik und Mimik) überhaupt nicht erlernt sind, sondern auf *angeborenen Schemata* beruhen, ähnlich den instinktiven Interaktionsmustern von Tieren, mit denen sie stammesgeschichtlich wohl auch verwandt sind.

Erst im Vergleich mit all diesen anderen Steuerungsformen tritt die Besonderheit der normativen Kontrolle hervor. Diese liegt nicht in ihrer überragenden Wirksamkeit. Nur am Kriterium der *Effizienz* gemessen erweist sich das instinktgeleitete Zusammenleben in einem Ameisen- oder Bienenstaat allemal als perfekter als das Leben in einem Staat von Menschen, die (in den Grenzen etablierter objektiver Steuerungsmaßnahmen) selbständig entscheiden können, ob sie die sozial erwünschten und von ihnen geforderten Standards einhalten wollen oder nicht. Die Besonderheit des Systems liegt in seinem prinzipiell *nichtmanipulativen* Charakter. Personen, die normativ angesprochen werden, sind nicht nur Objekte sozialer Steuerungsziele, sondern zugleich deren Subjekte. Das gilt bei der Formulierung bzw. Etablierung normativer Forderungen ebenso wie bei deren Erfüllung. Als *Adressat* muß eine Person die sie betreffenden Normen nicht nur verstehen und sich durch sie gefordert fühlen, sondern sie als *Glied* der Gemeinschaft auch partiell mittragen. Dennoch behält sie die Möglichkeit, eigenverantwortlich zu ihnen Stellung zu nehmen, sie also auch in ihrer Gültigkeit anzuzweifeln oder im Handeln bewußt zu verletzen.

Die Verlagerung der Letztverantwortlichkeit auf die Adressaten und die prinzipielle Offenheit des Ergebnisses gehören zum *Sinn* aller Handlungsaufforderungen. Besonders deutlich ist das, wenn ein Mensch von einem anderen etwas verlangt, ihn um etwas bittet oder ihm eine Offerte macht, ohne in einem Macht- oder Rechtsverhältnis zu ihm zu stehen. Dem Angesprochenen steht es dann frei, sich so oder anders dazu zu stellen. Der Sprecher anerkennt dies und bekundet damit, auch wenn er fordert, seinen Respekt vor ihm *als Person.*[8] Dieser Respekt liegt aber auch asymmetrischen, machtabhängigen Formen der Verhaltensbeeinflussung zugrunde, soweit diese nicht manipulativ verfahren, sondern dem Prinzip der adressierten Handlungsaufforderung verpflichtet sind, was bei der Erteilung persönlicher Aufträge oder Befehle zumeist der Fall ist. Doch selbst wenn die Forderung, wie bei kodifizierten Gesetzen oder Tugendkatalogen, dem Handelnden völlig entpersonalisiert entgegentritt, bewahrt sie als adressierte Forderung immer noch etwas von ihrer Herkunft aus dem Bereich des respektvollen Umgangs zwischen Personen.

Normative Verhaltenskontrolle kann nur bei Personen wirksam werden, die *normativ ansprechbar* sind, d.h. die den Sinn von Forderungen erfassen und ihre Handlungen daran ausrichten können. Dazu aber müssen sie, neben der Fähigkeit zum willentlichen und wissentlichen Handeln überhaupt, auch über die Fähigkeit zur Willensbildung in der Orientierung an Normen verfügen und damit über ein Mindestmaß an Überlegungsfähigkeit, Rationalität und Freiheit. Folglich bedürfen sie eines gewissen Maßes an Willensfreiheit (S. 33f.). All dies besitzen jedoch nicht alle Menschen im gleichen Umfang und zu jeder Zeit. Begabungsmängel, Krankheiten, Ermüdung und emotionale Erregung können die Fähigkeit zum selbständigen, normengeleiteten Handeln drastisch verringern. Die Wirksamkeit normativer Kontrolle wird deshalb nicht nur dadurch eingeschränkt, daß die Adressaten sich ihrem Anspruch *verweigern* können, sondern auch dadurch, daß sie mitunter nicht oder nicht weit genug durch Normen *ansprechbar* sind. In diesem Fall sind sie für ihr Verhalten nur partiell oder gar nicht verantwortlich. Daher ist das System der normativen Verhaltenskontrolle zwar wegen seines humanen, prinzipiell nichtmanipulativen Charakters wünschenswert und anderen Kontrollformen nach Möglichkeit vorzuziehen, in seiner Anwendung aber doppelt begrenzt.

1.2 Deskriptive und präskriptive Charakterisierungen

Diese Begrenzungen konfligieren nicht selten mit den konkreten Kontroll- und Sanktionsinteressen, die in der Gesellschaft bestehen. Das hat zur Folge, daß das System nicht nur durch nichtnormative Kontrollmechanismen *ergänzt*, sondern auch *selbst* von diesen Interessen beeinflußt wird. Letzteres zeigt sich vor allem beim Kriterium der Ansprechbarkeit. Ob bzw. in welchem Umfang bestimmte Personen normativ ansprechbar sind und insofern verantwortlich für normenkonformes oder -diskonformes Verhalten, ist eigentlich eine reine Tatsachenfrage. Als solche läßt sie sich im Alltag wie in den Wissenschaften und sozialen Institutionen, die sich mit dieser Frage befassen (Jurisprudenz, forensische Psychologie, Psychiatrie, Medizin u.a.), grundsätzlich rein theoretisch und unabhängig davon beantworten, welche Normen gesellschaftlich etabliert sind und ob sie verletzt oder erfüllt werden. Doch die Praxis sieht häufig anders aus. Wenn von „Verantwortlichkeit" oder „Schuld" die Rede ist, geht es meist nicht nur um relevante Fakten, sondern (wie schon unsere Beispielgeschichte in Kap. I zeigte) auch und zuallererst darum, was die Betroffenen als Adressaten geltender Normen tun sollen bzw. hätten tun sollen und daß ihnen für ihr Verhalten Lob oder Tadel, Lohn oder Strafe gebührt.

Die Bedeutung solcher Verantwortungszuschreibungen ist also komplex. Ein *deskriptiver* (theoretisch „beschreibender") Kern, der nur auf die normative Ansprechbarkeit und Verantwortlichkeit abstellt, wird durch eine *präskriptive* (praktisch „vorschreibende") Komponente ergänzt, die den Kern gleichsam wie eine Schale umgibt und manchmal völlig verdeckt. So kann es leicht dazu kommen, daß seine kriterielle Bedeutung verkannt oder überhaupt nicht mehr bemerkt wird. Noch größer ist diese Gefahr, wenn die Rede von „Verantwortung" (o.ä.) zugleich Konnotationen enthält, in denen sich die *Wertungen* und *gefühlsmäßigen* Reaktionen der Sprecher auf eine Erfüllung oder Verletzung von Normen bekunden. Vor allem *öffentliche* Schuldzuweisungen enthalten neben der Feststellung von „Schuld" im deskriptiven und präskriptiven Sinne häufig auch die Verachtung oder Empörung der Allgemeinheit über die so Beschuldigten, bis hin zu blankem Haß. Nicht nur bei besonders schweren Verbrechen, allen voran Sexualstraftaten gegen Kinder, sondern auch bei Tabubrüchen von weit geringerer Bedeutung oder gesellschaftlich abnormem Verhalten, das die vermeintlich identitätsstiftenden Selbstverständlichkeiten durchbricht, ist in der breiten Öffentlichkeit vielfach nicht einmal mehr das Bewußtsein dafür vorhanden, daß die Schuld der Betreffenden dadurch vermindert oder vollständig aufgehoben sein kann, daß ihnen einschlägige Voraussetzungen der normativen Steuerungsfähigkeit fehlen. Doch auch bei alltäglichen, rein *privaten* Verantwortungszuschreibungen ist die Tendenz zur Verdrängung deskriptiver durch präskriptive und emotive Gesichtspunkte erkennbar.

Auch die Rede vom *„freien Willen"* unterliegt dieser Mehrdeutigkeit und der Tendenz zur Verdrängung des deskriptiven Grundsinns. Sagt jemand z.B. „schließlich hast du es freiwillig getan" oder „es war dein eigener freier Wille", will er sein Gegenüber nicht nur an ein bekanntes Faktum erinnern, sondern macht praktische Vorhaltungen, die als Tadel gemeint und zugleich emotional gefärbt sind. Ebenso dienen Appelle an den vorhandenen „freien Willen“ anderer Menschen weniger der psychologischen Diagnose oder ergebnisoffenen Lebensberatung als der gezielten Beförderung ihrer Normenkonformität. Entsprechendes gilt für die Negativvariante. Wer die „Unfreiwilligkeit“ seiner Handlungen und Entscheidungen in einer „Welt voller Sachzwänge“ beschwört, will keine bloße Tatsachenfeststellung treffen, sondern einen pauschalen Freibrief haben für moralisch dubiose, Empörung und Sanktionierung provozierende Praktiken. Politiker und Repräsentanten moralisch oder ökologisch bedenklicher Wirtschaftszweige liefern tagtäglich Beispiele für diese Form interessierter Selbstentschuldigung. Sie findet sich aber auch bei so manchem privaten Umweltverschmutzer oder bei Menschen, die Raubbau an ihrer Gesundheit treiben und über die Risiken zwar beunruhigt sind, ihre Verhaltensgewohnheiten aber nicht ändern möchten. Wie weit ihre freie Willensbildung tatsächlich eingeschränkt ist, bleibt dabei nebelhaft und wird in der Regel nicht einmal geprüft.

1.3 Asymmetrische Verantwortungszuschreibungen

Neben der Tendenz zur Verschleierung des deskriptiven Kerns durch präskriptive und emotive Zusätze zeigt die Praxis der Verantwortungszuschreibung aber auch eine auffällige Asymmetrie. Diese beruht teils auf egoistischer oder gruppenegoistischer *Voreingenommenheit,* teils auf einer speziellen Fixierung auf *Negativfälle.* Menschen werden vorzüglich verantwortlich gemacht oder erklären sich selbst für nicht verantwortlich, wenn sie bestehenden Ansprüchen nicht genügen und negative Wertungen, Gefühle oder Sanktionen auf sich ziehen. Dann und gewöhnlich nur dann wird Verantwortung für sie zum Problem. Im *Positivfalle* dagegen gilt sie als unproblematisch. Lob, Belohnung oder Bewunderung werden bereitwillig von anderen entgegengenommen oder (wenn Neid ausscheidet) anderen Menschen entgegengebracht, sofern nur die Standards, die sozial erwünscht sind, faktisch erfüllt oder noch übertroffen werden. Ob die Betreffenden etwas für ihre Leistungen können, ob sie überhaupt normativ ansprechbar waren und normenorientiert handelten, wird in der Regel nicht nachgeprüft. Die Gesellschaft interessiert sich offenbar mehr für Verhaltensweisen, die von der Norm abweichen, als für solche, die ihr entsprechen. Folglich konzentriert man sich nur noch auf Negativfälle, in denen Vorwürfe und Strafen drohen, und achtet bei *anderen* vorzüglich auf die verantwortungssteigernden Umstände, bei *sich selbst* auf die verantwortungsmindernden.

1. *Alltagsbeispiele* dafür gibt es zuhauf. Wer ein verliehenes Gerät defekt zurückbekommt, wird leicht geneigt sein zu glauben, daß der Entleiher nachlässig mit ihm umgegangen ist. Als Entleiher dagegen schließt er mit Selbstverständlichkeit auf einen latenten Defekt des Geräts. Wer einen anderen nicht gegrüßt oder ihm zu wenig Geld herausgegeben hat, erklärt, wenn er zur Rede gestellt wird, ohne Umschweife, dies sei versehentlich und ohne Absicht passiert. Als negativ Betroffener jedoch oder als moralisierender Zuschauer unterstellt er spontan, der Täter müsse um die Sache gewußt und mit Absicht gehandelt haben. Die Zuschauerperspektive verdeutlicht dabei zugleich, daß die Fixierung aufs Negative nicht notwendig an das Bestehen egoistischer Voreingenommenheiten gebunden ist. In jüngster Zeit sind auch diverse experimentelle Untersuchungen durchgeführt worden, deren Befunde die negativ asymmetrische Beurteilungspraxis partiell bestätigen.[9]

Losgelöst von Partikularinteressen spiegelt sich die asymmetrische Zuschreibungspraxis vor allem in der spontanen Bereitschaft, positive Verhaltensweisen als *persönliche Leistungen* anzuerkennen, ohne sie weiter zu hinterfragen. Reputation und Auszeichnungen aufgrund erreichter Erfolge in Wirtschaft oder Politik, Sport, Kunst und Wissenschaft beruhen großenteils, trotz aller Beschwörungen des reinen Leistungsprinzips, nur auf diesem simplen, wenig honorigen Attributionsmechanismus. Würden die Mitglieder eines Preiskomitees z.B. nur annähernd die gleiche Gewissenhaftigkeit in der Frage der individuellen Verantwortlichkeit an den Tag legen wie gute Verteidiger in einem Strafprozeß, würde sich die Zahl der so Ausgezeichneten drastisch verringern müssen, ginge es wirklich um nichts anderes als persönliche Leistung.

2. Auch bei der *Willensfreiheit* zeigt sich die gleiche Asymmetrie. Um dies zu sehen, wollen wir unsere Beispielgeschichte aus Kap. I, die dort in der Negativvariante erzählt wurde (S. 17), hier einmal positiv abwandeln. Angenommen, der kleine Daniel hätte, statt das Auto seines Vaters eigenmächtig zu wässern, das noch offenstehende Wagendach selbständig zugekurbelt, als ein Gewitterguß niederging. Dafür würde er natürlich gelobt werden. Würde er nun jedoch ebenso rasch, wie er zuvor „zwei kleine Teufel" bemühte, die ihm den schlechten Willen eingaben, auch „zwei kleine Engel" einführen, die seinen Willen unwiderstehlich zum Guten lenkten? Sicherlich nicht. Auf diesen Gedanken würde ein Vierjähriger kaum verfallen und ein Erwachsener wohl auch nur dann, wenn er außergewöhnlich skrupulös und bescheiden ist oder religiös außergewöhnlich reflektiert.[10] Denn so gern wir bereit sind, Vorwürfe mit dem Hinweis auf unsere unfreie Willensbildung zurückzuweisen, so ungern weisen

wir Lob oder Bewunderung für Dinge zurück, die wir entweder ganz ohne Willen ausgeführt haben oder mit einer Willenshaltung, für deren Entstehung wir, nüchtern betrachtet, gar nichts können.

3. Asymmetrische Verantwortungszuschreibungen gibt es seit langem. Aristoteles, ja im Ansatz sogar schon Homer und die griechischen Tragödiendichter des 5. Jahrhunderts v. Chr., haben sie als soziale Tatsache registriert und als ungerechtfertigt zurückgewiesen.[11] Praktischen Erfolg haben sie nicht gehabt. Denn über ein halbes Jahrtausend später sah sich der Aristoteliker Alexander von Aphrodisias, über zwei Jahrtausende später der Philosoph und Psychologe J. F. Herbart noch immer veranlaßt, die Kritik zu erneuern.[12] Auch Luther hat gegen Erasmus ähnlich argumentiert.[13] Nachhaltig erschüttert aber wurde die asymmetrische Zuschreibungspraxis dadurch nicht.

Den hintergründigsten Kommentar zum Thema hat Bertolt Brecht geliefert in seiner Erzählung *„Der verwundete Sokrates"*.[14] Sokrates wird dort als ein militärischer Feigling dargestellt, der nur durch einen (für ihn) unglücklichen Zufall daran gehindert wird, sich vor der Entscheidungsschlacht aus dem Staub zu machen. In seiner Not wird er zu einer Verzweiflungstat gezwungen, die sich durch einen zweiten (für alle Athener) glücklichen Zufall als positiv schlachtentscheidend erweist. Sokrates' wahre Tapferkeit zeigt sich erst darin, daß er (nach einigen Ausweichmanövern) letztlich der Versuchung widersteht, sich aus der Sache herauszulügen und von seinen zurechnungswilligen Mitbürgern als vermeintlichen Helden feiern zu lassen. Die heroische Seltenheit dieser Haltung unterstreicht die Selbstverständlichkeit und Verbreitung der *egozentrisch* begründeten, asymmetrischen Zurechnungspraxis. Brechts Erzählung ironisiert aber auch die Bereitschaft, *anderen* kritiklos Verantwortung zuzuschreiben. Und damit erstirbt seinen Lesern zugleich das vergnügliche Schmunzeln. Denn zu dem, was Sokrates positiv widerfährt und den Stoff zur Komödie liefert, gibt es eben ein negatives Pendant, das oft genug menschliche Tragödien heraufbeschwört, nämlich die ungerechtfertigte, asymmetrische Zuwendung von Haß und Verachtung, Empörung, Tadel und Strafe.

1.4 Notwendige Differenzierungen

Die asymmetrische Zuschreibung und die Interferenz von fremden Gesichtspunkten, präskriptiven wie emotiven, verstellen den Blick auf den deskriptiven Begriff der Verantwortung, auf dem das System der normativen Verhaltenskontrolle eigentlich fußt. Man muß deshalb versuchen, sie konsequent auszublenden. Doch kein Mensch, auch kein Philosoph oder Wissenschaftler, der in einer bestimmten Gesellschaft aufgewachsen ist, kann sich den Normen, Wertvorstellungen, Beurteilungs- und Sanktionierungspraktiken, die in ihr herrschen, völlig entziehen. Er kann sich nur bemühen, sie in ihrer Besonderheit schrittweise offenzulegen, intern zu differenzieren und erkannte sachfremde Zusätze auszusondern. Nur im analytisch-kritischen Durchgang durch schon bestehende, konkrete Verantwortungszuschreibungen, die undifferenziert verfahren und Ausdrücke verwenden, deren Bedeutungen entsprechend komplex sind, kann auch ihr deskriptiver Gehalt herausgearbeitet und einer kritischen Prüfung unterzogen werden. Und nur auf diesem Wege kommen dann – zusammen mit anderen relevanten Kriterien – auch jene Formen der Willensfreiheit in den Blick, die erforderlich sind, um Menschen sinnvoll normativ ansprechen und zur Verantwortung ziehen zu können.

1. Die *methodische* Notwendigkeit, von etablierten moralisch-rechtlichen Praktiken auszugehen, hat manche Autoren dazu verleitet, noch einen Schritt weiter zu gehen und die deskriptiven Kriterien der Verantwortlichkeit, einschließlich der relevanten Freiheitskriterien, auch *sachlich* von ihnen abhängig zu machen, inhaltlich wie formal.[15] Das allerdings ist ein verhängnisvoller begrifflicher Kurzschluß, den wir vermeiden müssen. Denn damit wäre es prinzipiell ausgeschlossen, tradierte Praktiken bzw. Systeme normativer Verhaltenskontrolle kritisch zu hinterfragen. Denkbare Reformen, die ihre spezielle Ausgestaltung und Anwendbarkeit danach bestimmen, wie weit die Bedingungen der normativen Ansprechbarkeit faktisch erfüllt sind (S. 38), würden unmöglich. Man bliebe entweder auf Gedeih und Verderb an die *bestehende* Praxis gebunden oder müßte bereit sein, die *gesamte* Praxis der normativen Kontrolle und des Verantwortlichmachens für Normverletzungen bzw. -erfüllungen aufzugeben.

In Wahrheit verhält es sich genau umgekehrt. Nicht die faktische Zuschreibungspraxis entscheidet darüber, wann Menschen frei und verantwortlich sind, sondern das Faktum ihrer vollständigen oder partiellen Verantwortlichkeit entscheidet über Sinn und Legitimität der bestehenden Praxis. Daß man erst durch die letztere auf die Bedingungen und inhärenten Probleme des verantwortlichen, normengeleiteten Handelns aufmerksam wird, ändert nichts daran, daß diese es sind, die die Praxis sachlich begründen müssen.

2. Die philosophische Tradition hat wechselseitige Begründungsverhältnisse wie diese durch die terminologische Unterscheidung zwischen *„Seinsgrund"* (lat. *„ratio essendi"*) und *„Erkenntnisgrund"* (lat. *„ratio cognoscendi"*) expliziert. Akademisch ist dabei nur die Terminologie. Die Sache selbst hat generelle Bedeutung und läßt sich mühelos auch durch Alltagsbeispiele veranschaulichen. Denken wir z.B. an eine Situation, in der wir vom warmen Zimmer aus auf das Außenthermometer am Fenster blicken und feststellen, daß draußen Frost

herrscht. Unserer Erkenntnis nach („ratione cognoscendi") ist das Thermometer die Grundlage für unseren Schluß auf die bestehende niedrige Außentemperatur. Dem Sein bzw. der Sache nach („ratione essendi") verhält es sich jedoch umgekehrt. Jetzt hat die niedrige Temperatur das Prius und liefert den (in diesem Falle: kausalen) Grund, warum sich das Thermometer im Minusbereich befindet. Daß wir bei der Temperaturmessung das (kausale) Bedingungsverhältnis rückwärts lesen, ändert an der realen Abfolge nichts.

Noch erhellender für unseren speziellen Fall ist ein anderer Vergleich, auch wenn er weniger realistisch ist. Stellen wir uns einen Bergsteiger vor, der beim Traversieren in einer nebligen Felswand auf eine starre Leiter stößt. Da ihre Enden im Nebel verschwinden, kann er zunächst nicht wissen, ob die Leiter hängt oder steht. Nehmen wir an, er denke an eine Standleiter. Während er auf ihr nach oben steigt, hat er den Eindruck, daß jede Sprosse, die er erreicht, durch die unteren Leiterteile gestützt wird. Ohne diese, so meint er, würde er abstürzen. Doch darin täuscht er sich. Denn als er oben ist, zeigt sich, daß er gar nicht auf einer Standleiter emporgestiegen ist, sondern auf einer Hängeleiter, deren untere Sprossen jeweils problemlos hätten abgesägt werden können. Ähnlich ist es in unserem Fall. Wer von der bestehenden Zuschreibungspraxis mit ihren sachfremden Asymmetrien und präskriptiven und emotiven Zusätzen ausgeht, kann leicht den Eindruck gewinnen, als dringe er gleichsam „aufstufend" zum deskriptiven Verantwortungsbegriff vor. Dabei entsteht der („ratione cognoscendi" verständliche, „ratione essendi" aber verfehlte) Gedanke, unabhängig von solchen Praktiken ließen sich keinerlei verläßliche Aussagen über Verantwortlichkeit und Freiheit machen. So werden die Dinge auf den Kopf gestellt. Denn in Wahrheit sind es die deskriptiven Verantwortungskriterien, von denen Sinn und Vertrauenswürdigkeit dieser Praktiken zuallererst abhängen.

Die Konzentration auf die sachlich allein entscheidenden deskriptiven Verantwortlichkeitskriterien verlangt von allen, die sich darum bemühen, nicht nur ausgeprägte analytisch-kritische Fähigkeiten im allgemeinen, sondern auch ein relativ hohes Maß an selbstkritischer Reflexion. Schließlich müssen sie ihre bestehenden persönlichen Vorurteile ebenso hinter sich lassen wie die unhinterfragten sozialen Selbstverständlichkeiten, die sie umgeben. Das ist im Alltag wie in der Wissenschaft nicht immer leicht, grundsätzlich aber durchaus zu leisten. Vor allem in modernen *Rechtssystemen* ist das Instrumentarium zur differenzierten normativen Ansprache und korrespondierenden Zuweisung von Verantwortung auch ziemlich weit entwickelt. Das deutsche Strafrecht unterscheidet z.B. bei jeder (deskriptiv) „tatbestandsmäßigen Handlung", die es zu prüfen hat, zwischen ihrer (präskriptiven und strafbewehrten) „Rechtswidrigkeit" und ihrer (im Kern wieder rein deskriptiv definierten) „Schuld", die nur dann vorliegt, wenn bestimmte Teilbedingungen und Grade der normativen Ansprechbarkeit vom Täter erfüllt werden. Auch die *Moralphilosophie* hat z.T. entsprechende Unterscheidungen eingeführt. In der *Alltagsmoral* sind förmliche Differenzierungen wie diese ungebräuchlich, ließen sich aber problemlos einführen und werden teilweise auch (wie schon unsere Beispielgeschichte in Kap. I, 1 zeigte) durch informelle Analoga zu den juristischen bzw. philosophischen Kriterien ersetzt.

1.5 Zurechenbarkeit und Haftbarkeit

Fraglos bleibt das System der normativen Verhaltenskontrolle, auch und gerade was die Entwicklung differenzierter deskriptiver Kriterien der Ansprechbarkeit und Verantwortlichkeit anbelangt, anhaltend klärungsbedürftig und verbesserungsfähig, weit über das bislang erreichte Ausmaß hinaus. Schon die Notwendigkeit, seine Wirksamkeit unter den jeweils bestehenden personellen wie sozialen Rahmenbedingungen, die immer im Fluß sind, im benötigten Umfang aufrechtzuerhalten oder zu steigern, verlangt nach permanenter Verbesserung. Doch all dies beweist nichts gegen die Funktionsfähigkeit des Systems an sich. Diese setzt nicht voraus, daß Menschen immer und in jeder Hinsicht normativ ansprechbar sind, sondern nur hinreichend oft und in hinreichend hohem Maße (S. 38). Und das ist zumindest bei normal entwickelten erwachsenen Menschen, die unter normalen Umständen handeln und willensbildende Überlegungen anstellen können, erfahrungsgemäß der Fall.

Diese Behauptung ist heute allerdings nicht mehr so unumstritten, wie sie es früher war. Denn das Ausmaß, in dem Menschen normativ ansprechbar sind, ist vor allem im 19. und 20. Jahrhundert immer stärker in Frage gestellt worden, bedingt durch die zunehmend erweiterte Einsicht in ihre offenbar unüberwindlichen biologischen, psychischen und sozialen Abhängigkeiten. Nicht nur Darwins Evolutionstheorie und die vergleichende Verhaltensforschung, die behavioristische Lerntheorie, die Sozialstatistik und die Psychoanalyse haben dazu nachhaltig beigetragen, sondern auch und in z.T. noch stärkerem Maße die moderne Genetik, Neurowissenschaft, Kybernetik und KI, aber auch die Motivations- und Entwicklungspsychologie, die Mikrosoziologie sowie diverse soziologische, ökonomische oder historische Makrotheorien. Sie alle haben den optimistischen Glauben an eine relativ große Reichweite bzw. Erweiterbarkeit der normengeleiteten, rationalen Steuerungsfähigkeit menschlicher Individuen, der in der Aufklärung besonders ausgeprägt war, nachhaltig erschüttert und damit auch den Glauben an die individuelle Verantwortlichkeit von Menschen überhaupt. Subjektive Ohnmachtserfahrungen in hochtechnisierten Gesellschaften, die immer komplexer und unüberschaubarer werden, verstärken diese Tendenz. Selbst der Einfluß von Menschen in ökonomischen und politischen Schlüsselpositionen, die über außergewöhnlich große Ressourcen an Macht und Wissen verfügen, geschweige denn der Einfluß von Durchschnittspersonen, ist angesichts der zahllosen Beschränkungen, denen sie unterliegen, offenbar nicht mehr groß genug, um sie noch vorbehaltlos als die verantwortlichen Urheber dessen bezeichnen zu können, was sie de facto anrichten.

Viele Menschen sind deshalb geneigt, den Gedanken personaler Verantwortlichkeit ganz zu verabschieden. Vor allem in der zweiten Hälfte des 20. Jahrhunderts haben intellektuelle Zeitströmungen wie die „Systemtheorie" und der sogen. „Postmodernismus" ein bestehendes Lebensgefühl der prinzipiellen Verantwortungslosigkeit aufgegriffen und theoretisch zu legitimieren versucht, bis hin zu extremen Thesen wie der vom völligen „Verlust des Subjekts". Solche Übertreibungen braucht man natürlich nicht wörtlich nehmen, genausowenig wie die im 19. Jahrhundert verbreiteten Vorstellungen von einer impersonalen Kausalität oder gar „inneren Logik" der Geschichte.[16] Doch manifestiert sich auch in der Übersteigerung noch ein reales Problem. Der Gedanke personaler Verantwortlichkeit ist zwar nicht gänzlich *hinfällig* geworden, wie die trotz aller geäußerten Zweifel anhaltende Praxis (z.B. im Strafrecht) zeigt. Seine *Reichweite* aber steht zur Disposition und damit auch die Reichweite des Systems der normativen Verhaltenskontrolle als solcher. Hier vor allem besteht Klärungsbedarf: bei den *Kriterien* der Verantwortlichkeit, einschließlich von Freiheit und Willensfreiheit, ebenso wie bei ihrer *Anwendbarkeit* auf die komplexen Strukturen moderner Großgesellschaften.[17]

Aber auch wenn kein Zweifel besteht, daß eine Person grundsätzlich über die Fähigkeit zu normengeleitetem und eigenverantwortlichem Handeln verfügt und diese normalerweise auch anwendet, läßt sich im Einzelfall oft nicht *erkennen*, ob bzw. in welchem Umfang sie die relevanten Kriterien wirklich erfüllt. Schon dem Handelnden selbst sind die genauen Umstände und Hintergründe seines Verhaltens nicht immer durchsichtig. Und von außen ist es natürlich noch weitaus schwieriger, sicher zu sagen, ob jemand (z.B.) tatsächlich mit Willen gehandelt hat oder ob seine Willensbildung hinreichend rational und frei war. Nimmt man die Dinge genau, ergeben sich meist diverse Zweifelsgründe. Das gilt im alltäglichen Umgang nahezu uneingeschränkt, prinzipiell aber auch unter den relativ anspruchsvollen Bedingungen einer psychiatrischen bzw. psychoanalytischen Exploration oder eines Gerichtsprozesses.

Das hat man seit langem als ein Problem empfunden, dem man zumindest dann, wenn die Fälle gravierend sind und in begrenzter Zeit entschieden werden müssen, praktisch Rechnung zu tragen hat. Die Möglichkeit des Indizienurteils und des Wiederaufnahmeverfahrens oder der Grundsatz *„in dubio pro reo"* sind klassische Verfahrensweisen, mit denen das Strafrecht auf die Tatsache reagiert, daß menschliche Richter häufig Entscheidungen treffen müssen, von denen sie wissen, daß sie nur unzureichend begründet sind und sich als revisionsbedürftig erweisen könnten. Auch der Verzicht auf die Todesstrafe wird (u.a.) damit begründet. Dennoch bleibt unübersehbar, daß auch das humanste Strafrechtssystem aus pragmatischen Gründen Abstriche bei der Anwendung des strengen Schuldprinzips machen muß.

Das Zivilrecht, teilweise aber auch die Alltagsmoral gehen sogar noch wesentlich weiter. Sie kennen neben einer anspruchsvolleren auch eine weniger anspruchsvolle Form der Verantwortlichkeit, die wir terminologisch als bloße *„Haftbarkeit"* von der *„Zurechenbarkeit"* im engeren Sinne abheben wollen.[18] Zurechenbar ist eine Handlung nur, wenn der Handelnde sie persönlich *verschuldet*, d.h. wenn er nicht nur ihr faktischer Vollzieher oder Verursacher ist, sondern *Urheber* in einem prägnanten Sinn. Dieser Sinn läßt sich seinerseits mehr oder weniger anspruchsvoll interpretieren und ist deshalb in Moral und Recht von jeher umstritten. Auf diese Kontroverse brauchen wir hier nicht eingehen. Für unsere Zwecke genügt ein Vorbegriff, der sich aus der (ziemlich naheliegenden und unkontroversen) Bestimmung ergibt, daß jemand unter normalen Umständen nur dann Urheber einer Handlung sein kann, wenn er bei deren Ausführung wenigstens über jene Fähigkeiten verfügt, die auch über die normative Ansprechbarkeit von Menschen entscheiden (vgl. S. 38). Zurechenbarkeit im engeren Sinn schließt demnach, neben einem Mindestmaß an Überlegungsfähigkeit und Rationalität, vor allem die Willentlichkeit und Wissentlichkeit des Handelns ein sowie bis zum gewissen Grad auch die Willensfreiheit des Handelnden.[19]

Anders beim Begriff der „Haftbarkeit". Haftbar kann jemand auch sein, wenn seine Urheberschaft im prägnanten Sinn fehlt oder nicht nachweisbar ist. Eltern haften in diesem Sinne für ihre Kinder, Hersteller oder Verkäufer für defekte Waren, auch wenn sie keinerlei persönliche Schuld trifft. Haftpflichtversicherungen mit verschuldensunabhängiger Leistung sind eine Reaktion auf diese Sachlage. Sie wurden eingeführt, weil Menschen im täglichen Leben immer wieder Schäden verursachen, die man ihnen im strengen Sinne nicht zurechnen kann, für die sie aber aus Gründen eines gerechten Ausgleichs mit anderen aufkommen müssen. Die Haftbarkeit des Verursachers im Schadensfall ist dabei, nicht anders als die vertragsgemäße Kostenumlage auf alle Versicherungsnehmer, von der Schuldfrage prinzipiell abgekoppelt.

Beide Verantwortungsformen schließen sich weder begrifflich noch in der Anwendung auf einzelne Handlungsbereiche aus. Auch in bloßen Haftungsfällen kann die Schuldfrage bedeutsam werden, z.B. wenn die Leistungspflicht der Versicherung daran gebunden ist, daß der Versicherungsnehmer bestimmte Sorgfaltspflichten erfüllt. Im allgemeinen aber beschränkt das *Zivilrecht* sich auf Prinzipien der reinen Haftbarkeit. Zurechenbarkeit im engeren Sinne ist die Domäne des *Strafrechts*. Hier werden strengere Anforderungen gestellt, weil es nicht nur um die nachträgliche Kompensation von unerwünschten, doch im alltäglichen Zusammenleben unvermeidlichen Schäden geht, sondern um die Verhängung von überkompensatorischen Sanktionen, die vor allem der präventiven Verhinderung von besonders schweren Normenverletzungen dienen, was nur gegenüber Personen sinnvoll ist, die über die nötigen rationalen und volitiven Fähigkeiten verfügen.

Völlig frei von reinen Haftbarkeitsprinzipien ist allerdings auch das Strafrecht nicht. In manchen Ländern z.B. sind Drogenbesitz oder andere schwere Delikte unabhängig vom Verschulden der Täter strafbar („strikte Haftung"). Dieser Verzicht auf Zurechenbarkeit mag uns als Atavismus erscheinen, was er teilweise sicher auch ist. Doch haben auch solche Praktiken eine gewisse Rationalität. Denn einerseits kann der Schuldgesichtspunkt, bezogen auf einen relevanten früheren Zeitpunkt, *indirekt* sehr wohl beteiligt sein (vgl. dazu S. 49f., 72ff.). Andererseits können auch Strafen, die einzelne Menschen unverdient treffen und die insoweit zweifellos sinnwidrig sind, gesamtgesellschaftlich *nützlich* sein. Ein radikaler Utilitarist könnte sie daher mit Hinweis auf ihre generalpräventiven Folgen oder positiven sozialen „Bindewirkungen" verteidigen. (Im Angesicht einer Katastrophe gibt es offenbar kein besseres Mittel gegen den völligen Untergang der getroffenen Stadt als ein schönes Autodafé, hat Voltaire dazu sarkastisch bemerkt.[20]) In unserem Rechtssystem, das kein radikal utilitaristisches ist, bleibt die Bestrafung an den Schuldnachweis gebunden. Grund dafür ist allerdings nicht nur moralische Abscheu vor drohenden Ungerechtigkeiten. Auch Nützlichkeitsüberlegungen spielen insofern eine Rolle, als die allgemeine Verunsicherung, die ein so unberechenbares Verfahren nach sich zieht, seine positiven Effekte konterkarieren kann.

1.6 Zurechenbarkeit als Bedingung normativer Kontrolle

Neben den Umständen, die seine Wirksamkeit generell einschränken (S. 36ff.) und es als anhaltend verbesserungsbedürftig erscheinen lassen (S. 45), ist das System der normativen Verhaltenskontrolle, wie sich zuletzt gezeigt hat, auch mit der Tatsache konfrontiert, daß Praktikabilitätsgründe dazu zwingen, Menschen nach weniger anspruchsvollen Kriterien verantwortlich zu machen, als dies von seiner Idee her eigentlich wünschenswert wäre, bis hin zur bloßen, völlig verschuldensunabhängigen Haftbarkeit. Das kann im Ergebnis auch dazu führen, daß die betroffenen Personen nicht länger Subjekte, sondern nur noch Objekte sozialer Steuerungsziele sind, so daß der nichtmanipulative Charakter des Systems gänzlich verloren geht (S. 37f.). Dann würde auch seine Besonderheit gegenüber nichtnormativen Kontrollmechanismen wegfallen. So weit muß es aber nicht kommen. Denn auch wer gezwungen ist, für eine Handlung einzustehen, deren persönliche Zurechenbarkeit nicht gesichert ist, bleibt normalerweise *Adressat* der betreffenden Normen, z.B. des Verbots der Beschädigung fremder Sachen. Als solcher muß er normativ *ansprechbar* sein und die entsprechenden Fähigkeiten besitzen, einschließlich der Fähigkeit zur normenkonformen oder abweichenden Willensbildung. Erst wenn man diese Bedingungen fallen läßt oder für irrelevant erklärt, wird die Person zum bloßen Objekt, so daß sich nun auch die Form der Kontrolle ändert. Normative Verhaltenskontrolle dagegen setzt Personen voraus, die einschlägig ansprechbar sind und die prinzipiell zurechenbar handeln können, wenn vielleicht auch nicht in jedem Einzelfall und nicht immer objektiv nachweisbar.

Bloße Haftbarkeit genügt für sie also nicht. Im Gegenteil, auf diese schwache Form der Verantwortungszuweisung greift man ja gerade deshalb bzw. nur dann zurück, wenn man – wie in den klassischen Haftpflichtversicherungsfällen – erfahrungsgemäß damit rechnen muß, daß die normative Kontrolle allein *versagt*. Dabei dient die Einführung des Haftbarkeitsprinzips primär nur dem retrospektiven, kompensatorischen Schadensausgleich, nicht der prospektiven Verhaltenssteuerung. Sekundär allerdings kann auch sie diese Funktion übernehmen, indem sie indirekt Einfluß aufs Handeln gewinnt. Das geschieht immer dann, wenn die Betroffenen, weil sie von vornherein um ihre Haftbarkeit wissen, sich zur Verminderung entsprechender Risiken bereits im Vorfeld sorgsamer verhalten, als sie es sonst getan hätten. Das aber müssen sie offensichtlich mit Willen, bewußt und planvoll tun, orientiert an den zugrunde liegenden (rechtlichen, moralischen oder sonstigen) Normen. Insofern müssen auch sie Personen sein, die normativ *ansprechbar* sind und *zurechenbar* handeln können: wenn nicht in der riskanten Handlungssituation selbst, so doch im besorgten Vorgriff auf deren möglichen Eintritt. Eine positive Funktion im Rahmen normativer Kontrolle kann das reine Haftungsprinzip deshalb nur in Verbindung mit dem Prinzip der Zurechenbarkeit gewinnen.

2. Kriterien der Zurechenbarkeit

2.1 Begrenzte Bedeutung der Willensfreiheit

Willensfreiheit, verstanden als Freiheit der Willensbildung, ist eine notwendige Bedingung für Zurechenbarkeit im prägnanten Sinne (S. 47). Sie ist aber, wie sich gezeigt hat, nicht die einzige Bedingung dieser Art oder auch nur die praktisch bedeutendste. Konkrete Moral- und Rechtssysteme bedienen sich nicht nur weiterer, nichtnormativer Steuerungsformen *neben* der normativen sowie *schwächerer* Formen der Verantwortlichkeit für die Erfüllung von Normen („Haftbarkeit"), sondern auch *innerhalb* des normativen Kernbereichs verschiedener Zurechnungskriterien nebeneinander. Letzteres gilt auch dann, wenn man nichtdeskriptive Gesichtspunkte (Abschnitte 1.2–1.3) konsequent ausblendet und sich auf deskriptive Kriterien beschränkt (Abschnitt 1.4), die fundamentale Bedeutung für den Kernbereich haben (Abschnitte 1.5–1.6). Auch hier sind *mehrere* Teilkriterien in Rechnung zu stellen. Alle von diesen müssen berücksichtigt werden, wenn man versucht, den Begriff der „Zurechenbarkeit" genauer zu definieren. Im Idealfall sollte jedes Einzelkriterium notwendig und alle zusammengenommen hinreichend sein. Das ist in bestehenden Moral- und Rechtssystemen meist nicht der Fall und ein Grund, sie konzeptionell zu verbessern. Manche Kriterien werden sich dabei als überflüssig erweisen. Doch kein praktikabler Begriff der Zurechenbarkeit wird sich jemals auf ein Kriterium allein beschränken können und schon gar nicht auf das der Willensfreiheit, dessen Bedeutung immer begrenzt ist und das in den meisten Fällen erst dann in Anschlag gebracht werden kann, wenn andere Kriterien bereits erfüllt sind.

Besonders deutlich ist das, wenn man *soziale Handlungen* ins Auge faßt, an denen mehrere Individuen aktiv beteiligt sind. Denn hier stellt sich – vor jeder Untersuchung der Willensbildungsprozesse – zunächst die Frage, was von diesen überhaupt zugerechnet werden soll und an welche Personen. Soziales Handeln ist vielfältig. Es umfaßt die intentionale, willensgetragene Kooperation ebenso wie das nichtintentionale bloße Zusammenwirken. Beides kann in formell geregelter Weise geschehen, wie in politischen oder ökonomischen Korporationen und Institutionen, aber auch informell in etablierten Gruppen von Individuen oder Gruppierungen, die sich spontan zusammenfinden. In Fällen wie diesen ist die Zurechnung immer komplex und bedarf diverser Zusatzkriterien. Nicht nur die Rücksicht auf die verschiedenen *Formen*, in denen die Individuen sozial interagieren, verlangt nach weiterer Differenzierung. Ebenso wichtig ist die Differenzierung der *Handlungsträger*, insbesondere im Hinblick darauf, ob individuelle oder kollektive Personen beteiligt sind und ob diese einen gemeinsamen Willen entwickeln (S. 33 Anm. 5). Ein relevantes Zusatzkriterium ist zudem der individuelle *Beteiligungsgrad*. Auch wenn eine bestimmte Person zurechenbar handelt, kann das Resultat ihres Tuns unzurechenbar sein, wenn andere einen Beitrag leisten, der den ihrigen auslöscht oder so stark reduziert, daß er vernachlässigt werden kann. Der Fabrikant eines Küchenmessers muß sich den Mord nicht zurechnen lassen, der mit ihm verübt wird, obwohl auch er indirekt dazu beigetragen hat. Dagegen trägt jeder Benutzer von Schadstoffen zwar nicht allein die Schuld, wohl aber zurechenbare Mitverantwortung für die Umweltverschmutzung, die daraus entsteht, mag sein persönlicher Anteil auch ziemlich klein sein.[21] Ähnliches gilt für zahllose andere Formen des unabgestimmten Zusammenwirkens von Menschen und für gemeinsam geplante Interaktionen und Kooperationen erst recht.

Beim sozialen Handeln also wäre der bloße Rekurs auf die Willensfreiheit eklatant unzureichend. Er würde die wichtigsten Zurechnungsprobleme gar nicht berühren. Aber auch wenn man sich ganz aufs *individuelle Handeln* beschränkt, was wir im folgenden zur Vereinfachung tun wollen,[22] sind diverse Zusatzkriterien neben der Willensfreiheit in Rechnung zu stellen. Nicht alle können hier diskutiert werden, zumal einige von diesen notorisch strittig sind (S. 47) und uns zu längeren Exkursen zwingen würden. Das aber ist auch nicht erforderlich. Uns geht es nicht um eine Klärung des Begriffs der „Zurechenbarkeit“ an sich, sondern nur darum, die Signifikanz des Willensfreiheitskriteriums zu verdeutlichen, indem wir den Stellenwert genauer bestimmen, den es im Rahmen der allgemeinen Zurechnungsproblematik besitzt. Wir können uns daher auf jene (weitgehend unkontroversen) Kriterien beschränken, denen die größte praktische Bedeutung bei der individuellen Handlungszurechnung zukommt und die zugleich am besten geeignet sind, die besondere Rolle der Willensfreiheit hervortreten zu lassen. Deshalb wird mit dem Folgenden auch nicht der Anspruch erhoben, daß die dort aufgeführten Kriterien gemeinsam *hinreichend* sind, sondern nur, daß sie weitere *notwendige* Zurechenbarkeitsbedingungen darstellen, die neben der Willensfreiheit in Anschlag zu bringen sind und ihr sachlich z.T. sogar vorausgehen.

2.2 Willentlichkeit

„Willensfreiheit" im allgemeinen heißt „Freiheit der Willensbildung" (S. 33f.). Ehe man sie als Zurechenbarkeitskriterium ins Spiel bringen kann, muß also erst einmal sichergestellt sein, daß überhaupt ein relevanter „Wille" gebildet und eine Handlung „mit Willen" ausgeführt wurde. Letzteres ist bei normalen, bewußt agierenden Erwachsenen normalerweise der Fall und wird ihnen deshalb auch unterstellt, wenn ihr Wille und dessen Hintergründe nicht zweifelsfrei zu ermitteln sind (S. 46f.). Entsprechend gilt „Willentlichkeit" zumeist als Minimalbedingung für *„Handeln"* im engeren Sinne, unterschieden von bloßem „Verhalten" oder, wie wir mit Blick auf innere Aktivitäten, die äußerlich nicht in Erscheinung treten, präziser sagen wollen, unterschieden von bloßen *„Verrichtungen"*.[23] Wann aber ist eine Handlung bzw. Verrichtung willentlich und welche Rolle spielt das betreffende Wollen? Offenbar müssen zwei zentrale Kriterien erfüllt sein, damit die Verrichtung eines Menschen als seine *„willentliche Handlung"* gelten kann:

(A) der Handelnde muß das, was er tut, *wollen* und

(B) dieses Wollen muß *signifikanten Einfluß* auf sein Tun haben.

Auch das ist natürlich eine sehr allgemeine Charakterisierung, die nach weiterer Differenzierung und Präzisierung verlangt. Das kann und muß hier nicht im Detail geschehen. Insbesondere die Rede vom „Wollen" lassen wir im folgenden gänzlich unhinterfragt. Hier kann es bis auf weiteres bei jenem unspezifizierten Vorbegriff bleiben, den wir schon bisher zugrunde gelegt und nur in groben Zügen umrissen haben (Kap.

I, 3.2). Uns geht es vor allem um die Beziehung des Wollens zum „Tun“ oder „Handeln“ und auch dabei nur um bestimmte Aspekte, die für die Zurechnungsfrage besonders wichtig sind.

Der wichtigste betrifft die Reichweite der Rede vom „Tun“, die in den Kriterien (A) und (B) auftritt. Denn dieses „Tun“ erstreckt sich keineswegs nur, wie man im Blick auf die fundierenden Verrichtungen vielleicht meinen könnte und manche Theoretiker tatsächlich meinen,[24] auf *elementare Handlungen*, die der Handelnde *direkt* ausführt. D.h. es geht nicht nur um relativ einfache äußere Körperbewegungen, wie z.B. Gehen und lautes Sprechen, oder direkt ausgeführte Bewußtseinsleistungen wie Kopfrechnen, Sich-Erinnern, stilles Sprechen und Denken. Zum „Tun“ gehören vielmehr auch eine Vielzahl näherer oder entfernterer *Folgen*, die *indirekt* durch elementare Handlungen herbeigeführt werden. Auch diese Folgen sind konstitutiver Teil der Gesamthandlung, soweit sie die Kriterien (A) und (B) erfüllen. Letzteres ist bei den meisten der zahllosen Folgen, die jede Elementarhandlung faktisch hat, natürlich nicht der Fall. Die einzelnen Luftverwirbelungen etwa, die wir beim Gehen oder Sprechen auslösen, sind sicher nicht als solche gewollt. Manche Ereignisse allerdings, wie die Fortbewegung beim Gehen oder die Produktion hörbarer Sätze beim Sprechen, sind ohne Zweifel als Folgen gewollt und werden willentlich von uns herbeigeführt. Und da gewollte Folgen, genau genommen, so gut wie immer im Spiel sind, sollten „Handlungen“ im prägnanten Sinn grundsätzlich als *Komplexe* analysiert werden, die durch mehrere miteinander verbundene Teilereignisse konstituiert sind und nur im Grenzfall nicht mehr umfassen als ein Ereignis, nämlich die willentlich ausgeführte elementare Verrichtung selbst.

Der Anteil elementarer Verrichtungen an dem, was Menschen willentlich tun und was ihnen auf dieser Stufe zuzurechnen ist, erweist sich in der Regel als ziemlich *klein* verglichen mit dem der Folgen. Schon eine winzige (gewollte) Kopfdrehung z.B. hat die (zumeist ebenfalls gewollte) Folge einer Veränderung des Gesichtsfeldes mit diversen weiteren Folgen für das, was wir situativ wahrnehmen können. Jeder Satz, den ein Redner äußert, produziert (gewolltermaßen) eine Vielzahl partikulärer Hörerlebnisse bei seinem Publikum. Und beim Aktienkauf über das Internet kann eine einzige Fingerkrümmung, die eine Taste am heimischen PC bewegt, unzählige weitere Folgen haben, darunter etwa die Aktivierung eines Rechners an der Tokioter Börse und den Eintritt einer Rechtsfolge, die den japanischen Anbieter ermächtigt, den

Kaufpreis von einem Konto in Deutschland abzubuchen. Das Internet-Beispiel zeigt zugleich, daß der „Einfluß", der in Kriterium (B) verlangt wird, auch dann bestehen kann, wenn der Wille des Handelnden nur *einer* von vielen Faktoren ist, die zum Geschehen insgesamt beitragen. Auch das ist keineswegs selten. Im Gegenteil, genau betrachtet ist es niemals der Wille allein, sondern immer der Wille in Verbindung mit geeigneten *Zusatzbedingungen*, der etwas direkt oder indirekt herbeiführt. Für die entfernteren Handlungsfolgen ist das sofort zu sehen, gilt aber auch für elementare Körperbewegungen und mentale Aktivitäten. Wer gelähmt ist z.B. oder nicht rechnen gelernt hat, wird nicht spazierengehen oder Geldbeträge im Kopf addieren können, auch wenn er es noch so sehr will.

Besonders groß oder gar einzig muß der Beitrag des Wollens also nicht sein, um *Einfluß* im Sinne von Kriterium (B) haben zu können, wohl aber *signifikant*. Das Pusten eines hilfswilligen Kindes beeinflußt die Drehung des Karussells sicher nicht signifikant, auch wenn ein minimaler Einfluß besteht. Ein einziges Wort jedoch, ein winziges Kopfnicken von seiten eines Generals oder Politikers kann einen Weltkrieg auslösen. Ihr Beitrag ist ohne Zweifel signifikant. Die Frage, wann ein bestehender Willensbeitrag „Signifikanz" besitzt, hängt von diversen Umständen und theoretischen Interessen ab und läßt sich nicht generell beantworten. Prima facie möchte man denken, daß eine (in allen konstitutiven Teilen) gewollte und willensbeeinflußte Handlung nur dann „willentlich" sein kann, wenn sie *ohne* den Willen des Handelnden *nicht* eingetreten wäre, dieser also *notwendig* für ihren Eintritt war, wenn auch nicht für sich hinreichend. Doch nicht einmal diese sehr allgemeine und naheliegende Bedingung scheint ausnahmslos gültig zu sein, wie relevante Gegenbeispiele zeigen.[25] Wenn ein Mensch zufällig zur selben Zeit einen Schalter betätigt, zu der auch ein anderer auf einen Schalter drückt oder zu der eine Schaltuhr automatisch aktiv wird, ist es nicht widersinnig zu sagen, daß (auch) er das Flurlicht willentlich angemacht hat, obwohl sein Zutun dafür nicht (absolut) notwendig war. Entscheidend ist hier offenbar nur seine kausale Einflußnahme als solche. Handlungen samt ihren gewollten Folgen müssen zwar, wie wir abkürzend sagen wollen, signifikant *willensbestimmt* sein, um als „willentlich" ausgeführt gelten zu können, nicht unbedingt aber *willensabhängig*.

1. Eine genauere Analyse des *Handlungsbegriffs* ist hier nicht möglich, da die schwierigen und entsprechend umstrittenen Probleme, die er aufwirft, nicht

alle ausdiskutiert werden können.[26] Das gilt besonders für das sogen. *„Leib-Seele-Problem"*, d.h. die Frage nach dem Zusammenhang und der möglichen ontologischen Reduzibilität von *physischen* (körperlichen) und *mentalen* (bewußten) Phänomenen, die beide am menschlichen Handeln beteiligt sind. Probleme, die an dieser Stelle entstehen, bleiben im folgenden offen bzw. werden nur kursorisch angesprochen, soweit sie für die jeweils behandelten Fragen unmittelbar von Bedeutung sind.

Entsprechendes gilt auch für andere ontologische Grundsatzprobleme, die bei der Konstitution von Handlungen auftreten. Für unsere Zwecke genügt es, *Handlungen* im prägnanten Sinn als Komplexe aufzufassen, die drei Konstituentien enthalten: (1) die näheren oder entfernteren *Folgen,* (2) die sie hervorrufenden *elementaren Verrichtungen* physischer oder mentaler Art, sowie (3) ein *„aktivisches Plus"*, das den Handlungscharakter des Komplexes insgesamt sicherstellt, unterschieden von nicht handlungshaften bloßen Geschehensabläufen. Eine Fingerkrümmung, die bestimmte Folgen hat, muß nicht in jedem Fall (wie beim normalen Aktienkauf oder Einschalten des Flurlichts) *aktiv* ausgeführt werden, sondern kann auch völlig *passiv* erfolgen, krampfhaft oder reflexhaft z.B. oder gewaltsam erzwungen durch einen anderen Menschen. In diesem Fall ist sie, samt ihren Folgen, keine Handlung im engeren Sinn, sondern eine bloße Verrichtung. Komplexe aus Körperbewegungen und deren Folgen haben nur insoweit Handlungscharakter, als sie sich im Sinne der oben erläuterten Kriterien (A) und (B) als „willentlich" ausgeführt erweisen lassen. Dann bildet das Wollen, soweit es vorliegt und signifikanten Einfluß hat, eine notwendige Teilbedingung des gesuchten „aktivischen Plus" und kann manchmal sogar, wenn die Frage der Willensfreiheit außer Betracht bleibt, als hinreichend für dieses aufgefaßt werden. Generell mit ihm gleichgesetzt werden kann es allerdings nicht. Denn bei *mentalen Handlungen* (Kopfrechnen, stilles Sprechen, aktives Sich-Erinnern u.a.) kommt die Willentlichkeit nur in bestimmten, relativ eng umgrenzten Fällen als Aktivitätskriterium in Betracht, und auch bei *physischen Handlungen* erweist sie sich, bei genauerer Prüfung und Einbeziehung des Willensfreiheitsproblems, nicht als hinreichend.[27]

2. Verrichtungen, gleichgültig, ob sie handlungshaft sind oder nicht und wieviele Folgen sie haben, lassen sich ontologisch als eine Unterart von *Ereignissen* auffassen, die dadurch konstituiert sind, daß menschliche Individuen zu einer gewissen Zeit Träger von relevanten Eigenschaften sind.[28] Dabei können Zeitpunkte ebenso zugrunde gelegt werden wie kürzere oder längere Zeitstrecken. Ändern sich die Eigenschaften innerhalb des betrachteten Zeitraums, ist das Ereignis ein *Prozeß*, bleiben sie unverändert, ist es ein *Zustand.*

Längere Prozesse lassen sich gegebenenfalls in verschiedene *Teilprozesse* zerlegen, die ihrerseits eine Einheit bilden. Alle Prozesse aber zerfallen letztlich in eine Folge von Zuständen. Diese stellen gewissermaßen die elementarsten

„Ereignis-Atome" dar, aus denen die „molekularen" und „molaren Ereignisse" konstituiert sind. Durch sukzessive Verkleinerung der Zeiteinheiten kann man jedoch auch innerhalb jedes einzelnen Zustands formal mehrere *Teilzustände* differenzieren. Umgekehrt kann ein Prozeß formal als Zustand aufgefaßt werden, wenn man die Zeiteinheit entsprechend vergrößert und die bislang (auf einer Mikroebene) wechselnden Eigenschaften in einer einzigen Makrobeschreibung zusammenfaßt. Wer z.B. am Abend eines ereignisreichen Tages verschiedene Eindrücke in Gedanken Revue passieren läßt, befindet sich für gewisse Zeit im Makrozustand des (aktiven oder passiven) Sich-Erinnerns, durchläuft aber, genauer betrachtet, zugleich einen Prozeß von kürzer wechselnden Erinnerungsbildern, die ihrerseits Zustandscharakter haben, solange die Bilder konstant sind. Auch diese konstanten Zustände lassen sich freilich, bezogen auf noch wesentlich kürzere Zeiteinheiten, als Sequenzen invariabler Teilzustände darstellen. Entsprechendes gilt für zeitlich erstreckte Körperbewegungen, also prinzipiell z.B. auch für jede einzelne, zustandshaft teilbare Fingerkrümmung, sowie für die kompletten Aktivitäten des Schuhebindens oder das Absolvieren eines Marathonlaufs.

Auch die Fragen der *Aktivität* und der *Willentlichkeit* lassen sich auf Zustände wie auf Prozesse beziehen. So wird bei Erwachsenen normalerweise der ganze, automatisiert ablaufende Vorgang des Schuhebindens gewollt und willentlich ausgeführt, ohne daß auch jede Teilaktivität willentlich sein muß; bei Kindern dagegen, die es erst lernen, werden auch diese Aktivitäten gewollt. Ebenso können einzelne Zustände aktiv und willentlich herbeigeführt oder aufrechterhalten werden, unabhängig von ihrer etwaigen Makro- oder Mikrobeschreibung. Nicht nur der Prozeß des Sich-Hinsetzens, sondern auch die Zustände des Sitzens bzw. Sitzenbleibens können Handlungscharakter haben, sowie Zustände des scheinbaren Nichtstuns, wie z.B. das anhaltende Ungekrümmtbleiben eines Fingers am Schalter oder das Verweilen bei einem Erinnerungsbild.

Diese Beispiele zeigen zugleich, daß Handlungen im prägnanten Sinn keineswegs nur, wie im Alltag und in der Literatur oft unterstellt wird, die Form des *aktiven Intervenierens* („Tuns" im engeren Sinne) haben, sondern auch die des (scheinbar passiven) *Unterlassens* oder *Zulassens* mit Willen, ohne deshalb zu „Handlungen minderen Ranges" zu werden.[29] Unterlassungen können ebenso ausgeprägte Willens- und Aktivitätsanteile aufweisen wie aktive Interventionen und genauso wie diese zurechenbar sein. Wer es z.B. willentlich unterläßt, auf die Bremse zu treten, wenn ein Kind ihm vors Auto läuft, ist nicht weniger strafbarer Täter als derjenige, der ein vor seiner Garage spielendes Kind bei der Ausfahrt willentlich überfährt. Ebenso kann es bei Abstimmungen lediglich von der Formulierung der gestellten Frage abhängen, ob ein Heben oder Nichtheben des Arms ein bestimmtes Handlungsergebnis nach sich zieht.

3. Willentlich und aktiv ausgeführte bzw. unterlassene elementare Körperbewegungen liefern die Musterbeispiele für Handlungen, die der Handelnde *direkt* ausführt, d.h. ohne Vermittlung anderer Handlungen.[30] Sie treten jedoch (wie bereits angemerkt, S. 53f.) so gut wie niemals isoliert auf, sondern fungieren als *„Basishandlungen"* für *„folgekomplexe Handlungen"*, die durch sie und ihre Folgen konstituiert werden.[31] So kann eine Fingerkrümmung, je nach den konkreten Umständen, die Basis der folgekomplexen Handlungen des Lichtanmachens oder des Kaufens von Aktien sein, ein Nichtheben des Arms die Basis für eine Abstimmungsenthaltung.

Aktivität und Willentlichkeit der folgekomplexen Handlungen hängen einerseits davon ab, daß die *Folgen* gewollt und durchs Wollen signifikant beeinflußt werden, andererseits davon, daß die fundierenden Basishandlungen *selbst* aktiv und willentlich ausgeführt werden. Letzteres wiederum hängt an der Gewolltheit der relevanten elementaren Verrichtungen und am signifikanten Einfluß des Wollens auf sie. Wann dieser Einfluß vorliegt, ja ob es bei Basishandlungen überhaupt möglich ist, von einem solchen zu sprechen, ist in der neueren Handlungstheorie umstritten, bedingt (neben der generellen Verantwortungsskepsis, S. 45f.) vor allem durch Mißtrauen und Unsicherheit gegenüber dem Willensbegriff und seiner Beziehung zum Begriff des Handelns. Die philosophische Tradition ging davon aus, daß jede aktuelle (nichtdispositionelle) Haltung des „Wollens" ein *mentales Ereignis* ist und daß dessen Einfluß nur dann signifikant sein kann, wenn es (zusammen mit relevanten Zusatzbedingungen, S. 54) die elementare Körperbewegung bzw. Unterlassung *kausal* hervorruft. Dieses Konzept, das der Alltagsauffassung folgt, ist zwar (wie der gesamte Willensbegriff, S. 52) präzisierungs- und klärungsbedürftig, muß aber, trotz aller geäußerten Zweifel, im Kern nicht aufgegeben werden. Das gilt nicht nur für den mentalen Charakter des Wollens, sondern auch für den kausalen Charakter des Willenseinflusses bei Basishandlungen, ohne daß dies (wie auch das damit verbundene Leib-Seele-Problem insgesamt, S. 55) im Rahmen dieses Buches systematisch erörtert und unter Beweis gestellt werden kann.[32] Im folgenden wird das traditionelle Kausalmodell deshalb – in seinen beiden zentralen Teilstücken – unhinterfragt vorausgesetzt und nur an Stellen, an denen dies unerläßlich ist, kursorisch angesprochen und partiell plausibilisiert.

4. Unstrittig ist die Kausalbeziehung zwischen Basishandlungen und vielen jener Folgen, die für die Konstitution von folgekomplexen Handlungen bedeutsam sind. Präzisierungsbedarf besteht aber auch hier. *Kausale Folgen* nämlich sind zwar omnipräsent, bilden aber unter den relevanten Folgebeziehungen nur einen von diversen möglichen Fällen, wenn auch einen besonders wichtigen. Zudem bestehen auch sie nicht einfach, anders als häufig dargestellt, aus linearen „Kausalketten". Denn erstens sind einzelne Ereignisse, wie z.B. eine bestimmte elementare Körperbewegung oder eine schon eingetretene Folge

von ihr, niemals *für sich* hinreichend, um eine kausale Wirkung hervorzurufen, sondern nur in Verbindung mit relevanten *Zusatzbedingungen* (S. 54). Zweitens bilden die eingetretenen Wirkungen ihrerseits Teilbedingungen von Bedingungskomplexen, die beim Hinzutreten weiterer Teilbedingungen zu Ursachen neuer Wirkungen werden können, und so theoretisch *in infinitum*. Die weitaus meisten dieser Wirkungen und Zusatzbedingungen sind vom Handelnden nicht gewollt, und die meisten relevanten Bedingungen für (gewollte wie ungewollte) Wirkungen werden nicht einmal faktisch durch ihn herbeigeführt. Den Eimer etwa, den ich mit Wasser füllen will, habe ich selbst dort hingestellt und den Wasserhahn selber aufgedreht; doch das Wasser und der vorhandene Wasserdruck, ohne den es nicht fließen würde, sind kein Produkt meines Handelns. Welche kausalen Folgen eine Handlung tatsächlich hat, ist also größtenteils dem Willen der handelnden Person entzogen, so daß sich die meisten dieser Folgen schon nach Kriterium (A) und viele Folgen auch nach Kriterium (B) als nicht willentlich herbeigeführt erweisen lassen (vgl. S. 52).

Zudem haben viele Ursachen nicht nur eine, sondern *mehrere Wirkungen* nebeneinander. Eine Fingerkrümmung z.B. kann gleichzeitig Knopfdruck, Schattenwurf und Luftbewegungen verursachen, eine Luftbewegung wiederum gleichzeitig Wärmeverteilung und Verwirbelung zahlloser Staubpartikel. Die Anzahl nicht willentlich herbeigeführter Kausalfolgen erhöht sich daher exponentiell. Der Knopfdruck, mit dem wir das heimische Radio einschalten, bewirkt nicht nur eine Vielzahl von unbekannten Elektronenflüssen, die jedem hörbaren Ton vorausgehen, sondern in dessen Gefolge auch zahllose Schallreflexionen und Interferenzen im Zimmer, die der gewöhnliche Radiobenutzer ebenfalls weder wahrnimmt noch will. Selbst eine so einfache Kausalhandlung wie die des „Radioeinschaltens" umfaßt also neben ihrem gewollten *Zweck* (Radioempfang) und den zu seiner Verwirklichung willentlich eingesetzten *Mitteln* (Knopfdruck, Fingerkrümmung) sowohl zahllose unbekannte und nicht gewollte *Nebenfolgen*, die entweder kausale Seitenpfade (Luftbewegung, Wärmeverteilung) oder kausale Zwischenglieder innerhalb des Hauptpfades darstellen (Elektronenfluß), als auch zahllose kausale *Nachfolgen* des Zweckes selbst, die durch ihn ausgelöst werden (Schallreflexionen, Interferenzen). Der Geschehenskomplex, den wir zu einer einzelnen folgekomplexen Handlung zusammenfassen, erweist sich, genau genommen, immer nur als ein sehr begrenzter Ausschnitt aus einem viel komplexeren Folgennetz.

Neben der kausalen gibt es diverse *andere Folgearten*, die zu berücksichtigen sind. Wer seine Unterschrift unter einen Überweisungsschein setzt, macht in der Regel vieles gleichzeitig, einiges davon auch willentlich. So bewirkt er z.B. nicht nur, daß sein Namenszug auf dem Schein steht, sondern erteilt seiner Bank einen gültigen Überweisungsauftrag und erreicht (wenn die Bankangestellten zuverlässig sind) durch dieses Mittel zugleich den Zweck, seine Miete fristgerecht auf dem Konto seines Vermieters eingehen zu lassen und dessen etwaige Hoffnungen auf einen Kündigungsgrund zu enttäuschen. Die technischen Buchungsvorgänge erfolgen ebenfalls kausal. Aber die Fristgerechtheit des Mieteingangs, die mangelnde Kündigungsmöglichkeit und die Gültigkeit der Auftragserteilung sind keine kausalen Folgen. Es sind *Rechtsfolgen* oder, allgemeiner gefaßt, *normative Folgen*, wie sie außer durchs geltende Recht auch durch moralische Normen und nichtkodifizierte Regeln des sozialen Verkehrs begründet werden, sowie durch diverse Normen anderer Art, z.B. normierte Riten, Kunstregeln, Spielregeln oder technische Standardisierungen (vgl. S. 35). Die fehlende Kopfbedeckung in einem Sakralbau etwa kann einen religiösen, eine Quintenverdoppelung im klassischen Tonsatz einen ästhetischen Fauxpas bedeuten. Der Pfiff eines Schiedsrichters beim Fußball zählt, anders als der eines nicht autorisierten Zuschauers, als regelgerechte Spielunterbrechung. Die Nichteinhaltung der definierten DIN-Formate in einer Papierfabrik wiederum produziert für den deutschen Markt „Ausschuß".

Folgebeziehungen verschiedener Art können auch *kombiniert* miteinander auftreten und verschieden *interpretiert* werden, je nach Interesse und Hinblicknahme. Die enttäuschten Vermieterhoffnungen im obigen Beispiel können als kausal hervorgerufene aufgefaßt werden, wenn man nur die Gefühlslage des Vermieters ins Auge faßt. Aber die Tatsache, daß seine gegenteilige Erwartung, d.h. sein zukunftsbezogener Glaube (der ebenfalls zum Begriff des Hoffens gehört) durch den Mieteingang alsbald zum „Irrglauben" wird, ist keine Folge rückwirkender Kausalbeeinflussung, sondern *logische Folge* der erwiesenen Falschheit seines Glaubensinhalts. Und wenn die Mietüberweisung zufällig die zehnte im laufenden Monat ist, so stellt diese Tatsache ebenfalls kein Kausalprodukt dar. Als *mathematische Folge* aufgefaßt ist auch sie nur das logisch notwendige Resultat der Addition „9+1=10". Bezieht man den Folgeschritt dagegen nur auf das kontingente Faktum der früheren Überweisungstätigkeit und die daraus resultierende empirische Anwendbarkeit der Eigenschaft „zehnte Überweisung" auf die präsente Aktion, handelt es sich um eine *nichtkausal-faktische Folge*, die als solche weder kausal noch mathematisch oder logisch ist.[33] Die Folgenstruktur beim Handeln kann also nicht nur quantitativ, sondern auch qualitativ höchst komplex sein, womit sich die Anzahl der nicht willentlich herbeigeführten Folgen natürlich noch einmal drastisch erhöht.

2.3 Grenzen der Willentlichkeit

Auch wenn man nicht bestreiten kann, daß vieles von dem, was Menschen tun, die Kriterien der Willentlichkeit erfüllt und insoweit zurechenbar ist, so gilt dies doch längst nicht für alles. Viele ihrer Verrichtungen geschehen *wider Willen* oder vollkommen *willenlos*. Ein Kind wird vom Wildwasser mitgerissen oder (wie Daniel in einer unserer Kontrastgeschichten vom Anfang, S. 18) von einem großen Hund umgerannt. Ein Erwachsener fällt in Ohnmacht, bewegt sich im Schlaf oder wird durch eine Notbremsung im Bus nach vorn geschleudert. Was beide, Kind wie Erwachsener, dabei tun und was daraus folgt, wird ihnen normalerweise nicht zugerechnet. Denn hier sind nicht nur die Folgen vollzogener Handlungen nicht gewollt, sondern es wird offenbar *überhaupt* nicht mit Willen gehandelt.

Aber auch wenn die Willentlichkeit als solche feststeht, ist ihre *Reichweite* gewöhnlich äußerst begrenzt. Denn schon die kleinsten und einfachsten Handlungen haben (genau genommen, S. 53f., 58f.) zahllose Folgen, die der Handelnde weder vorher noch nachher registriert, geschweige denn als solche will. Diese also scheiden bereits aufgrund des ersten der beiden zentralen Willentlichkeitskriterien (S. 52) aus, andere aufgrund des zweiten. Je weiter nämlich die Folgen entfernt sind von dem, was die Handelnden direkt tun, desto unwahrscheinlicher wird es, daß ihr Wille sie, wenn er sich überhaupt auf sie miterstreckt, signifikant beeinflußt. Ein ehrgeiziger junger Schriftsteller z.B. mag einen Bestseller oder ein Werk für die Nachwelt schreiben wollen und ein Buch in dieser Absicht veröffentlichen. Doch ob seine Hoffnung sich letztlich erfüllt, liegt nicht mehr in seiner Hand und ist deshalb, auch wenn das Gewollte eintritt, in dieser Hinsicht nicht *seine* Handlung.

Unwillentlich eingetretene Folgen, auch solche von willentlich ausgeführten Handlungen und von widerwilligen und willenlosen Verrichtungen natürlich erst recht, sind den Handelnden normalerweise nicht zuzurechnen. Da ihre Anzahl riesig ist, ist der Bereich des Unzurechenbaren zumeist wesentlich größer als der des Zurechenbaren. Die meisten Folgen, die ungewollt eintreten, sind für die handelnden Personen ebenso wie für ihr soziales Umfeld ohne jeden Belang. Sie werden daher weitgehend ignoriert, und zwar nicht nur von den Akteuren selbst, sondern auch vom System der normativen Verhaltenskontrolle.[34] Nicht immer allerdings. Denn nicht unter allen Umständen genügt das schlichte Faktum der Unwillentlichkeit, um die Zurechnung insgesamt auszuschließen. Weitere Kriterien kommen ins Spiel. Das zeigt sich spätestens dann, wenn *gewollte* Folgen nicht eintreten oder wenn *ungewollte* Folgen Normen verletzen oder etwas vereiteln, das der Handelnde eigentlich will.

Die auffälligsten Beispiele dafür liefert das Handeln aus *Ungeschick* oder *Unachtsamkeit*. Ein Mensch, der mit Willen handelt, sich jedoch (ungewollt) ungeschickt oder unachtsam dabei anstellt, produziert Ergebnisse, die er – für sich genommen oder mit Rücksicht auf geltende Normen – nicht will und die ihm deshalb prima facie nicht zuzurechnen sind. Doch kommt es zu diesen Ergebnissen nur, weil er willentlich loshandelt, ohne über hinreichende Fähigkeiten zu verfügen oder das nötige Maß an Umsicht walten zu lassen. Das verändert die Situation. Ob oder in welchem Maße sein Handeln tatsächlich unzurechenbar ist, hängt offenbar nicht nur von der *faktischen* Unwillentlichkeit des Handlungsausgangs ab, sondern auch davon, inwieweit ihm seine praktische Unfähigkeit, Unaufmerksamkeit oder Unreflektiertheit, die dies ermöglicht haben, *ihrerseits* zuzurechnen sind.

Hier gibt es gravierende Unterschiede. *Kleinkinder* (wie der vierjährige Daniel in unserer zweiten Kontrastgeschichte vom Anfang, S. 18) können nicht sachgerecht mit zerbrechlichen Gegenständen und komplizierten Geräten umgehen, mag ihr Verhalten auch noch so gutwillig sein. Zugleich können sie die Begrenztheit ihres Geschicks bzw. ihrer Achtsamkeit gegenüber relevanten Handlungsumständen nicht richtig einschätzen, sich also auch nicht gebührend zurückhalten. Schuldzuweisungen sind daher ebenso fehl am Platz wie diesbezügliche normative Forderungen. Auch bei *Erwachsenen* gehen sie oft ins Leere. Von einem Möbelpacker oder Schwergewichtsboxer wird niemand verlangen, daß er Adern vernähen oder antike Uhren restaurieren kann. Erwartet wird allerdings, daß sie sich, anders als Kinder oder geistig Behinderte, ihrer Grenzen bewußt sind und sich von selbst nicht auf Dinge einlassen, die sie offenbar nicht beherrschen. Entsprechendes gilt für Erwachsene, deren Fähigkeit zu willentlicher Kontrolle im benötigten Umfang momentan oder dauerhaft eingeschränkt ist. Je anspruchsloser und alltäglicher die Handlungen allerdings werden, desto leichter kann man die relevante Kontrollfähigkeit bei Erwachsenen unterstellen. Epistemische Unsicherheiten bleiben jedoch auch hier. Ob man z.B. einem Menschen, der im Kaufgedränge einem anderen versehentlich auf den Fuß tritt oder dem wohlmeinend, doch verbal ungeschickt, eine taktlose Bemerkung entschlüpft, dieses Verhalten tatsächlich zurechnen kann, ist nicht ohne weiteres zu entscheiden, weder im Blick auf seinen physischen oder psychischen Momentanzustand noch auf etwaige sozialisatorische Defizite, die sein Verhalten anhaltend prägen und ihm als solche vielleicht gar nicht bewußt sind.

2.4 Wissen

Das wichtigste Kriterium jedoch, das zu dem der Willentlichkeit hinzukommen muß, ist das des Wissens. Partiell ergibt sich dies schon aus der Bedingung des Wollens selbst. Denn wer nicht weiß, welche *Verrichtungen* er direkt ausführen kann (vgl. S. 57 Anm. 30) und welche *Folgen* sie haben würden, kann diese offenbar auch nicht wollen. Daß die meisten faktischen Handlungsfolgen ungewollt eintreten, liegt vor allem daran, daß die Handelnden sie nicht kennen und angesichts ihrer immensen Menge nicht kennen können. Ebenso kann niemand seinen Willen auf Ziele richten, von deren theoretischer Möglichkeit er nichts weiß und die er deshalb auch nicht als mögliche Folgen möglicher Willenshandlungen in Betracht ziehen kann.[35] Auf mangelndem Wissen beruht zudem ein erheblicher Teil des Handelns aus *Unachtsamkeit*. Weil der Handelnde sich auf bestimmte Mittel und Zwecke fixiert und den weiteren Zusammenhang nicht im Blick hat, entgeht ihm nicht nur, welche Folgen und Nebenfolgen sein Handeln hat, sondern auch, welche alternativen und weniger problematischen Handlungsmöglichkeiten ihm offengestanden hätten. Auch das Handeln aus *Ungeschick* hat eine Unwissenheitskomponente, wenn dieses darauf beruht, daß die handelnde Person sich über die Begrenztheit ihrer praktischen Fähigkeiten nicht im klaren ist.

Unkenntnis ist ein gewichtiger Grund, Handlungen und Handlungsfolgen nicht zuzurechnen. Doch das bloße Faktum des Nichtwissens reicht nicht aus, um individuelle Zurechenbarkeit definitiv auszuschließen. Es muß auch gesichert sein, daß die Wissensdefekte *selbst* nicht zurechenbar sind. Bei weiter entfernten Handlungsfolgen kann das (schon wegen deren immenser Menge) gewöhnlich vorausgesetzt werden, oft aber auch bei näher gelegenen Folgen. Niemand z.B. wird deshalb für (zurechenbar) taktlos oder grob fahrlässig gehalten, weil er keine Rücksicht auf sehr spezielle, ihm unbekannte Empfindlichkeiten einer fremden Person genommen hat bzw. sich vor dem Einsatz eines zugelassenen Medikamentes, das unbekannte Nebenwirkungen bei einem bestimmten Patienten hervorruft, nicht durch eigene Testreihen vergewissert hat, ob die Angaben des Beipackzettels tatsächlich stimmen. Niemand kann eben alles wissen oder in allen Handlungszusammenhängen Experte sein.

Manche Individuen liegen hier über dem Durchschnitt, andere liegen darunter. Solche Differenzen werden aus Praktikabilitätsgründen bei der Zurechnung großenteils ignoriert. Doch diese Nivellierung bestehender Ungleichheiten hat Grenzen. Spezialisten müssen auf ihren Gebieten mehr wissen als der Normalbürger. Bei exzeptionell belasteten, kranken oder sehr alten Menschen dagegen, intellektuell Minderbegabten und Kindern liegt die zurechnungsrelevante Wissensschwelle tiefer. So war der kleine Daniel in unserer Beispielgeschichte in Kap. I, 1 partiell schon durch sein fehlendes Wissen entlastet und auf den Entschuldigungsgrund der Willensunfreiheit nicht angewiesen, weil ihm zwar einiges von dem bewußt sein mußte, was seine Handlung fragwürdig machte, keineswegs aber alles. Die genaue Abgrenzung mag schwierig sein oder je nach persönlicher Einschätzung schwanken. Jenseits gewisser Schwellen jedoch schließt *Unwissenheit* Zurechenbarkeit aus.

Umgekehrt ist *vorhandenes Wissen* ein gravierender Zurechnungsgrund. Ein Mensch, der willentlich handelt und weiß, was er tut, muß sich dieses Tun normalerweise auch zurechnen lassen. Bei *elementaren* Verrichtungen, die willentlich ausgeführt werden („Basishandlungen", S. 57 Anm. 31), erscheint das evident. Man kann zwar entschuldigt sein, weil man nicht weiß, daß der eigene Arm sich völlig willenlos im Schlaf bewegt, oder weil man wissentlich und widerwillig miterleben muß, wie er reflexhaft zuckt oder ein anderer ihn gewaltsam beugt. Wer aber ungehindert, mit Wissen und Willen seinen Arm selbständig ausstreckt, handelt offenbar zurechenbar. Sollte ein anderer dabei zu Schaden kommen, muß er deshalb normalerweise nicht nur für diesen haften (S. 47f.), sondern die Schuld für sein Verhalten auf sich nehmen.

Entsprechendes gilt für *komplexe* Handlungen, insbesondere folgekomplexe (Anm. 31), soweit deren Struktur und situativ erwartbare Folgen bekannt und als solche vorausgesehen sind. Zurechenbar sind sie natürlich nur, wenn auch die Folgen gewollt sind (S. 53f.). Doch das kann, wenn die Signifikanz des Willenseinflusses feststeht, bei rationalen Akteuren erschlossen werden, normalerweise jedenfalls.[36] Denn wer ein bestimmtes Ereignis E_1 will und weiß, daß E_1 nur eintreten wird, wenn auch ein anderes Ereignis E_2 eintritt, muß vernünftigerweise einräumen, daß er E_1 nur in Verbindung mit E_2 verwirklichen und zum Ziel seines Wollens und Handelns machen kann. Er hat, realistisch gesehen, keine Wahl mehr zwischen der willentlichen Verwirklichung oder Nichtverwirklichung von E_1 allein, sondern nur noch zwischen zwei relevanten Ereigniskomplexen, nämlich „E_1 und E_2" und „weder E_2

noch E_1". Diese bilden, wie wir sagen wollen, seine konkreten *„Optionen"* mit Bezug auf E_1. Als informierte und realistische, praktisch rationale Person muß er seine *„optionale Willensbildung"* auf diese Tatsache einstellen. Mit Rücksicht auf das eigentlich vielleicht nicht von ihm gewollte Ereignis E_2 könnte er seinen Willen nach E_1 aufgeben. Will er dies nicht, sondern an E_1 weiterhin festhalten, muß er sein Wollen vernünftigerweise auf die komplette Option richten, die ihm verbleibt, d.h. „E_1 und E_2". E_2 wird dann als unvermeidliche Folge von E_1 optional mitgewollt, mag es an sich auch ungeliebt sein oder dem Betreffenden völlig gleichgültig. Folglich gehört auch dieses Ereignis zu den zurechenbaren Bestandteilen einer eventuellen willentlichen Gesamthandlung.

1. Wenn E_1 ohne E_2 nicht eintreten kann, ist E_2 für E_1 eine ***notwendige Bedingung*** und E_1 zugleich eine ***hinreichende Bedingung*** für E_2, gleichgültig, ob es sich dabei um kausale oder um andere Bedingungsverhältnisse handelt. Zu wissen, daß ein „Wettlauf" stattfand, reicht z.B. hin, um zu wissen, daß ein „Lauf" stattfand, denn Wettlaufen kann es ohne Laufen nicht geben (als logische Folge, S. 59). Wird E_1 also verwirklicht, muß auch E_2 wirklich werden, ist dieses Ereignis doch durch E_1 hinreichend bedingt. Formal ist E_2 somit eine *Folge* von E_1. Dabei kommt es nicht darauf an, wie beide Ereignisse sonst zueinander stehen. E_2 kann eine unvermeidlich kausale oder anders geartete *Nachfolge* von E_1 als Zweck sein, ebensogut aber ein notwendiges *Mittel* zu E_1 oder eine nicht linear mit E_1 verknüpfte *Nebenfolge* eines notwendigen Mittels (S. 58). Gleichgültig aber in welcher speziellen Form: als notwendig mit E_1 verknüpft muß E_2 als Teil der Gesamtoption anerkannt werden und in die optionale Willensbildung eingehen. Hält eine Person an E_1 fest oder beginnt gar mit dessen willentlicher Verwirklichung, muß sie, sofern sie rational ist, ihren Willen auch auf E_2 ***übertragen***. Das geschieht, analysiert man die Sache genauer, in zwei aufeinander folgenden Schritten, auch wenn diese zeitlich nicht immer getrennt sind:

Der *erste Schritt* führt zum Wollen des relevanten Gesamtkomplexes, d.h. der logischen Konjunktion „E_1 und E_2". Dieser Schritt ist offenbar zwingend und folgt einem gültigen Prinzip rationaler Willensbildung.[37] Dennoch wird er nicht immer bewußt vollzogen. Bei einfachen Zweckhandlungen etwa führt das Wollen des Zwecks (z.B. Trinken) meist schon direkt zum Wollen und willentlichen Ergreifen des nötigen Mittels (Griff zum Glas), ohne daß ein resümierender Zwischenschritt zum Wollen der Konjunktion (Trinken mit vorherigem Griff zum Glas) erfolgen würde. Diese Verkürzung ist sinnvoll und als solche auch kein Zeichen von Irrationalität, vorausgesetzt der Akteur ist bereit, auf etwaige Nachfragen zuzugestehen, daß er sich mit seiner Entscheidung zum Handeln implizit auch auf ein Wollen der Konjunktion von Mittel und Zweck festgelegt hat. Entsprechendes gilt für Folgen und Nebenfolgen.

Die Rationalität optionaler Willensbildung muß also keine explizite und aktuelle sein, sondern kann auch implizit oder nur potentiell vorliegen.

Das wird noch deutlicher, wenn man sich klar macht, daß die sekundäre Einbeziehung (erkannter) notwendiger Bedingungen für einen primär gewollten Inhalt nur ein besonders wichtiger Anwendungsfall eines noch allgemeineren Schlußprinzips ist.[38] Prinzipiell einzubeziehen nämlich sind alle Ereignisse, die unvermeidlich mit E_1 *zusammen* wirklich sein würden, gleichgültig ob sie *abhängig* von der gewollten Verwirklichung von E_1 sind oder nicht. Die meisten Ereignisse, die unabhängig von einer Handlung eintreten, sind *irrelevant* für sie und werden schon deshalb nicht zum Gegenstand eines konjunktiven optionalen Wollens. Wer sich mit Willen am Kopf kratzt, muß sich nicht unbedingt klar machen, daß er implizit damit auch will, daß die Welt in ihrer Gesamtheit um dieses bedeutende Ereignis reicher wird. Doch gibt es auch *relevante* Fälle. Wer seine glimmende Zigarettenkippe an eine Stelle werfen will, neben der sich schon eine Benzinlache befindet, hat einigen Grund, auch dieses nicht durch sein eigenes Handeln bedingte Ereignis in seine optionale Willensbildung einzubeziehen. Es wissentlich nicht zu tun, wäre hier manifest irrational.

Der *zweite Schritt* nach der (aktuellen oder potentiellen) Willensübertragung auf den Gesamtkomplex besteht in der (aktuellen oder potentiellen) Übertragung des Wollens auch auf die anfänglich nicht mitgewollten *Teile* dieses Komplexes. Auch dieser Schritt erscheint rational zwingend.[39] Wer E_1 herbeiführen will, wohl wissend und (nach dem ersten Schritt) rational wollend, daß er zugleich die Konjunktion „E_1 und E_2" herbeiführt, muß zugeben, daß er dann auch das Ereignis E_2 selbst herbeiführen will, jedenfalls wenn dessen Existenz nicht schon unabhängig von E_1 feststeht. Daß ihm E_2 ohne den Bedingungszusammenhang mit E_1 vielleicht gleichgültig geblieben wäre oder daß er E_2 eigentlich sogar vermeiden wollte, ist sachlich ohne Belang. Denn jetzt geht es nicht mehr ums Wollen von E_2 an sich, sondern ums Wollen von E_2 als Konklusion eines rationalen Willensbildungsprozesses. Besonders einsichtig ist die Rationalität dieses zweiten Schrittes, wenn E_2 ein *Mittel* zu E_1 darstellt. Bittere Medizin zu schlucken, ist gewiß kein primärer, originärer Willensinhalt, wohl aber ein sekundär gewollter in Abhängigkeit vom primären Zweck der Gesundheit. Doch was für die Mittel gilt, muß konsequenterweise auch für die *Folgen* und *Nebenfolgen* gelten, wenn die Bedingungsverhältnisse als solche formal gleich sind (S. 64).

2. Nicht alle Menschen möchten das wahrhaben. Ein Kaufmann etwa, der den Ruin seines Konkurrenten als Mittel, Nebenfolge oder Nachfolge des primär bezweckten eigenen Geschäftserfolges mit Wissen und Willen herbeigeführt hat, wird sich zur moralischen Selbstentlastung gerne die Deutung zu eigen machen, er habe diese Konsequenz seines Handelns nicht „gewollt", sondern nur mit Bedauern „in Kauf genommen". Andere Interpreten räumen den Willen

zwar bei den *Mitteln* ein, möchten aber die *Folgen* und *Nebenfolgen* generell ausnehmen. Vor allem bei Unterlassungen bestehen viele Menschen auf dieser Form der volitionalen Distanz.[40] Wer sich z.B. nicht für humanitäre und ökologische Ziele engagiert (Welthungerhilfe, Flüchtlingshilfe, Emissionsschutz, Atomausstieg u.a.), möchte meist nicht gerne sagen, daß er die daraus entspringenden Negativfolgen oder Risiken „will", sondern allenfalls, daß er sie „zuläßt". Besonders ausgeprägt sind solche Distanzierungstendenzen in der *Theologie.* In der katholischen Theologie wurde sogar ein eigenes Handlungsprinzip entwickelt, das sogen. *„Prinzip des doppelten Effekts"*, demzufolge es unter bestimmten Umständen zwar moralisch vertretbar sein soll, für einen guten Zweck sicher vorausgesehene schlechte Folgen in Kauf zu nehmen, niemals aber, ein schlechtes Mittel für gute Zwecke einzusetzen.[41]

Doch so verständlich die Motive sein mögen, die solchen Differenzierungen zugrunde liegen, letztlich sind sie nur Augenwischerei. Gewiß, der Zweck kann die Mittel nicht einfach „heiligen", genausowenig aber die Folgen. Und wenn schlechte Folgen nach einer Güterabwägung insgesamt tolerabel erscheinen, dann gilt das analog auch für die Mittel. Bittere Medizin oder Zahnarztbohrungen sind Übel, die an sich unerwünscht sind, obwohl sie im Dienst der Gesundheit erlaubt oder sogar geboten sein können. Auch der im Hintergrund stehende Verdacht eines „Dammbruchs" zugunsten konsequentialistischer Moralprinzipien, die den Wert oder Unwert von Handlungen ausschließlich von der Güterabwägung zwischen den Folgen abhängig machen und Gebote und Verbote von daher begründen, ist sachlich ungerechtfertigt (Anm. 34). Falsche bzw. unerwünschte *Wertungen* oder *Normierungen* kann man (hier wie auch anderswo, vgl. Anm. 29) nicht dadurch ausschließen, daß man handlungstheoretische *Fakten* leugnet. Daß sicher vorausgesehene Handlungsfolgen als solche aber auch normativ keinen anderen Status haben als gewollte Zwecke und Mittel, ist im Strafrecht z.B. durchaus anerkannt.[42] Auch in der katholischen Theologie ist das z.T. so gesehen worden, samt der Willensübertragung auf Folgen.[43] Ja, selbst Theologen, die sie verwerfen, erkennen die strukturelle Gemeinsamkeit manchmal implizit an, indem sie das Übertragungsprinzip auch für die Mittel bestreiten.[44]

Verräterisch bei den Gegnern der Übertragung ist die Tendenz zur Verbalkosmetik. Anstelle von „Wollen" soll nur von „Zulassen" oder „Inkaufnehmen" (o.ä.) gesprochen werden. Doch was ist damit gesagt? Auch wenn man einräumt, daß solche Haltungen schwächer sind, so sind es doch immer noch Formen des *Wollens* und die von ihnen getragenen Handlungen sind *willentlich.* Manchmal wird dies auch zugegeben und nur betont, daß vorausgesehene Folgen nicht „beabsichtigt" bzw. „intendiert" sind oder zwar intendiert, aber nicht „direkt", sondern nur „indirekt intendiert".[45] Doch wenn die Verneinung der Absichtlichkeit bzw. Intentionalität nur besagen soll, daß die kritischen Folgen nicht um ihrer selbst willen, sondern allein mit Rücksicht auf andere Zwecke gewollt wurden, ist alles Entscheidende zugestanden, denn das anerkennen ja auch die Vertreter des Übertragungsprinzips. Soll damit jedoch gesagt sein, daß die Folgen nicht planvoll, überlegt und mit Vorbedacht herbeigeführt werden, ist die Zurückweisung ungerechtfertigt, jedenfalls für Akteure, die rational sind und den Eintritt der Folgen sicher voraussehen.

Das heißt nun allerdings nicht, daß jede Differenzierung zwischen verschiedenen Haltungen, die ein Akteur zu Mitteln und Folgen einnimmt, unmöglich oder unangebracht wäre. Sinnvoll ist sie vor allem dann, wenn die Bedingungsverhältnisse *unsicher* sind (was häufig vorkommt, dazu S. 69ff.). Denn während man bei selbst gewählten Mitteln – gerade wenn ihre Wirksamkeit zweifelhaft ist und nur erhofft wird – die persönliche Willensbeteiligung keinesfalls abstreiten kann, kann man sich bei den Nachfolgen von Zwecken oder Nebenfolgen von Mitteln, deren Eintritt ungewiß bleibt, immerhin auf seine gleichzeitige, entgegenstehende Hoffnung berufen, daß sie vielleicht nicht wirklich eintreten. Bei negativen Unterlassungsfolgen, z.B. ökologischer oder humanitärer Art, geschieht das oft und wird (u.a.) damit begründet, daß wissenschaftlich gesicherte Prognosen nicht vorlagen oder daß andere Akteure verfügbar waren, die das Ergebnis hätten verhindern können. Das führt nicht immer zu einer objektiven Verantwortungsminderung, macht aber – wegen der bestehenden Unsicherheit – das Insistieren auf der Ungewolltheit der Folgen nicht irrational.

Doch auch wenn die Folgen *sicher* und als solche vorausgesehen und mitgewollt sind, kann man rechtlich oder moralisch dadurch entlastet sein, daß man als Individuum nur einen *Teil* der Verantwortung tragen muß (S. 51, 54), oder daß andere Personen eine spezielle Verantwortung („Garantenstellung", wie es im Recht heißt) für bestimmte Bereiche besitzen. Die Unterlassung eines Arztes oder Rettungssanitäters gegenüber einem Hilfsbedürftigen z.B. ist normativ zweifellos anders zu beurteilen als die eines Normalbürgers, obwohl die Struktur ihrer Handlungen und ihre Willenslage identisch sein können. Moralisch macht es natürlich auch einen Unterschied, mit welcher *Gefühlshaltung* ein Akteur schlechte Handlungsteile begleitet, mit denen er rechnen muß. Ein mitfühlender Zahnarzt wird beim Einsatz des unvermeidlichen Bohrers zu Recht höher geschätzt als ein Sadist. Doch die Gefühlshaltung ist ein Zusatz, der zwar für den Wert einer Handlung bedeutsam sein kann, ihre Willensstruktur aber nicht verändert. Auch der Mitfühlende kann nicht leugnen, daß er die Schmerzen, die er nur notgedrungen und mit Bedauern zufügt, mit seinem Willen herbeiführt.

Der einzige Unterschied, der die Willensstruktur betrifft, ist der zwischen originärem und abgeleitetem oder, formal betrachtet, zwischen *unbedingtem* und nur *bedingtem Wollen* von Teilen folgekomplexer Handlungen (S. 57 Anm. 31). Diese Differenz ist signifikant und verdient es, auch im Hinblick auf die Frage der persönlichen Zurechenbarkeit festgehalten zu werden.[46] Sie jedoch gilt für Zwecke, Mittel und bloße Nebenfolgen und Nachfolgen gleichermaßen. Auch Zwecke müssen nicht unbedingt gewollt werden, sondern können bedingt gewollt sein, z.B. wenn es sich um bloße Zwischenziele handelt, die nur im Dienst eines übergeordneten Zweckes angestrebt werden. Umgekehrt können auch Mittel und Folgen unbedingt gewollt sein. So kann es durch Zufall oder bewußte Entscheidung für eine bestimmte Handlungsoption dahin kommen, daß der Handelnde „zwei Fliegen mit einer Klappe" schlägt. Die meisten Mittel und Folgen werden allerdings nur bedingt gewollt, d.h. abhängig von der Einsicht in ihre faktische Unvermeidlichkeit für den bzw. die Teile innerhalb des Gesamtkomplexes, die unbedingt gewollt werden. Daß es nicht der ursprüngliche oder abstrakte, sondern nur der konkrete, den Realitäten angepaßte Wille ist, der seine Handlung leitet, darauf kann der Akteur mit Recht verweisen. Und soweit er die Realitäten nicht selbst geschaffen hat, kann er sich, wenn er will, von diesen Handlungsumständen auch distanzieren. Dann aber liegt der Entschuldigungsgrund nicht mehr in seiner resultierenden Willenshaltung, sondern in der beschränkten *Freiheit*, die er bei der optionalen Willensbildung besaß.[47] Die *Willentlichkeit* der gewählten Optionen, einschließlich aller Mittel und Folgen, muß er anerkennen, sofern er rational ist und seine Position als Mensch, der in dieser Welt unter gegebenen Rahmenbedingungen handeln muß, prinzipiell akzeptiert.[48]

3. Die Bedeutung des Wissens als rationales Zurechnungskriterium ist früh erkannt worden und gehört seit Platon und Aristoteles zum Kernbestand der europäischen *Moral-* und *Rechtstheorie*.[49] Wer nicht weiß, was er tut, hat einen Entschuldigungsgrund, andernfalls muß er sich die Handlung im Normalfall zurechnen lassen. Dabei geht es neben den kausalen und nichtkausal-faktischen Folgen auch um die normativen (S. 58f.). So können sich Angeklagte in Strafprozessen, aber auch Untergebene oder Mandatsträger, die ihren Auftraggebern rechenschaftspflichtig sind, nicht nur damit entschuldigen, daß sie die *Wirkungen* ihrer Taten nicht kannten („Tatbestandsirrtum" im dt. Strafrecht), sondern gegebenenfalls auch damit, daß sie sich nicht im klaren darüber waren, mit ihrer Tat eine *Norm* zu verletzen („Verbotsirrtum" im dt. Strafrecht). Wenn sie entschuldigt werden, so zuallererst deshalb, weil sie etwas, das sie nicht kannten, auch nicht wollen und mit Willen herführen konnten – sei es nun eine Normenverletzung oder eine Tatsache anderer Art.[50]

Der zentrale Entschuldigungsgrund bleibt hier also das Faktum der *Nichtwillentlichkeit*, auch wenn diese durch Unwissenheit bedingt ist (vgl. S. 62). Man kann den Einfluß des Nichtwissens aber auch früher ansetzen und schon auf die *Willensbildung* beziehen. Wer nicht weiß, welche Basishandlungen ihm möglich sind und welche nicht (S. 57 Anm. 30) und welche Folgen sich jeweils aus ihnen ergeben, muß seine optionale Willensbildung (S. 64f.) unter restringierten, unrealistischen oder völlig irrealen Bedingungen betreiben. Diese wird dadurch empfindlich beeinträchtigt und verläuft insofern nicht mehr frei. Ähnlich wie auch bei anderen Formen innerer Willensunfreiheit (vgl. S. 28f.) wird der Wille hier zwar nicht absolut und in allen Hinsichten determiniert, wohl aber in eine bestimmte Richtung gedrängt, die alternative Ergebnisse praktisch ausschließen bzw. den Spielraum möglicher Ergebnisse signifikant beschränken kann. Und dies fällt um so stärker ins Gewicht, als es bei dieser Form der Willensbildung offenbar gar nicht mehr darauf ankommt, ob Überlegungen vorausgehen oder nicht und wie umfangreich und rational sie verlaufen (vgl. S. 31f.). Insofern begründet Unwissenheit auch eine besonders wichtige Form von Willensunfreiheit.[51] Das Wissenskriterium ist deshalb nicht nur unter dem Gesichtspunkt der Willentlichkeit, sondern auch unter dem der *Willensfreiheit* für die Zurechnung von Handlungen unerläßlich.

4. Praktisch eingeschränkt wird das Wissenskriteriums dadurch, daß die Bedingungsverhältnisse nicht nur in besonders komplexen und unüberschaubaren Zusammenhängen (wie ökologischen und humanitären, S. 66), sondern auch in vielen Situationen des Alltags größtenteils keine strikt notwendigen oder hinreichenden sind, sondern wesentlich schwächere. Daher lassen sich auch die Folgen nicht mit Sicherheit, sondern nur mit *Wahrscheinlichkeit* vorausberechnen. Auch das optionale, auf bekannte Folgebeziehungen rational abgestimmte Wollen richtet sich oft auf Dinge, die der Betreffende zwar für möglich oder wahrscheinlich hält, also insoweit kennt, von denen er jedoch nicht weiß, ob sie bzw. mit welchem kalkulierbaren Wahrscheinlichkeitsgrad sie als Folgen eigenen Handelns wirklich würden.[52] Dem muß man konzeptionell Rechnung tragen, sinnvollerweise in zwei aufeinander aufbauenden Schritten:

Der *erste Schritt* muß in dem Versuch bestehen, die relevanten *Wahrscheinlichkeitsgrade* zu präzisieren, wobei die Grenzfälle der völligen Eintrittssicherheit („w = 1") und des sicheren Nichteintritts („w = 0") formal mit eingeschlossen sind. Exakte Werte sind oft nicht zu finden. Im Alltag muß man sich mit *subjektiven Wahrscheinlichkeiten* zufrieden geben, deren empirische Basis lückenhaft ist und die sich allenfalls vage beziffern lassen. Obwohl niemand, der eine Bergtour plant, den Wetterbericht ignoriert, wird er eine prognostizierte „Chance von 40 % auf Gewitter am Nachmittag" nicht als ein exaktes „w = 0.4" mißverstehen und als feste Größe in seine Entscheidung einbringen, ganz abgesehen davon, daß ein Nachmittag lang sein kann. In anderen Fällen ist die subjektive Komponente noch ausgeprägter. Ob man als Fußgänger an einer Ampel sofort losgeht, wenn sie auf Grün springt, oder zuvor lieber nach rechts und links schaut, hängt davon ab, für wie wahrscheinlich man es hält, daß alle vorüberkommenden Kraftfahrer aufmerksam sind und die Bremsen an ihren Fahrzeugen funktionieren. Professionell gesicherte Prognosen gibt es hier nicht. Jeder kann sich hier nur auf allgemeine, mehr oder weniger vage Erfahrungen und Schätzungen verlassen, nicht auf präzise Kalkulationen. Dennoch sind auch sie in der Praxis nicht ohne Aussagekraft und geben z.B. durchaus begründeten Anlaß zu größerer Vorsicht in Städten wie Athen oder Karatschi, aber auch in München bei Föhn oder Fasching.

In manchen Lebensbereichen allerdings sind die Wahrscheinlichkeitswerte näher bestimmt. Beim Kauf eines Medikaments oder Kletterseils muß heute niemand mehr seiner eigenen Schätzung vertrauen, sondern kann sich auf experimentell gesicherte statistische Daten stützen, die den Grad der Wirksamkeit und verbleibende Risiken ziemlich präzise angeben. Auch kein vernünftiger Spieler rechnet damit, daß „Rouge" beim Roulette im Durchschnitt häufiger kommt als in der Hälfte der Fälle oder daß die Wahrscheinlichkeit, eine Sechs zu würfeln, größer ist als ein Sechstel. Zusammenhänge wie diese scheinen nicht mehr daran gebunden zu sein, was die Akteure – Laien wie Experten – subjektiv für wahrscheinlich halten. Man kann sie deshalb wie *objektive Wahrscheinlichkeiten* behandeln und als feste Größen in praktische Überlegungen eingehen lassen. Völlig frei von subjektiven Anteilen aber sind auch die darauf gegründeten Handlungserwartungen nicht. Empirisch nämlich erweisen sich auch die experimentell bestgesicherten Wahrscheinlichkeitswerte, solange Zusatzannahmen und Idealisierungen konsequent aus dem Spiel bleiben, so gut wie niemals als absolut präzise und objektiv.[53]

Der *zweite Schritt* muß deshalb immer darin bestehen, *Regulierungen* einzuführen, die über die empirisch ermittelten probabilistischen Fakten hinausgehen. Auch subjektive Wahrscheinlichkeiten, die nur auf Schätzung beruhen, erhalten durch die Setzung von Margen und Toleranzgrenzen eine praktische Stabilität, die klare Handlungsentscheidungen ermöglicht. Kein Autobahnfahrer z.B. kann die Wahrscheinlichkeit eines eventuell von ihm verursachten Auffahrunfalls in jeder Situation genau berechnen. Er muß es aber auch nicht, sondern kann sich in praxi an anerkannten Mindestabständen je nach Geschwindigkeit, Wetterlage und Straßenbeschaffenheit orientieren, bei deren Unterschreitung er keinerlei Schuldminderung aufgrund von Unwissenheit über die konkrete Unfallwahrscheinlichkeit erwarten kann (S. 62f.). Entsprechendes gilt für die Toleranzen bei der Geschwindigkeits- oder Temperaturmessung selbst und für zahllose andere probabilistische Beziehungen, die unser tägliches Leben prägen. Dabei müssen die Regulierungen nicht immer zu quantifizierbaren scharfen Grenzen führen, sondern können auch Margen enthalten, die Beurteilungsspielräume für einzelne Fälle eröffnen. Entscheidend ist ihre Orientierungsfunktion in der Praxis. Jede Gesellschaft bedient sich deshalb gewisser, mehr oder weniger präziser *Wahrscheinlichkeitsschwellen*, oberhalb derer das zurechnungsrelevante Wissen normalerweise vorausgesetzt wird, unterhalb nicht.[54] Sehr hohe und sehr geringe Wahrscheinlichkeiten werden dabei wie Gewißheiten behandelt, so daß die betreffenden Handlungsfolgen als *praktisch notwendig* bzw. *unmöglich* gelten.[55] Obwohl es z.B. nicht absolut unmöglich ist, daß die Kugel, die ein Profikiller gezielt aus einem Präzisionsgewehr abfeuert, durch einen zufällig niedergehenden Meteoriten abgelenkt wird, nimmt niemand an, daß der Tod seines Opfers keine situativ unausbleibliche Folge seines Handelns war. Als solche war sie sicher vorhersehbar und gewollt und wird ihm deshalb auch zugerechnet.

Ebenso gelten Folgen, die unter der Wahrscheinlichkeitsschwelle liegen, als für den Handelnden objektiv wie subjektiv unvorhersehbar. Deshalb werden sie ihm nicht zugerechnet, gleichgültig ob er um ihre theoretische Möglichkeit *weiß* und ob sie, trotz der geringen Wahrscheinlichkeit, zufällig *eintreten*. Bei sehr geringer Eintrittswahrscheinlichkeit kommt es nicht einmal darauf an, ob er die Folge *wollte*. Denn trotz seines etwa vorhandenen Willens ist hier das Kriterium des signifikanten Einflusses (S. 52ff.) nicht erfüllt, da sein Beitrag entweder völlig unnötig für die Verwirklichung ist oder bedeutungslos im Vergleich mit dem Anteil, den der Zufall bzw. die ergänzenden, subjektiv unkalkulierbaren Restbedingungen haben. Wenn der Zweitgeborene den Kronprinzen zu einer Kutschfahrt überredet in der diabolischen Hoffnung, daß diesen dabei ein Meteorit erschlägt, wird man ihm kaum versuchten oder (sollten die Sterne der veränderten Erbfolge günstig sein) vollendeten Mord vorwerfen, gleichgültig ob seine Überredung notwendig für den fatalen Ausgang war oder nicht. Extreme Unwahrscheinlichkeit des Erfolgs läßt den menschlichen Willen bedeutungslos werden. Und allzu extrem muß sie nicht einmal sein. Auch der Croupier in einer Spielbank, der nur die Kugel in die Rouletteschale wirft, ist für den konkreten Spielausgang nicht verantwortlich, selbst wenn dieser zufällig dem entspricht, was er (z.B. aus Sympathie für einen befreundeten Mitspieler) selber will. Denn er kann schließlich genausowenig wie alle anderen wissen, auf welchem Spielfeld die Kugel zur Ruhe kommt.

Zurechenbar also sind nur Geschehnisse, deren willensabhängiger oder willensbestimmter (S. 54) Eintritt nach den geltenden Regulierungen hinreichend sicher ist. Im Falle des diabolischen Zweitgeborenen und des volitiv engagierten Croupiers ist dies für das *Resultat* der von ihnen eingeleiteten Prozesse nicht gegeben. Was man ihnen allerdings zurechnen kann, ist die willentliche Herbeiführung eines *Zwischenzustands* als primäre Handlungsfolge, in dem bestimmte sekundäre Folgen wahrscheinlich werden. Im ersten Beispielfall bleibt die primäre Handlungsfolge zwar wegen der extrem geringen Wahrscheinlichkeit praktisch bedeutungslos (abgesehen von einem „Wunder"), im zweiten aber nicht unbedingt. Denn als speziell dazu Beauftragter („Garant", S. 67) trägt der Croupier Verantwortung dafür, daß die geworfene Kugel die Schale erreicht und dort, unbeeinflußt von außen, zufällig auf einem der Felder liegenbleibt. Diesen Geschehensablauf hat er nicht nur abstrakt gewollt, sondern konkret angestrebt und erwartet. Ihn muß er sich deshalb im positiven wie im negativen Fall (z.B. wenn er schlecht wirft oder sein Taschentuch in die Schale fallen läßt) persönlich zurechnen lassen.

2.5 Partielle Zurechenbarkeit und Vorverschulden

Willentlichkeit und Wissen sind die bedeutendsten Zurechenbarkeitskriterien, die zur Willensfreiheit hinzukommen müssen und ihr sachlich sogar vorausgehen. Auch in Verbindung mit ihr müssen sie (wie erwähnt, S. 52) noch keine hinreichenden Bedingungen liefern, immerhin aber notwendige. Als solche sind sie geeignet, die Zurechnung im Negativfalle *auszuschließen*. Allerdings kann auch dieser Ausschluß nicht pauschal erfolgen. Denn wie schon wiederholt deutlich wurde (S. 60f., 62f.), kommt es zugleich wesentlich darauf an, *warum* und in welcher *Hinsicht* die fragliche Handlung ohne Wissen und Willen erfolgte. Zwei prinzipielle Beschränkungen, die sich daraus ergeben und die für die Zurechnungspraxis besonders wichtig sind, müssen hier noch erwähnt werden.

Erstens sind viele Handlungen zu *komplex*, um pauschale Urteile zuzulassen. Sie sind den Handelnden, genauer betrachtet, zurechenbar und unzurechenbar zugleich, nur eben jeweils partiell. Das gilt nicht nur im Blick auf Handlungskomplexe, die *Kombinationen* aus mehreren Teilhandlungen darstellen (Anm. 31), oder auf die immense Menge faktischer *Folgen*, die auch bei einzelnen Handlungen unbekannt und deshalb ungewollt bleiben. Es gilt auch für die *Art und Weise* der Handlungsausführung selbst. Daß jemand seinen Arm bei einer Abstimmung hebt oder auf eine Frage mit „Nein" antwortet, wird man ihm, wenn er es will und weiß, was er tut, normalerweise als seine Handlung zurechnen können. Doch welchen genauen Weg sein Arm bei der Aufwärtsbewegung nimmt oder mit welcher speziellen Klangfarbe er seine Antwort vorbringt, unterliegt einer Streubreite, die normale Menschen im einzelnen weder voraussehen noch willentlich kontrollieren können. Entsprechendes gilt für zahllose physische und mentale Verrichtungen. Auch das aktive Sich-Erinnern an ein Erlebnis oder Sich-Konzentrieren auf einzelne Stimmen beim Hören von Orchestermusik läßt sich zwar als solches willentlich einleiten und partiell steuern, doch die genauen Vorstellungsinhalte und ihr Verlauf bleiben weitgehend unvorhersehbar und unkontrollierbar. Solche Teile bzw. Aspekte muß man demnach von der Zurechnung ausnehmen, auch wenn die Handlung im ganzen zurechenbar ist.

Zudem können im Handlungsablauf einzelne *Phasen* der bewußten, willentlich kontrollierten Ausführung mit Phasen wechseln, in denen diese Kontrolle fehlt. Wer seinen täglichen Weg zur Arbeit geht, schlägt ihn mit Willen ein und entscheidet vielleicht noch an einigen Schlüsselstellen, welche Richtung er nimmt, denkt ansonsten aber an vieles andere, während seine Beine von selbst weiterlaufen. Auch relativ komplizierte Körperbewegungen beim Schuhebinden, Turnen oder Klavierspielen werden, nachdem sie eingeübt sind, nur noch als ganze willentlich eingeleitet und laufen danach automatisch ab, ohne daß die verschiedenen Schritte dem Handelnden überhaupt noch bewußt werden (S. 57 Anm. 30). Im Verlauf einer längeren, willentlich durchgeführten Kopfrechnung oder Rückerinnerung wiederum wechseln kontrollierte und automatisierte Teilschritte einander ab. Ebenso muß sich ein Fallschirmspringer zwar mit Willen zum Absprung entschließen und seinen Schirm kontrolliert öffnen, kann seine Abwärtsbewegung und die Winddrift, der er ausgesetzt ist, aber nur phasenweise und auch nur in sehr begrenztem Umfang reaktiv willentlich mitbeeinflussen. Stellt sich in Fällen wie diesen die Frage der Zurechenbarkeit, muß man die Handlung in einzelne Teile zerlegen und die Frage für jeden getrennt beantworten.

Die zweite prinzipielle Beschränkung, welcher der Zurechnungsausschluß bei fehlender Wissentlichkeit, Willentlichkeit und Willensfreiheit unterliegt, ergibt sich aus möglichem *Vorverschulden*. Auch Handlungen oder Handlungsteile, die während der Ausführung unzurechenbar sind, können zurechenbar werden, wenn die handelnde Person sich durch früheres, zurechenbares Handeln selbst in diesen Zustand gebracht hat und dies voraussehen konnte. Einem Fallschirmspringer z.B. ist unter diesem Gesichtspunkt zwar nicht der spezielle Verlauf, wohl aber das generelle Faktum seiner Abwärtsbewegung zuzurechnen. In Moral und Recht spielt die Frage des Vorverschuldens eine bedeutende Rolle, nicht nur mit Bezug auf die Handlungen selbst, sondern auch auf handlungsrelevante Zustände des Wissens und Wollens. Wer bestimmte Handlungsfolgen – faktische wie normative (S. 58f.) – nicht kennt, die er bei größerer Sorgfalt im Vorfeld sehr wohl hätte wissen können und sollen, muß sie sich trotz des ansonsten anerkannten Entschuldigungsgrundes des „Verbots-" oder „Tatbestandsirrtums" (S. 68) zurechnen lassen. So beruht der alte Rechtsgrundsatz, daß Unkenntnis des Gesetzes nicht vor Strafe schützt, auf der theoretischen Konstruktion, daß jeder Betroffene die Pflicht und die Möglichkeit hat, sich rechtzeitig über die geltenden Normen zu informieren, mag dies in praxi – zumal bei Durchschnittspersonen – auch wenig realistisch sein.[56] Situatives Nichtwissen sowie Handlungen und Handlungsfolgen, die daraus entspringen, können demnach, obwohl der Akteur sie zum kritischen Zeitpunkt nicht will, dennoch als Folgen früherer, zurechenbarer Unterlassungen zurechenbar werden.

Sogar Verhaltensweisen, die *gänzlich* willenlos oder passiv ausgeführt werden, also für sich genommen gar keine „Handlungen" sind (S. 52f., 59f.), können durch Vorverschulden zurechenbar werden. Die Abwärtsbewegung eines Menschen, der selbst als Fallschirmspringer aus dem Flugzeug oder als Badender vom Sprungbrett ins Wasser gesprungen ist, bleibt „sein Sprung" auch in den Teilen bzw. Aspekten, die er nachträglich nicht mehr beeinflussen kann, aber mit (hinreichend hoher, S. 70f.) Wahrscheinlichkeit oder Gewißheit absehen konnte. Wer sich betrinkt und weiß, daß er dadurch fahruntüchtig wird oder im Zustand der Trunkenheit zu blinder, willentlich unkontrollierbarer Gewalttätigkeit neigt, kann sich nicht einfach mit seiner Unzurechenbarkeit zum Zeitpunkt des Tuns entschuldigen. Gleiches gilt für den Fall, daß das nötige Wissen fehlt oder im Vorfeld drohender Steuerungsunfähigkeit aktuell nicht zu Bewußtsein kommt, aber eigentlich hätte erworben bzw. situativ präsent sein sollen, ermöglicht durch entsprechende Vorkehrungen zu einem noch früheren Zeitpunkt.[57]

Natürlich gibt es hier praktische Grenzen. Die *Länge der Zeit* und die *Zumutbarkeit* von individuellen Vorkehrungen gegen Zustände möglicher Steuerungsunfähigkeit können die Zurechenbarkeit reduzieren oder vollständig aufheben. Keinem Autofahrer z.B. wird zugemutet, sich mit dem Erwerb des Führerscheins auch zum Sicherheitsingenieur oder Notarzt ausbilden zu lassen. Niemandem wird zur Last gelegt, daß er sich nicht schon als Jugendlicher Gedanken darüber macht, wie er als Neunzigjähriger fit genug bleibt, um mit einer technischen Revolution, die dann vielleicht eintritt, geistig oder körperlich Schritt halten zu können. Wollte man alle denkbaren künftigen Beeinträchtigungen durch Unwissenheit oder mangelnde Willenskontrolle auf ein Minimum reduzieren, müßte man Lern- und Trainingsprogramme starten, die alles sonstige Leben zum Stillstand brächten. Durchschnittspersonen unterliegen deshalb nur relativ unspezifischen und einfachen Sorgfaltspflichten. Höhere Anforderungen werden nur an Personen gestellt, die sich in einer speziellen Verantwortung („Garantenstellung", S. 67) befinden, z.B. weil sie bestimmte Berufe oder Funktionen bekleiden. Von einem Notarzt oder Rettungsschwimmer im Dienst kann man bei einem Badeunfall Hilfeleistungen erwarten, die einem gewöhnlichen Badegast nicht abverlangt werden. Maximalforderungen aber werden auch an sie nicht gestellt.

In Fällen, die eine Gesellschaft für besonders dringlich hält, werden die Zuständigkeiten und Zurechenbarkeitsgrenzen *rechtlich* geregelt. In vielen anderen Fällen fehlen solche Regelungen oder bestehen nur *informell* als allseits geteilte soziale Selbstverständlichkeiten. Jeder Telefonbenutzer z.B. weiß oder könnte sich ohne weiteres klar machen, daß er mit einem langen Telefonat in ein entlegenes Land zur Spitzenzeit die Leitung für andere Interessenten blockiert. Diesen Teilaspekt seiner Handlung und die darin liegende unspezifische Rücksichtslosigkeit muß er sich zurechnen lassen, auch wenn sie ihm beim Telefonieren nicht zu Bewußtsein kommt. Nicht zuzurechnen dagegen ist ihm die Tatsache, daß er anruft, ohne sich zuvor vergewissert zu haben, ob er eine bestimmte Person, die gleichzeitig telefonieren will, damit eventuell schädigt. Denn obwohl er theoretisch auch diese konkrete Folge seines Tuns in Erfahrung bringen könnte, wird keinem Telefonkunden ein solches Maß an rücksichtsvoller Vorsorge abverlangt.

3. Signifikanz der Willensfreiheit

Die vorstehenden Analysen vermitteln kein vollständiges Bild von menschlicher Verantwortlichkeit, wohl aber eines, das für unsere Zwecke hinreichend differenziert und klar ist. Was ergibt sich daraus für unser Hauptproblem, das Problem von „Willensfreiheit und Determinismus"? Die Frage nach dem Zusammenhang von Willensfreiheit und Determiniertheit, so hatten wir in Kap. I, 2 gesehen, betrifft die Gültigkeit einer begrifflichen Implikationsbeziehung, artikuliert in Leitfrage (F2) (S. 24). Als solche ist sie im Kern eine rein *theoretische Frage*, die auf die Wahrheit eines bestimmten Satzes zielt. Daß sie sich, anders als dies die simplifizierende Gegenüberstellung von „kompatibilistischen" und „inkompatibilistischen" Positionen nahelegt, nicht durch ein einfaches Ja oder Nein beantworten läßt, liegt nicht etwa daran, daß sie überhaupt keinen wahrheitsfähigen Inhalt hätte, sondern rührt ausschließlich daher, daß ihr Inhalt zu unbestimmt ist, um sinnvolle Beantwortungsversuche möglich zu machen, und deshalb zunächst theoretisch differenziert und präzisiert werden muß, abhängig von der sachlich vorausgehenden begrifflichen Leitfrage (F1). Ist dies aber erst einmal im nötigen Umfang geschehen, kann es letztlich nur jeweils eine bejahende oder verneinende Antwort auf die Zusammenhangsfrage (F2) geben, mag diese auch für verschiedene Versionen der kritischen Implikationsbeziehung jeweils verschieden ausfallen.

Dennoch wird diese Frage meist nicht rein theoretisch gestellt, sondern im Kontext der *praktischen Frage* nach menschlicher Schuld und Verantwortung, ausgehend von der Vermutung, daß diese im Falle bestehender Willensunfreiheit aufgehoben oder doch signifikant vermindert sind. Auch diese Frage hat allerdings einen theoretischen Kern. Denn hier geht es zunächst nur darum festzustellen, ob bestimmte, rein deskriptive Merkmale, die erforderlich sind, um jemanden für etwas verantwortlich zu machen, auf die handelnden Personen zutreffen oder nicht. Diese Feststellung aber wird dadurch erheblich erschwert, daß soziale Kontroll- und Sanktionsinteressen hineinspielen, die von sachfremden Gesichtspunkten und Voreingenommenheiten beeinflußt werden (Abschnitte 1.2–1.3). Solche Zusätze färben oder verzerren nicht nur die konkreten Verantwortungszuschreibungen, sondern teilweise auch die Kriterien für persönliche Schuld und Verantwortung selbst, bis hin zu der Vorstellung, diese seien vollständig von moralisch-rechtlichen Praktiken abhängig (S. 43f., Anm. 15).

Da diese Tendenzen sich auch auf das Willensfreiheitskriterium und die Frage der Willensfreiheit im ganzen erstrecken, besteht die Gefahr, daß das Problem von „Willensfreiheit und Determinismus" durch sie verzerrt oder völlig verfehlt wird. Deshalb kommt es entscheidend darauf an, den rein theoretischen Grundsinn der Zusammenhangsfrage festzuhalten und sich über die äußerst begrenzte Bedeutung im klaren zu sein, die diese Frage für Moral und Recht bzw. für soziale Verhaltenskontrolle insgesamt hat. Nicht *jede* Form der sozialen Kontrolle bedarf des Kriteriums der Willensfreiheit. Essentiell ist es nur für die *normative* Kontrolle, und auch für diese nur dann, wenn sie die kontrollierten Personen nicht zu bloßen Objekten macht, sondern als *Subjekte* und *Adressaten* von Normen behandelt, die selbständig zu ihrer Forderung Stellung nehmen können (S. 37f.). Erst diese Form der Kontrolle ist es, die normative Ansprechbarkeit und Zurechenbarkeit im prägnanten Sinne, unterschieden von bloßer Haftbarkeit, auf seiten der kontrollierten Personen voraussetzt (S. 38, 47f.) und damit auch ein gewisses Maß an Willensfreiheit, verstanden als Freiheit der Willensbildung (S. 33f.).

Es ist also nicht die soziale Kontrolle an sich, sondern nur eine ganz spezielle, humane und besonders anspruchsvolle Form der Kontrolle, die das Interesse an menschlicher Willensfreiheit begründet und die sich bei der Anwendung auf normale, durchschnittlich begabte Personen überhaupt bzw. auf bestimmte Individuen oder Personengruppen auch dadurch zu legitimieren hat, daß dieses Kriterium erfüllbar ist (S. 38, 43, 45f.). Darüber hinaus stellt es nicht das einzige, sondern nur eines von mehreren relevanten Kriterien dar, die erfüllt sein müssen, um Menschen normativ anzusprechen und ihnen bestimmte Handlungen persönlich zurechnen zu können. Zuerst muß sichergestellt werden, daß auch die Bedingungen der *Willentlichkeit* und der *Wissentlichkeit* erfüllt sind, bezogen jeweils auf alle zurechnungsrelevanten Teile bzw. Aspekte der fraglichen Handlungen und Handlungsfolgen und unter Berücksichtigung der Tatsache, daß diese Kriterien gewöhnlich nicht in vollem Umfang, sondern nur zum gewissen Grade erfüllbar sind, bedingt vor allem durch die immense Menge der Folgen und den probabilistischen Charakter der Folgebeziehungen (Abschnitte 2.2–2.4). Danach erst kommt die *Willensfreiheit* ins Spiel. Bei Handlungen und Handlungsfolgen, die mit Wissen und Willen ausgeführt werden, kann ihr Bestehen für die *positive* Zurechnung entscheidend sein. Umgekehrt kann ihr erwiesenes Fehlen, ebenso wie die fehlende Willentlichkeit oder Wissentlichkeit selbst, die Zurechnung *ausschließen*, jedenfalls für die betroffenen Teile bzw. Aspekte der untersuchten Gesamthandlung und unter der Annahme, daß kein Vorverschulden besteht (Abschnitt 2.5).

Insofern ist es nicht nur berechtigt, sondern unter bestimmten Bedingungen offenbar unerläßlich, die Frage der Willensfreiheit im Kontext normativer sozialer Kontrolle und bei der Zuschreibung rechtlicher und moralischer Verantwortung aufzuwerfen. Keine Rede aber kann davon sein, daß sie das einzige oder alle anderen überragende Zurechnungskriterium darstellt. Ihre Signifikanz bleibt begrenzt. Und dies gilt noch mehr, wenn man das spezielle Problem von „Willensfreiheit und Determinismus" ins Auge faßt. Denn jener Begriff vom „unfreien" oder „freien Wollen", der auf den Umstand abstellt, daß die zugrunde liegende Willensbildung *determiniert* ist oder nicht, erschöpft den relevanten Bereich, wie wir schon früher festgestellt hatten (S. 25, 32), ganz sicher nicht. Schon die verschiedenen Formen, die konkrete Willensbildungsprozesse haben können (S. 33f.), schließen solche Verkürzungen aus. Und durch die Einbeziehung der Kriterien der Willentlichkeit und Wissentlichkeit ist das noch deutlicher geworden. Denn optionale Willensbildungsprozesse (S. 64f.), die hier die bedeutendste Rolle spielen, können sich eben keineswegs nur unter dem Aspekt ihrer Determiniertheit, sondern auf höchst verschiedene Weise als unfrei oder signifikant freiheitsbeschränkt erweisen: sei es im Blick auf *objektive* Rahmenbedingungen, unter denen Menschen willentlich handeln müssen, ohne sie selbst geschaffen zu haben (S. 68 Anm. 47–48), sei es im Blick auf *subjektive* Defizite an relevantem Wissen, Überlegungsfähigkeit und Rationalität (S. 38, 63ff., 69 Anm. 51). Ob solche Freiheitsbeschränkungen ihrerseits determiniert sind oder nicht, muß dabei zunächst gar keine Rolle spielen, zumal präsente Beschränkungen selbst verschuldet sein können, also z.B. determiniert durch frühere Handlungen, die ihrerseits auf „freiem Willen" beruhen (S. 73f.). Einfach gleichsetzen also kann man Willensunfreiheit mit determinierter Willensbildung nicht, geschweige denn Willensfreiheit mit indeterminierter. Eine *hinreichende* Bedingung für eine freie Willensbildung und damit, gegebenenfalls, auch für die Zurechenbarkeit einer entsprechenden Handlung ist das bloße Faktum der Indeterminiertheit in keinem Fall, allenfalls eine *notwendige*. Und ob dies wirklich so ist, das eben steht mit der Zusammenhangsfrage zur Debatte.

III. Der geistesgeschichtliche Hintergrund

1. Verdacht der historischen Relativität

1.1 Antiquiertheit der Fragestellung?

Im ersten Kapitel wurde die Frage nach dem Zusammenhang von Willensfreiheit und Determiniertheit allgemein eingeführt, im zweiten der Stellenwert eingegrenzt, den sie im Rahmen der Frage nach menschlicher Verantwortlichkeit insgesamt hat. Dabei wurde ihr *Sinn* nur in groben Zügen umrissen und als solcher nicht in Frage gestellt. Das war, so könnte man argwöhnen, vielleicht zu unbekümmert und unreflektiert. Denn nicht wenige Philosophen bezweifeln oder bestreiten den Sinn der Frage, teilweise sogar vehement und verstärkt zu einer Grundsatzkritik am Willensfreiheitsproblem im ganzen. So hat Moritz Schlick, der Hauptvertreter des „Wiener Kreises“ und einer der Mitbegründer der Analytischen Philosophie, nur noch vom „sogenannten Problem der Willensfreiheit“ gesprochen, das lediglich „durch ein Mißverständnis zu einem viel erörterten Problem“ geworden sei und zu Unrecht als „Grundfrage der Ethik“ gelte:[58]

> Dabei ist diese Scheinfrage durch die Bemühungen einiger gescheiter Köpfe längst erledigt worden [...], ganz besonders klar durch *Hume*, und es ist wirklich einer der größten Skandale der Philosophie, daß immer noch soviel Papier und Druckerschwärze an diese Sache verschwendet werden.

Und schon ein knappes Jahrhundert früher hatte sich Schopenhauer über „gedankenlose Philosophaster“ und „Ignoranten“ aufgeregt, die immer noch die Freiheit des Willens verkünden würden und „Alles, was seit zwei Jahrhunderten große Denker darüber gesagt haben, in den Wind schlagen“.[59] Der erste der hier zitierten großen Denker ist Hobbes, den Schopenhauer in einem problemgeschichtlichen Rückblick auch als denjenigen präsentiert, der in der Willensfreiheitsdebatte „zuerst der Sache auf den Grund gekommen“ sei.[60] Tatsächlich läßt sich in der Philosophie, aber auch sonst in der Geistesgeschichte der Neuzeit, eine ausgeprägte Tendenz zur Verabschiedung unseres Problems beobachten.[61] Seit längerer Zeit schon hält die weit überwiegende Mehrheit der Philosophen zumindest das alte Problem von „Willensfreiheit und Determinismus" für historisch überholt und sachlich bedeutungslos. Der amerikanische Analytiker Donald Davidson z.B. hat es nur noch für nötig gehalten, auf eine kurze Galerie philosophischer Ahnen (darunter Hobbes, Hume und Schlick) zu verweisen, die alles Nötige schon getan hätten, um „die Konfusionen auszuräumen, die den Anschein erwecken können, der Determinismus höbe die Freiheit auf".[62]

Nun sind brüske Verabschiedungen wie diese immer etwas verdächtig, zumal bei Autoren, die (wie Schlick und Davidson) auch sonst mit der Diagnose von „Scheinproblemen" und „endgültigen Antworten" auf große Fragen der Tradition rasch bei der Hand sind. Oft genug schließlich haben sich Ansprüche dieser Art später als übereilt, stark problemverkürzend oder einfach naiv herausgestellt und ihre Verfasser im Rückblick eher blamiert. Auffällig ist zudem, daß die Bemühungen, Andersdenkende – innerhalb wie außerhalb der Philosophie – von der Hinfälligkeit des Problems zu überzeugen, unvermindert und in immer neuen gedanklichen Anläufen andauern, also trotz seiner angeblichen jahrhundertealten „Erledigung" bis heute offenbar immer noch nötig sind.[63] Aufklärung braucht ihre Zeit, gewiß. Fragestellungen aber, die sich später tatsächlich als scheinhaft oder begrifflich verwirrt erwiesen haben, bedürfen derart langer missionarischer Nacharbeit gewöhnlich nicht. Vorsicht ist deshalb angebracht.

Doch die Kritik kommt auch von anderer, philosophisch und problemgeschichtlich reflektierterer Seite. Der finnische Philosoph Georg Henrik von Wright z.B. hat die Frage selbst zwar nicht rundheraus abgelehnt, dem „klassischen Problem der Willensfreiheit" aber ebenfalls sehr reserviert gegenüber gestanden und die geistesgeschichtliche Diagnose gestellt, daß es „heute allmählich veraltet".[64] Warum? Von Wrights Begründung ist interessant und in verschiedener Hinsicht weiterführend:[65]

> Es stimmt nicht *ganz*, daß die philosophischen Probleme ewig sind. Zumindest ihr Platz in der Diskussion – ob zentral oder peripher – verändert sich. Solche Verschiebungen widerspiegeln häufig tiefgehende Änderungen in der geistigen Kultur eines Zeitalters. Ein Beispiel hierfür ist [...] das Problem der „Willensfreiheit". [... Die] *griechische* Philosophie war mit der Diskussion [... dieses Problems] nur wenig beschäftigt. [... Seine] charakteristische *moderne* Ausprägung [erhielt es vielmehr] unter dem

> Einfluß der *mechanistischen Weltsicht*, die in der späten Renaissance und im Barock aus der Revolution in Astronomie und Physik hervorging.

Zwei Thesen also begründen von Wrights Skepsis, nämlich erstens, daß es sich beim Willensfreiheitsproblem um ein spezielles Problem der *Neuzeit* handelt, das in der klassischen Antike noch kaum bekannt war, sowie zweitens, daß es speziell das *mechanistische* Denken war, das seine Entwicklung entscheidend beeinflußte. Träfe das zu, hätten wir heute sicherlich Anlaß, die Signifikanz des Problems historisch wie konzeptionell in Frage zu stellen. Denn das Zeitalter, in dem die klassische Mechanik das unbestrittene Paradigma des wissenschaftlichen Weltbilds darstellte, ist seit mehr als einem Jahrhundert, so scheint es, definitiv vorbei. Allerdings ist die spezielle Diagnose, die von Wright gestellt hat, ihrerseits keineswegs unproblematisch und, wie sich am Ende dieses Kapitels zeigen wird, letztlich unhaltbar. Angesichts der offenkundigen neuzeitlichen Verabschiedungstendenzen, die keineswegs erst mit dem Niedergang des mechanistischen Denkens, sondern spätestens seit der Mitte des 17. Jahrhunderts einsetzen, hätte sie auch die etwas seltsame Konsequenz, daß ein Problem von erheblicher praktischer Bedeutung nur pointiert formuliert worden sein soll, um alsbald wieder fallen gelassen zu werden. Doch wenn man von Wrights Diagnose von ihrer speziellen Einkleidung löst und etwas formaler und allgemeiner faßt, wird sie zu einer echten Herausforderung. Könnte es vielleicht sein, daß das „klassische Problem der Willensfreiheit" tatsächlich, wie von Wright behauptet und auch wir ja schon früher geargwöhnt hatten (S. 20), prinzipiell *relativ* ist auf einen bestimmten problemgeschichtlichen Hintergrund? Und wenn ja, könnte es dann nicht sein, daß es sich tendenziell auch *von selbst* erledigt, sobald dieser Hintergrund an Bedeutung verliert oder vollständig wegfällt?

1.2 Griechischer oder jüdisch-christlicher Ursprung?

Bei der Erörterung dieser Frage müssen wir allerdings zwei Punkte strikt auseinanderhalten. Einmal geht es um die *empirische* Feststellung, daß das Problem nicht überall auftritt. Ob bzw. wie weit das zutrifft, kann nur die vergleichende kulturanthropologische oder geistesgeschichtliche Forschung zeigen. Es ist kein genuines Thema der Philosophie. Spezifisch philosophisch ist erst die Frage, welche *theoretischen* oder *begrifflichen* Konsequenzen zu ziehen sind, falls sich gravierende Differenzen ergeben. Die bloße Tatsache, daß etwas historisch oder kulturell nicht universell ist oder sogar in seinem Geltungsbereich äußerst begrenzt, kann sicher nicht beweisen, daß auch die Sache, um die es geht, unwichtig oder völlig bedeutungslos wäre. Primitive Kulturen, die Pest oder Cholera magisch behandeln, sind schließlich auch kein Beweis für die medizinische Ineffizienz der Hygiene, gleichgültig, wie verbreitet sie sind. Ehe man deshalb sagen kann, daß die historische oder kulturelle Relativität einer Problemstellung diese insgesamt diskreditiert, muß man *sachliche* Gründe beibringen, die sie als eine ungerechtfertigte, nicht verallgemeinerungsfähige Fehl- oder Sonderentwicklung ausweisen.

Nun kann das Problem der Willensfreiheit, mit oder ohne deterministische Spezifizierungen, diesen Verdacht tatsächlich wecken. Dazu bedarf es offenbar auch keiner ausgedehnten Vergleiche mit fremden, zeitlich oder geographisch entlegenen Kulturen. Der Blick auf die europäische Geistesgeschichte genügt. Bekanntlich ist diese einerseits durch die griechische und später römische, andererseits durch die jüdisch-christliche Tradition geprägt worden. Die uns geläufige Rede von der „Freiheit" oder „Unfreiheit des Wollens" scheint im klassischen Griechisch jedoch zu fehlen. Die altgriechischen Wörter für „frei" und „Freiheit" (*„eleútheros"* und *„eleuthería"*, stammverwandt mit dt. „Leute") beziehen sich ursprünglich nur auf die äußere Zugehörigkeit von Menschen zu einer Gemeinschaft bzw. auf deren Nichtversklavtheit oder politische Unabhängigkeit nach außen, während die innere Verfassung des Menschen erst sehr viel später mit einbezogen wird.[66] Und auch dann geht es zunächst nur um den emotiven und intellektuellen Bereich, nicht um den volitiven. Manche Interpreten bestreiten sogar, daß das klassische Griechisch überhaupt einen prägnanten Begriff des „Willens" besitzt.[67] Auch wenn dies stark übertrieben bzw. Ausdruck eines verengten Willensbegriffs ist, so bleiben die terminologischen Differenzen doch auffällig. Zudem haben die griechischen Wörter, die im Deutschen mit „Willensfreiheit" bzw. im Lateinischen mit *„libera voluntas"* (= „freier Wille") oder *„liberum arbitrium"* (= „freie Entscheidung", „freier Schiedsspruch") übersetzt werden, im Original einen anderen Sinn. Hier nämlich beziehen sie sich entweder gar nicht oder nicht primär auf die Freiheit des Wollens, sondern nur auf die Freiheit des Handelns. Oder sie haben Zusatzbedeutungen, die für den Gattungsbegriff der Willensfreiheit, verstanden als Freiheit der Willensbildung (S. 33), viel zu speziell sind.

1. Die griechischen Substantive *„exūsía"*, *„exūsion"* und *„autexūsion"* bezeichnen ursprünglich nur die Fähigkeit bzw. Erlaubnis zum hinderungsfreien, selbständigen Handeln. Sie greifen also nur den Aspekt der handlungsbezogenen Freiheit heraus, nicht den der Willentlichkeit oder der Freiheit des Wollens selbst.

2. Ähnliches gilt für die Ausdrücke *„hekūsios"* und *„hekōn"*. Diese Adjektive, die sich ebenfalls nur auf Handlungen bzw. handelnde Menschen beziehen, werden im Deutschen meist mit dem Kompositum *„freiwillig"* wiedergegeben. In dieser Übersetzung können sie leicht so verstanden werden, als ginge es um ein Handeln, dem ein „freies Wollen" zugrunde liegt. Das aber ist nicht der originäre Sinn. Aristoteles, der beide Ausdrücke explizit definiert hat, zieht das Merkmal des Wollens überhaupt nicht heran, sondern bedient sich nur der Kriterien des *Wissens* und der *Abwesenheit von Gewalt und Zwang* (griech. „bía"), womit speziell der Umstand gemeint ist, daß der Ursprung der Handlung nicht außerhalb liegt, sondern *im Handelnden* selbst.[68] Das Wissenskriterium aber, nicht anders als das der Willentlichkeit, ist grundsätzlich vom Kriterium der Willensfreiheit zu trennen (Kap. II, 2). Und das Kriterium des internen Handlungsursprungs schließt zwar die Fremdbestimmung des Handelns aus, sagt aber nichts über die fehlende Fremdbestimmtheit und Freiheit des Wollens.

Diese Differenz gilt auch für eines der beiden naheliegenden Äquivalente im Lateinischen, das Adverb *„sponte"* (wörtl. „aus eigenem Antrieb"). Im Deutschen lassen sich „hekōn" und „hekūsios" deshalb relativ gut mit *„spontan"* wiedergeben, weit besser jedenfalls als mit dem mißverständlichen Kompositum „freiwillig". Das Aristotelische Wissenskriterium fällt dabei unter den Tisch. Doch das gilt für alle gängigen Übersetzungen, während die Übersetzung mit „sponte" bzw. „spontan" wenigstens eines der beiden zentralen Kriterien richtig erfaßt. Das zweite lateinische Äquivalent dagegen, das Adjektiv *„voluntarius"*, das im französischen „volontaire" und im englischen „voluntary" weiterlebt, ist sachlich unangemessen. Denn mit ihm wird der irreführende Eindruck erweckt, daß gerade nicht, wie im griechischen Original, der Freiheitsaspekt und das Handeln im Zentrum stehen, sondern der Wille (lat. „voluntas").

3. Das griechische Substantiv *„prohaíresis"* schließlich käme am ehesten als terminologischer Vorläufer von „Willensfreiheit" in Betracht, zumindest in seiner klassischen, von Aristoteles einschlägig definierten Bedeutung.[69] Denn dieses Wort bezieht sich nicht eigentlich auf das freie Handeln oder die Fähigkeit zu diesem selbst, sondern auf etwas, das ihm vorausliegt und seinerseits auf eine charakteristische Weise zustande gekommen sein muß. „Prohairesis" (wörtlich: „Vor-Wählen" bzw. „Vorziehen") bezeichnet ursprünglich die *überlegte Entscheidung* für eine von mehreren Alternativen, speziell die Wahl eines passenden Mittels zu einem erstrebten Zweck. Zwei Eigenheiten aber trennen auch diesen Begriff von dem der „Willensfreiheit". Erstens wird nur eine besondere *Form* des Wollens ins Auge gefaßt, nämlich das Sichentscheiden zum Han-

deln, was den Gesamtbereich keineswegs ausschöpft (Kap. I, 3.2). Zweitens bleibt auch für dieses die Frage der *Freiheit* ungeklärt. Denn ob die Zwecke und Überlegungen, die zur Entscheidung führen, ihrerseits „auf freie Weise" zustande gekommen sind bzw. „frei" ausgeführt werden, darüber sagt die „prohairesis" nichts.

Die semantischen und terminologischen Differenzen der klassischen griechischen, teilweise auch der lateinischen Rede über den uns interessierenden Phänomenbereich sind also unübersehbar und, wie es scheint, auch von der Sache her durchaus bemerkenswert. Könnten sie deshalb nicht ein Indiz dafür sein, daß dem griechischen Denken, wenn nicht der Willensbegriff an sich, so doch bestimmte Vorstellungen oder Beschreibungen des menschlichen Wollens ursprünglich fremd waren, insbesondere seine Charakterisierung als „frei" oder „unfrei"? Sind Begriff und Problem der Willensfreiheit vielleicht *nur* ein Produkt jüdisch-christlichen Denkens, das erst allmählich und ziemlich spät in die hellenistische bzw. römisch dominierte Welt eindrang? Sollte dies zutreffen und sich außerdem zeigen lassen, daß es *nur* religiöse bzw. theologische Fragestellungen in diesem Traditionszusammenhang sind, die das Interesse am „freien Willen" aufkommen lassen, könnte die Rückführung auf seinen historischen Ursprung tatsächlich zu einem gravierenden Einwand werden. Der Vorwurf der kulturellen oder historischen Relativität, der in unspezifizierter Form wenig besagt (S. 81f.), würde dann präzisiert lauten, daß die menschliche „Willensfreiheit" nur eine interessierte, sachlich ungerechtfertigte Erfindung der jüdisch-christlichen Theologie ist, die ohne diesen Hintergrund keine Bedeutung hat.

2. Nietzsches Kritik

2.1 Erster und zweiter Einwand

Ursprungsdiagnosen wie die gerade erwähnte sind öfter gestellt worden, von philosophischer Seite eher in kritischer Absicht, von theologischer auch mit verdecktem Stolz.[70] Der prominenteste unter den philosophischen Kritikern und zugleich einer der radikalsten war Nietzsche. Sein Frontalangriff auf die christlich geprägte europäische Tradition hat das Bewußtsein vieler Menschen geprägt, auch in der Haltung zur Willensfreiheit. Zu dieser schreibt er:[71]

> Wir haben heute kein Mitleid mehr mit dem Begriff „freier Wille“: wir wissen nur zu gut, was er ist – das anrüchigste Theologen-Kunststück, das es giebt, zum Zweck, die Menschheit in ihrem Sinne „verantwortlich“ zu machen, das heisst sie von sich abhängig zu machen. [...] Überall, wo Verantwortlichkeiten gesucht werden, pflegt es der Instinkt des Strafen- und Richten-Wollens zu sein, der da sucht. Man hat das Werden seiner Unschuld entkleidet, wenn irgend ein So-und-so-Sein auf Wille, auf Absichten, auf Akte der Verantwortlichkeit zurückgeführt wird: die Lehre vom Willen ist wesentlich erfunden zum Zweck der Strafe, das heisst des Schuldig-finden-wollens.
>
> Überall, wo Verantwortlichkeiten gesucht worden sind, ist es der Instinkt der Rache gewesen, der da suchte. [...] Die ganze Lehre vom Willen, diese verhängnißvollste Fälschung in der bisherigen Psychologie, wurde wesentlich erfunden zum Zweck der Rache. Es war die gesellschaftliche Nützlichkeit der Strafe, die diesem Begriff seine Würde, seine Macht, seine Wahrheit verbürgte. Die Urheber der älteren Psychologie – der Willens-Psychologie – hat man in den Ständen zu suchen, welche das Strafrecht in den Händen hatten, voran in dem der Priester an der Spitze der ältesten Gemeinwesen: sie wollten sich ein Recht schaffen, Rache zu nehmen – oder sie wollten Gott ein Recht zur Rache schaffen. Zu diesem Zwecke wurde der Mensch „frei“ gedacht; zu diesem Zwecke mußte jede Handlung als gewollt, mußte der Ursprung jeder Handlung als im Bewußtsein liegend gedacht werden.
>
> Das Christenthum ist eine Metaphysik des Henkers ...

Die Rückführung auf den historischen Ursprung der Willensfreiheit, so läßt sich diesen Zitaten entnehmen, kommt für Nietzsche vor allem deshalb einer ideologiekritischen Destruktion gleich, weil er zwei falsche Motive darin am Werke sieht. Das erste Motiv ist das atavistische Rache- und Strafbedürfnis, das mit Hilfe des „freien Willens“ legitimiert werden soll. Das zweite Motiv ist das Streben religiöser Eliten nach Macht und politischer Kontrolle. Da solche Motive bis heute als Argument gegen die Willensfreiheit verwendet werden,[72] lohnt es, sie näher zu prüfen.

Die Diagnose des *Straf- und Rachebedürfnisses* als Grund für die Erfindung der Willensfreiheit hat Nietzsche mehrfach gestellt und z.T. auch auf den Willensbegriff und den Gedanken der individuellen Verantwortlichkeit selbst bezogen.[73] Radikal ist seine Kritik zweifellos. Doch trifft sie zu? Zweifellos haben – wie überall – auch in der jüdisch-christlichen Tradition Vergeltung und Rache die Strafpraxis maßgeblich mitbestimmt, phasenweise (Hexenprozesse, Inquisition) sicher auch stärker als anderswo. Dennoch ist unverkennbar, daß der Rachegedanke zumindest im Christentum theologisch deutlich zurücktritt.[74] Eine „Metaphysik des Henkers" aus ihm machen zu wollen, ist also abwegig. Und vollends verfehlt ist die Unterstellung, der Gedanke der individuellen Verantwortlichkeit insgesamt sei lediglich auf das Interesse an Strafe und Rache zurückzuführen (Kap. II, 1). Nietzsche hat das an anderer Stelle auch selbst gesehen und unter Beibehaltung der These vom religiösen Ursprung noch eine dritte Erklärung angeboten, die diesen Einwand umgeht (S. 88f.). Die erste Erklärung jedenfalls, die auf das Interesse religiöser Eliten abhebt, Gott oder sich selbst ein „Recht zur Rache" zu schaffen, überzeugt für die jüdisch-christliche Theologie sicherlich nicht. Zudem verharrt sie auf der Ebene empirischer Tatsachenbehauptungen und würde deshalb, selbst wenn sie historisch haltbar wäre, über das sachliche Recht des Konzepts nichts aussagen (S. 81f.).

Nicht wesentlich anders verhält es sich mit Nietzsches zweitem Erklärungsversuch. Der Einwand, Theologen hätten die Willensfreiheit zum Zwecke eigener *Machterweiterung* und *politischer Kontrolle* erfunden, wird auch von anderen Kritikern oft gemacht und hat zweifellos etwas für sich. Denn die meisten Religionen, einschließlich der jüdischen bzw. christlichen, erheben eigene Machtansprüche und tragen wesentlich dazu bei, bestehende Machtstrukturen zu zementieren. Seltsam ist nur, daß ausgerechnet die Willensfreiheit in dieser Absicht eingeführt worden sein soll. Menschen, die einen „freien Willen" besitzen, sind doch nicht etwa leichter zu kontrollieren, sondern weniger leicht als Menschen, denen das Vermögen fehlt, selbständig zu Ansprüchen, die aus der Gesellschaft an sie ergehen, volitiv Stellung zu nehmen.[75] Welchen Gewinn also sollten politische Kontrolleure aus seiner Entwicklung ziehen können? Nun, der entscheidende Punkt in Nietzsches Einwand ist offenbar, daß die religiösen Eliten selbst *nicht* an die Fähigkeit zur freien Willensentscheidung glauben. Sie möchten nur, daß der Rest der Gesellschaft an ihre Existenz glaubt, um die Praxis der normativen, sanktionsbewehrten Verhaltenskontrolle, auf die sie eigentlich abzielen, nach außen legitimieren zu können (vgl. S. 43f., 76f.). Dieses scheinheilige Verfahren ist es, das Nietzsche destruieren will. Und daraus erklärt sich auch die nachhaltige Wirkung, die seine Kritik bis heute hat. Sie beruht auf dem Gestus der Demaskierung einer jahrtausendealten verlogenen Moral- und Rechtspraxis, die von der Freiheit des Menschen spricht, aber in Wahrheit nur dazu dient, ihn desto sicherer zu versklaven.

Kritisch betrachtet erweist sich jedoch auch dieser Einwand als ziemlich dünn. *Erstens* setzt er die Inexistenz von Willensfreiheit und individueller Verantwortlichkeit einfach voraus, ohne sie sachlich zu begründen. *Zweitens* muß Nietzsche, um seine Ursprungshypothese verständlich zu machen, annehmen, daß ihre religiösen Erfinder und Propagandisten ausnahmslos virtuose Schauspieler waren, die ihren eigenen Agnostizismus auf Dauer zu tarnen wußten. Das mag für die Funktionäre und grauen Eminenzen einer institutionalisierten Großkirche – symbolisiert etwa durch Dostojewskis „Großinquisitor“ – vielleicht noch vorstellbar sein.[76] Für die einfachen Amtsträger jedoch, mit denen das Volk in Berührung kommt, oder für charismatische Propheten, Mönche und politisch ungebundene theologische Denker ist eine solche Annahme einfach absurd, ganz abgesehen vom Anachronismus, der darin liegt, fortgeschrittene und entsprechend differenzierte religiöse Entwicklungsstadien in eine Frühphase menschlicher Vergemeinschaftung zurückzuprojizieren. *Drittens* ist das Interesse einer Gesellschaft, normativ Einfluß auf ihre Mitglieder auszuüben, als solches keineswegs illegitim und allemal humaner als relevante Alternativverfahren (S. 37f.). Einmal mehr also geht Nietzsches Radikalkritik an der menschlichen Realität vorbei. Und selbst wenn seine Grundsatzkritik berechtigt wäre, bliebe doch *viertens* immer noch festzuhalten, daß das Interesse, das einer so verstandenen normativen Kontrolle zugrunde liegt, nur ein generelles macht- bzw. gesellschaftspolitisches Interesse ist, kein spezifisch religiöses, geschweige denn jüdisch-christliches.

Nietzsches Versuch einer geistesgeschichtlichen Destruktion der Willensfreiheit ist also insoweit nicht überzeugend. Das liegt nicht nur an seiner überbordenden historischen Phantasie, die sich um Fakten und plausible Entwicklungszusammenhänge wenig kümmert. Es liegt auch und vor allem daran, daß aus dem Gedankengang selbst nicht erkennbar ist, welche *sachlichen* Gründe gegen das Willensfreiheitskonzept sprechen sollen und warum es *nur dort* erfunden worden sein soll, wo er seinen Ursprung festmacht. Das erste Defizit, so gravierend es ist, soll hier nur konstatiert werden, da die kritische Prüfung von relevanten Sachargumenten, wie sie auch Nietzsche an anderen Stellen vorgebracht hat, vorerst nicht zur Debatte steht. Uns interessiert das zweite Defizit, also die bislang unbewiesene These vom alleinigen Ursprung der Willensfreiheit in einem speziellen geistesgeschichtlichen Kontext. Ist dieser Teil von Nietzsches Destruktionsversuch nach dem Vorstehenden *definitiv* gescheitert?

2.2 Dritter Einwand

Nicht unbedingt. Denn Nietzsche hat neben den beiden zurückgewiesenen noch eine dritte religiös orientierte Ursprungshypothese entwickelt, die einen neuen, weiterführenden Gedanken ins Spiel bringt. Sie bedient sich des alten Bildes von der Welt als Bühne für ein „göttliches Schauspiel“,[77] bezieht dieses nun allerdings nicht länger auf die jüdisch-christliche Tradition, sondern auf die Kultur im alten Griechenland. Als „Festspiele für die Götter“ seien die „tragischen Furchtbarkeiten“ der griechischen Dichter gemeint gewesen, desgleichen der moralische „Heroismus und die Selbstquälerei des Tugendhaften“, die von den Philosophen propagiert wurden. Historisch muß man auch diese Deutung mit einiger Vorsicht genießen, doch mag sie als Ausgangspunkt für Nietzsches dritte Hypothese erst einmal hingehen:

> Sollte nicht jene so verwegene, so verhängnissvolle Philosophen-Erfindung, welche damals zuerst für Europa gemacht wurde, die vom „freien Willen“, von der absoluten Spontaneität des Menschen im Guten und im Bösen, nicht vor Allem gemacht sein, um sich ein Recht zu der Vorstellung zu schaffen, dass das Interesse der Götter am Menschen, an der menschlichen Tugend sich nie erschöpfen könne? Auf dieser Erden-Bühne sollte es niemals an wirklich Neuem, an wirklich unerhörten Spannungen, Verwicklungen, Katastrophen gebrechen: eine vollkommen deterministisch gedachte Welt würde für Götter errathbar und folglich in Kürze auch ermüdend gewesen sein, – Grund genug für diese Freunde der Götter, die Philosophen, ihren Göttern eine solche deterministische Welt nicht zuzumuthen!

Diese Erklärung unterscheidet sich in verschiedener Hinsicht signifikant von der ersten und zweiten. Menschliche Straf- und Rachegelüste oder erstrebter Machtgewinn spielen nun keine Rolle mehr. Der Ursprung des „freien Willens“ wird – unter Beibehaltung des religiösen Hintergrunds – von der jüdisch-christlichen Theologie in die griechische Philosophie verlegt. Zugleich wird er begrifflich spezifiziert und mit dem Determinismusproblem verknüpft. Ein „freier Wille“ soll nun ein „absolut spontaner“ Wille sein, der in einer „deterministischen Welt“ nicht vorkommt. Das ist bemerkenswert. Denn damit wird offenbar nicht nur die *Frage* nach dem Zusammenhang von Willensfreiheit und Determiniertheit als sinnvoll anerkannt, sondern von Nietzsche auch schon *beantwortet*. Und seine Antwort ist zwar, was die *Existenz* einer solchen Freiheit betrifft, erkennbar negativ, in *begrifflicher* Hinsicht aber, bezogen auf den unterstellten Zusammenhang selbst, affirmativ und zeigt als solche, daß Nietzsche das Willensfreiheitsproblem an dieser Stelle indeterministisch verengt. Da dies jedoch, wie wir festgestellt hatten (S. 25, 32, 77), eine Problemverkürzung bedeutet, kann Nietzsches dritter Einwand, wenn er zutrifft, von vornherein nicht das Problem als solches diskreditieren, sondern nur bestimmte Versionen.

Die Begründung, die er für die Einführung der indeterministisch spezifizierten Willensfreiheit gibt und der griechischen Philosophie zuweist, ist einmal mehr eine religiöse. Was beinhaltet sie? Lassen wir die theologische Theatralik und Psychologie, also das ermüdungsgefährdete göttliche Interesse am „Festspiel" einmal beiseite. Der Kerngedanke ist dann, daß der „freie Wille" erfunden wurde, um den Teil der Welt, der vom originären menschlichen Willen abhängt, grundsätzlich vom Wissen und Wollen der Götter *abzukoppeln*. Ein Wollen, das absolut indeterminiert ist, können auch Götter offenbar nicht mehr voraussehen und kontrollieren. Sie verlieren dadurch an *Einfluß*, tragen andererseits aber für dieses freie Wollen und das Handeln, das daraus entspringt, auch keine *Verantwortung* mehr. Korrespondierend zur göttlichen Distanzierung von Teilen des Weltgeschehens ergibt sich damit zugleich eine partielle Selbständigkeit und Eigenverantwortlichkeit auf seiten des Menschen. Könnte es sein, daß die Theologie – und vielleicht *nur* sie – an dieser Verselbständigung ein genuines Interesse hat? Für die griechische Tradition, auf die sich Nietzsche bezieht, erscheint das nach dem früher Gesagten allerdings eher zweifelhaft. Denn hier erheben sich ja die erwähnten semantischen und terminologischen Zweifelsfragen (S. 82ff.). Zudem deutet das griechische Menschenbild, denkt man etwa an den bekannten Prometheus-Mythos und klassische Texte mit ähnlicher Tendenz,[78] eher auf anthropologische als theologische Motive für das Interesse am „freien Willen". Für die jüdisch-christliche Theologie jedoch, auf die man an dieser Stelle besser zurückkommt, scheint eine solche Ursprungsvermutung durchaus erwägenswert, so daß es angebracht ist, sie unabhängig von Nietzsches Kritik zu prüfen.

3. Das Theodizeeproblem

Das theologische Interesse an einer partiellen Distanzierung des Göttlichen von der Welt und einer korrespondierenden Selbständigkeit des Menschen ergibt sich aus einem Problem, mit dem viele Religionen konfrontiert sind, das für die jüdisch-christliche Tradition aber besonders dringlich war. Hier wurde es deshalb intensiver als anderswo diskutiert. Da diese Diskussion für unsere Fragestellung in mehreren Hinsichten aufschlußreich ist, historisch wie systematisch, erscheint es angebracht, ihr einen eigenen Abschnitt zu widmen.

3.1 Problemstellung

Das Judentum und das Christentum sind monotheistische Religionen. Beide anerkennen nur einen Gott als universalen Schöpfer und Weltenlenker, und dieser Gott ist prinzipiell gut. Das gilt im Blick auf die ganze Natur, die unbelebte wie die belebte, aber natürlich auch im Blick auf das menschliche Handeln und den Gang der Geschichte. Gott lenkt sie nach seinem Willen, dem niemand widerstehen kann.[79] Auch wenn ein Widerpart Gottes (Satan, Teufel, Dämonen) eingeführt wird, der seine guten Ziele durchkreuzen will, bleibt dessen Tätigkeit an die Erlaubnis Gottes gebunden.[80] Diese Erlaubnis aber scheint reichlich erteilt worden zu sein. Denn die Welt, wie Menschen sie kennen, erscheint alles andere als durchweg gut. Naturkatastrophen und Krankheiten, Schmerz und Tod, Krieg, Versklavung und Vergewaltigung, Mißgunst und Haß, hinterhältige Verleumdungen und Intrigen, offene Bosheit und Ungerechtigkeit sind allenthalben zu finden. Und was die Sache noch schlimmer macht: all diese Übel treffen keineswegs nur die Bösen, sondern auch Menschen, die offenbar völlig unschuldig sind und sich Gottes Zielen nie widersetzt haben. Wie aber kann ein Gott, der letztlich alles unter Kontrolle hat, gut und gerecht sein, wenn er solch empörende Zustände schafft oder zuläßt?

Dieses Problem wird seit Leibniz als das der *„Theodizee"* bezeichnet, abgeleitet von den griechischen Wörtern für Gott („theós") und Recht („dikē").[81] Mit Leibniz' Namen verbindet sich auch die Unterteilung der relevanten Übel in naturgegebene *„physische Übel"* und *„moralische Übel"*, die auf menschliches Fehlverhalten zurückgehen.[82] Der Sache nach ist all dies natürlich wesentlich älter. Denn die Frage nach der

„Rechtfertigung" Gottes – bzw. der Götter in anderen Religionen – wird von der Theologie von jeher gestellt. In der jüdisch-christlichen Tradition ist das biblische Buch *„Hiob"* der zentrale Bezugstext.[83]

Der Kern des Theodizeeproblems ist nicht notwendig an einen religiösen Kontext gebunden. Die allgemeinere Frage geht vielmehr dahin, ob wir Grund zu der Annahme haben, in einer Welt zu leben, die trotz aller bestehenden Übel und deren offenbar ungerechter Verteilung insgesamt dennoch gut, sinnvoll und lebenswert ist: sei es im Hinblick auf ihren gegenwärtigen Zustand oder zumindest auf einen erreichbaren oder erhoffbaren künftigen. In der *theistischen Version* richtet sich diese Frage zugleich an den (oder die) sinnstiftenden Schöpfer und Weltenlenker, im Fall einer erwarteten Negativantwort als Vorwurf (wie bei Hiob). In *atheistischen* oder *agnostischen Versionen* entfällt der persönliche Adressat. Hier kann die Frage sich nur auf die Welt selbst beziehen, unabhängig von ihrem Ursprung und ihrer etwaigen extramunden Steuerung. Persönliche Vorwürfe, Hoffnungen und Bitten an den (oder die) Verantwortlichen haben hier keinen Sinn. Dennoch gibt es etwas zu fragen und gegebenenfalls auch zu tun. Denn auch ohne theistischen Hintergrund kann man versuchen, die Verhältnisse wertmäßig zu bilanzieren und auf sie zu reagieren. Bei erwiesener unüberwindlicher Schlechtigkeit, Sinnlosigkeit und Lebensunwürdigkeit unserer Welt hieße das etwa, nach Kräften dafür zu sorgen, daß dieser intolerable Zustand nicht länger als nötig andauert.

Ein Beispiel kann das veranschaulichen. Angenommen, ein Mensch, der über außerordentlich große Macht und Intelligenz verfügt, hat ein Gütekalkül mit größter Gewissenhaftigkeit durchgeführt und ist zu einem negativen Urteil gekommen. Er hält die Welt, alles in allem genommen, weder für gut noch verbesserungsfähig und deshalb auch nicht für lebenswert. Folglich schickt er sich an, sie durch einen (sagen wir) umfassenden Atomschlag auszulöschen. Beschränkt auf terrestrisches Leben ist das bekanntlich keine science fiction mehr, ja, bezogen auf die anhaltende nukleare und ökologische Bedrohung, vielleicht schon begonnene Wirklichkeit. Nehmen wir ferner an, daß unser potentieller Terminator die Hand bereits am Abzug hat und physisch nicht mehr zu hindern ist. Allerdings ist er gutwillig und durchaus selbstkritisch. Deshalb gibt er allen potentiellen Anwälten des Lebens noch eine letzte Chance, ihn durch Argumente von seinem Vorhaben abzubringen. Können sie ihm etwas entgegenhalten? Die Gründe, die sie zur „Rechtfertigung der Welt" gegenüber dem Verdacht ihrer Unverbesserlichkeit und Lebensunwürdigkeit anführen könnten, bilden das säkulare Pendant zu den Gründen, die Theisten zur „Rechtfertigung Gottes" suchen. Weggefallen ist nur der Schöpfungsgedanke und die Idee der personalen Verantwortlichkeit für den Eintritt des je bestehenden Zustands.

3.2 Willensfreiheit als Lösungsansatz?

Das Theodizeeproblem, religiös konstruiert oder nicht, läßt sich (ähnlich wie das der Willensfreiheit, S. 80f. Anm. 65) als eines der großen, ungelösten und vielleicht trotz aller gedanklichen Anstrengungen ewigen Probleme der Menschheit begreifen.[84] Für eine monotheistische Religion gibt es im Prinzip zwei Lösungsansätze, die sie einzeln oder in Kombination verfolgen kann. Entweder kann sie sich, ungeachtet aller scheinbaren Gegenevidenzen, um einen letztendlich positiven Ausgang des *Gütekalküls* bemühen und damit Gott direkt als gütigen Schöpfer erweisen. Oder sie kann versuchen zu zeigen, daß Gott für die intolerablen Übel der Welt keine *Verantwortung* trägt. Dieser zweite Ansatz ist es vor allem, der die menschliche Willensfreiheit ins Spiel bringt. Denn wenn es Geschehnisse gibt, die auf ein Wollen zurückgehen, das nicht durch Gott kontrolliert wird, scheint er für die Übel, die daraus entspringen, auch nicht verantwortlich zu sein. Güte und Gerechtigkeit Gottes bleiben in dieser Hinsicht gewahrt, theoretisch sogar, wenn der Anteil des freien Willens entsprechend groß ist, ganz unabhängig vom Ausgang des Gütekalküls, der ja in jedem Fall schwierig und fragwürdig bleiben dürfte. Für monotheistische Religionen also, könnte man denken, ist dies das vorzügliche Mittel der Wahl.

Daß die jüdisch-christliche Theologie die Willensfreiheit mit dieser Zielsetzung eingeführt habe, ist von Philosophen öfter behauptet worden.[85] *Biblische Texte* lassen sich allerdings nicht als Beleg dafür anführen.[86] Einschlägige Äußerungen gibt es erst in der vom Hellenismus beeinflußten *jüdischen Bibelauslegung*, speziell bei Philon von Alexandrien (geb. 15/10 v. Chr.),[87] und in der *christlichen Patristik*, d.h. der Literatur der sogen. „Kirchenväter". So schreibt z.B. Methodios von Olympus (~300 n. Chr.):[88]

> Wer dem Menschen den freien Willen [„autexūsion", vgl. S. 83] abspricht und ihn von unausweichlichen Notwendigkeiten des Schicksals und ungeschriebenen Gesetzen abhängig macht, lästert Gott selbst, indem er ihn als Urheber und Schöpfer der menschlichen Sünden hinstellt. [...] Wenn das Geburtsschicksal schuld ist, so oft man einander Unrecht tut oder

> voneinander Unrecht erleidet, was braucht man da Gesetze? [...] Wenn er [der Mensch] aber hernach, um besser und besser zu werden, durch Lehren und Gesetz gezüchtigt wird, dann wird er gezüchtigt, weil er einen freien Willen hat und nicht weil er von Natur aus böse ist.

Schon vor Methodios hatten Tertullian (~160–220) und Origenes (185–254), nach ihm Basilius der Große (329–379), Gregor von Nyssa (~335–395), Johannes Chrysostomos (344/54–407) und Nemesios (~400) ähnlich argumentiert.[89] Auch Augustins Frühschrift *„De libero arbitrio" [= Vom freien Willen]* (~387–395) scheint dieser Position nahezustehen, da sie das Theodizeeproblem von Beginn an ins Zentrum stellt und bestrebt ist, den „freien Willen" positiv zu begründen.[90] Später tritt der Gedanke zurück, ohne doch gänzlich verloren zu gehen. So finden wir am Ende der patristischen Epoche bei Johannes Damascenus (~675–749) ein komplexes, differenziertes Modell der Beziehung Gottes zum Übel, das auch der menschlichen Willensfreiheit einen bedeutenden Platz gibt.[91]

Grundlage für das Modell des Damaszeners ist eine Differenzierung des göttlichen Willens, die der schon früher eingeführten Unterscheidung zwischen bedingtem und unbedingtem Wollen entspricht (vgl. S. 67 Anm. 46). *Originär* („in vorangehender Weise", griech. „prohegumenōs") will Gott das Gute für alle Menschen. Gleichzeitig aber will er *bedingt* („in nachfolgender Weise", „epomenōs") auch gewisse Übel. Das unbedingte Wollen Gottes bezieht sich auf Dinge, an denen er *Wohlgefallen* („eudokía") hat; das bedingte dagegen hat den Charakter des bloßen *Zulassens* („parachōresis", „syngchōresis") ohne Gefallen. Doch warum läßt Gott überhaupt Übles zu? Darauf gibt Johannes Damascenus wiederum eine doppelte Antwort. Vorzüglich tut Gott es, weil er positive Zwecke damit verfolgt, d.h. Menschen entweder zum Guten *anspornen* oder von möglichen Übeltaten *abschrecken* bzw. faktische Übeltäter *bessern* will. Daneben aber läßt Gott Übel als Folge des *freien Willens* des Menschen zu („autexūsion", vgl. S. 83). Dieser steht ganz in unserer („eph' hēmín"), nicht in Gottes Macht. Im Gegensatz zu allen anderen innerweltlichen Ereignissen, auch den nicht frei zustande gekommenen Gedanken und Handlungen, unterliegen die freien Willensentscheidungen *nicht* der göttlichen „Vorsehung" („prónoia", wörtl. „Vorher[be]denken"). Aus schlechten Entscheidungen entspringen Übel. Gott mißbilligt sie ausnahmslos. Und weil er hier, anders als bei der Abschreckung oder Besserung, nicht selbst aktiv ist und die Übel nicht vorsieht, kann man nicht eigentlich sagen, daß er sie *will* („thélein"), auch nicht „in nachfolgender Weise", sondern nur, daß er sie *zugelassen* hat („parachōreîn") als mögliche Konsequenz der Freiheit des Menschen, Schlechtes genauso wie Gutes zu wählen. Muß dann aber nicht auch das *Gute*, das Gott unbedingt will, zu einer menschlichen Leistung werden, losgelöst von der nach christlicher Auffassung hierfür allein entscheidenden göttlichen Gnade? Nein, denn die Macht des freien Willens ist *asymmetrisch* (vgl. S. 41 Anm. 10): zur Realisierung schlechter Folgen genügt er, so daß Gott in dieser Hinsicht entlastet ist, zu guten Folgen aber bedarf er der Mitwirkung Gottes.

Positionen wie diese scheinen die These vom jüdisch-christlichen Ursprung der Willensfreiheit im Interesse der Theodizee plausibel zu machen. Doch der Versuch, *Gerechtigkeit* und *Güte* Gottes mit ihrer Hilfe zu retten, hat eine Kehrseite, die theologisch erst recht bedrohlich ist. Denn wenn das menschliche Wollen und Handeln – sei es auch nur partiell – der Kontrolle Gottes grundsätzlich entzogen sind, werden zwei andere Attribute in Frage gestellt, die Gott traditionell zukommen: *Allmacht* und *Allwissenheit.* Und wenn man zugleich voraussetzt, daß all diese Merkmale zum *Wesen* Gottes gehören, gerät damit auch seine *Existenz* in Gefahr, da es ein Wesen, das offenbar nicht miteinander vereinbare Eigenschaften in sich vereinigen soll, nicht geben kann. Das hat die christliche Theologie (spätestens seit Tertullian, Anm. 89) auch klar erkannt. Deshalb hat sie die Vereinbarkeit von Güte, Allmacht und Allwissenheit Gottes als die zentrale Herausforderung des Theodizeeproblems aufgefaßt. Doch hat sie es lösen können? Und hat die Willensfreiheit bei ihren Lösungsversuchen tatsächlich die Schlüsselrolle gespielt, die der zu prüfenden Ursprungshypothese (S. 84, 89) entspricht?

3.3 Willensfreiheit und Allwissenheit

Von philosophischer Seite ist oft geltend gemacht worden, daß Ereignisse, die vor ihrem Eintritt indeterminiert sind, prinzipiell unvorhersehbar bleiben und daher theologisch nur anerkannt werden können, wenn man die göttliche Allwissenheit aufgibt.[92] Manche Theologen sind dazu im Interesse einer entsprechend starken Entscheidungsfreiheit des Menschen tatsächlich bereit, wie offenbar auch der gerade zitierte Johannes Damascenus.[93] Er wollte nicht gerne sagen, daß Gott, obwohl er die Welt im ganzen geschaffen hat, das in ihr auftretende menschengemachte Böse will, auch nicht in Form eines bedingten („nachfolgenden") Wollens, was bei sicher vorausgesehenen Folgen aber rational kaum zu vermeiden wäre (vgl. S. 64ff.). Deshalb hat er die freien Willensentscheidungen des Menschen von Gottes Vorsehung ausgenommen. Die weit überwiegende Mehrheit der christlichen Theologen allerdings wollte so weit nicht gehen, sondern die Allwissenheit Gottes aufrechterhalten. Und das gilt, näher betrachtet, auch für den zeitweilig scheinbar schwankenden Damaszener selbst. Denn unmittelbar nach dem zitierten Kapitel hat er das umfassende Wissen Gottes wiederherzustellen versucht, indem er dessen *„Vorsehung"* (griech. „prónoia") unterteilt in das bloße *„Vorherwissen"* („prógnōsis"), das sich tatsächlich auf alles erstreckt, einschließlich der frei begangenen menschlichen Sünden, und die nicht allumfassende göttliche *„Vorherbestimmung"* („prohorismós").[94] Ähnlich haben auch die Lateinischen Kirchen des Westens innerhalb der *„Vorsehung"* („providentia") differenziert zwischen der rein theoretischen bloßen *„Vorausschau"* („praevisio") Gottes und seiner praktischen *„Vorbestimmung"* („praedeterminatio", „praedestinatio").

Der Erfolg solcher Rettungsversuche ist mehr als zweifelhaft, trotz aller Anstrengungen, die Theologen und einschlägig interessierte Philosophen unternommen haben und bis heute unternehmen, um den Gedanken plausibel zu machen, daß auch indeterminierte Ereignisse (also z.B. indeterministisch freie Entscheidungen) prinzipiell nicht erst nach ihrem faktischen Eintritt, sondern schon antezendent oder zeitlos wißbar sind.[95] Doch da dieser Punkt, der hier nicht ausdiskutiert werden kann, für den weiteren Argumentationsgang nicht benötigt wird, mag er bis auf weiteres offen bleiben. Gehen wir deshalb zur Vereinfachung davon aus, daß die Annahme eines bloßen, nicht bestimmenden göttlichen Wissens, das sich – aus welcher Perspektive auch immer – auf alles Geschehen erstreckt, konzeptionell keine Probleme bereitet und daß sein Bestehen auch nicht die Eigenständigkeit und eventuelle Indeterminiertheit der so gewußten menschlichen Willensentscheidungen gefährdet.

3.4 Unvereinbarkeit von Güte und Allmacht

Sehr weit führt diese Voraussetzung ohnehin nicht. Kritisch nämlich bleibt allemal die Vereinbarkeit von Gottes Güte und Allmacht. Wenn Gott das Gute unbedingt will und die Macht hat, es zu verwirklichen, warum tut er es nicht? Schon der griechische Philosoph Epikur (341–270 v. Chr.) hatte daraus ein starkes Argument gegen die Theodizee abgeleitet:[96]

> *Entweder* Gott will die Übel beseitigen und kann es nicht; *oder* er kann es und will es nicht; *oder* er will es weder noch kann er es; *oder* er will es und kann es. Wenn er es will und nicht kann, ist er *machtlos*, was auf Gott nicht

> zutrifft. Wenn er es kann und nicht will, ist er *böse*, was Gott ebenfalls fremd ist. Wenn er es weder will noch kann, ist er *böse und machtlos* zugleich, also [allemal] nicht Gott. Wenn er es [aber] will und kann, was allein Gott zukommt, woher *kommen* dann die Übel, oder warum *beseitigt* er sie nicht?

Kommt man an dieser Logik vorbei, wenn man die Willensfreiheit des Menschen einführt? Die vierfache Disjunktion, von der Epikur ausgeht, ist logisch unbestreitbar. Ebenso unbestreitbar ist, daß die ersten drei Alternativen aus theologischen Gründen offenbar ausscheiden. Nur die vierte, so scheint es, könnte eventuell einen Ausweg eröffnen, wenn man Epikurs rhetorisch gemeinte Schlußfragen ernst nimmt und positiv beantwortet. Erstens also: woher kommen die Übel? Antwort: aus dem zum Schlechten gewendeten freien Wollen des Menschen und damit nicht von Gott. Zweitens: warum werden sie von Gott nicht beseitigt? Antwort: weil er dem Menschen die Freiheit zum Guten und Schlechten lassen will, obwohl er die daraus entspringenden Übel selbst nicht will, geschweige denn aktiv herbeiführt.

Ist die Vereinbarkeit damit gesichert? Kaum, denn die göttliche Allmacht wird in dieser Lösung gravierend eingeschränkt. Ein Teil der Welt, das Wollen des Menschen, bleibt ihr ja definitiv entzogen. Allenfalls könnte man sagen, daß Gott die Kontrolle darüber behält, ob das, was Menschen selbständig wollen, danach auch wirklich wird. Daran wollen christliche Theologen beim *guten* Willen auch gerne festhalten, beim *schlechten* dagegen aus Gründen der Theodizee nicht.[97] Das weckt Verdacht. Schließlich ist diese Asymmetrie das konträre Gegenteil dessen, was menschlich am nächsten liegt (Kap. II, 1.3). Insofern scheint sie die vermutete Abhängigkeit des Willensfreiheitskonzepts von rein theologischen Interessen zu bestätigen (S. 84, 89). Doch selbst wenn man die theologische Asymmetrie akzeptiert, sind die Probleme noch nicht beseitigt. Sie verlagern sich nur von den *Folgen* des Wollens auf dieses Wollen *selbst* und den vorausgehenden Prozeß der Willensbildung. Hier kehren alle entscheidenden Fragen wieder. Ist das, was ein Mensch denkt und will, ausschließlich seine Sache oder muß Gott dabei maßgeblich mitwirken? Wenn letzteres, bleibt Gottes Allmacht gewahrt, allerdings um den Preis seiner Mitverantwortlichkeit auch für den resultierenden schlechten Willen und dessen Folgen. Wird dieser jedoch der Kontrolle entzogen, scheint Gott definitiv nicht mehr allmächtig zu sein. Ja, ausgerechnet gegenüber dem verhängnisvollsten und deshalb (möchte man denken) kontrollbedürftigsten Teil der Welt, nämlich dem menschlichen Übelwollen, erwiese Gott sich nicht länger als souveräner Herr des Geschehens.

Man kommt also, will man die Allmacht bewahren, nicht umhin, auch die Negativseiten der Welt als gottgewollt zu begreifen.[98] Die göttliche Güte aber läßt sich nur retten, wenn man zugleich darauf insistiert, daß die Übel gegen den Willen Gottes eintreten.[99] Damit scheint dieser Wille widersprüchlich und nicht mehr durchgängig gut zu sein. Um dieser Konsequenz zu entgehen, hat die christliche Theologie in ihrer überwiegenden Mehrheit auf die Unterscheidung zwischen dem *bedingten* („nachfolgenden", „auf Voraussetzung beruhenden") Willen Gottes einerseits und seinem *unbedingten* („vorangehenden", „absoluten") Willen andererseits zurückgegriffen, wie er sich direkt z.B. in den geoffenbarten göttlichen Geboten artikuliert („Wille des Zeichens").[100] So kann sie sagen, daß Gott die Übel der Welt – allen voran die ausdrücklich verbotenen – zwar nicht unbedingt will und sie prinzipiell auch beseitigen könnte, dies aber unterläßt, weil er sie bedingt schließlich doch will, nämlich als mögliche Folgen der ihrerseits unbedingt gewollten menschlichen Willensfreiheit. Der Widerspruch wird damit formal aufgelöst, Güte und Allmacht Gottes scheinen gewahrt.

Doch wie tragfähig ist diese Lösung? Die innertheologische Schwierigkeit, wie man die Einheit des in sich geteilten göttlichen Willens retten kann, können wir hier beiseite lassen, denn auch so bleiben genug Probleme. Nicht alle Übel sind ja Produkte menschlichen Übelwollens. Auf „moralische Übel" (S. 90) wie Mord und Diebstahl mag die Erklärung zutreffen, ebenso auf solche Krankheiten oder Schäden in der Natur, die auf menschlichem Fehlverhalten beruhen. Gilt sie aber auch für naturgegebene Epidemien und Katastrophen? Gilt sie auch für die Leiden von Tieren und kleinen Kindern, die keinerlei Übeltaten begangen haben oder zu freien Willensentscheidungen (noch) gar nicht fähig sind?[101] Zwar ist der Gedanke, „physische" auf vorausgegangene „moralische Übel" zurückzuführen, vielen Religionen geläufig, auch der jüdisch-christlichen mit ihrer paradigmatischen Hiob-Geschichte.[102] Doch wird er gerade hier keineswegs konsequent durchgeführt oder theoretisch verallgemeinert, geschweige denn zur Theodizee verwendet. Im Gegenteil, die Freunde Hiobs, die seine Leiden auf vorausgegangene, verborgene Übeltaten zurückführen wollen, bekommen nach dieser Geschichte ausdrücklich *nicht* Recht.[103] Und das ist theologisch auch unumgänglich. Denn die Hauptschwierigkeit des Theodizeeproblems ergibt sich ja gerade daraus, daß die Verteilung der Übel – nach menschlichen wie nach geoffenbarten göttlichen Maßstäben – *nicht* gerecht ausfällt, sich also *nicht* einfach moralistisch auflösen läßt.

Und selbst wenn es so wäre, bliebe natürlich zu fragen, ob es in einer Welt, die ein unbedingt gutwilliger Schöpfer und Lenker beherrscht, moralische Übel diesen Ausmaßes *überhaupt* geben muß, und wenn ja, ob es gerecht ist, die Übeltäter *derart hart* zu bestrafen. Spätestens hier muß der Versuch einer Theodizee, die auf Verantwortungsentlastung durch Willensfreiheit abzielt, seinerseits noch durch ein Gütekalkül gestützt werden (vgl. S. 92). Ein geringeres Übel, so könnte man argumentieren, wird von Gott nur bedingt gewollt, um ein größeres zu vermeiden bzw. ein höherrangiges Gut allererst möglich zu machen. Viele Autoren haben in diesem Sinne z.B. die Übel der Welt als wohlgemeinte *Abschreckungs-* oder *Erziehungsmaßnahmen* Gottes gedeutet, die erforderlich seien, um das menschliche Bewußtsein für und den nachfolgenden Willen zum Guten zu wecken.[104] Andere haben argumentiert, einige Übel seien in einer Welt, die endlich ist und bestimmten Beschränkungen unterliegt, faktisch – wenn nicht sogar begrifflich – *unvermeidlich*, doch sei die Existenz einer solchen Welt immer noch wesentlich *besser* als ihre Nichtexistenz, oder aber die Beimischung einzelner Übel trage zur Verbesserung des Weltganzen bei, indem sie ihm Harmonie, Vielfalt und Würze verliehen.[105]

Eine besonders anspruchsvolle, allerdings auch besonders problematische Variante dieses Argumentes findet sich (neben anderen, rein spekulativ-theologischen Überlegungen) bei Schelling.[106] Obwohl er Leibniz' These vom Bösen als „*Conditio sine qua non* der möglich größten Vollkommenheit der Welt" verbal verwirft, entwickelt er selbst ein Konzept, das dem gleichen logischen Muster folgt. Nur ist es bei ihm der *Begriff* des „Guten" (= „Liebe"), der den des „Bösen" (= „Haß") „dialektisch" nach sich ziehen soll, und umgekehrt. Deshalb liefe das Ansinnen, das Böse nicht zu verwirklichen, darauf hinaus zu verlangen: „damit kein Gegensatz der Liebe sein könne, soll die Liebe selbst nicht sein, d.h. das Absolut-Positive soll dem, was nur eine Existenz als Gegensatz hat, das Ewige dem bloß Zeitlichen geopfert werden".

Doch hier liegt ein dreifacher Fehlschluß vor. Erstens hat Schelling das *kontradiktorische* Gegensatzpaar „gut – nicht gut", das tatsächlich ein rein begriffliches und unausweichliches ist, mit dem keineswegs unausweichlichen *konträren* Gegensatzpaar „gut – böse" verwechselt. Der ganze Bereich des moralisch Indifferenten, in Schellings Deutung also z.B. alle Beziehungen jenseits von Liebe und Haß, fällt dabei weg, obwohl er allein genügen würde, um den Begriff der Liebe verständlich zu machen. Zweitens hat er aus der Tatsache, daß man das Gute ohne das Nichtgute, das er fälschlich mit dem Bösen gleichsetzt, nicht *denken* kann, irrtümlich abgeleitet, daß es auch ohne das Nichtgute bzw. Böse nicht *sein* kann. Das ist ein offenkundiger Fehlschluß. (Die bloße Tatsache, daß dem Begriff des „natürlichen Geschehens" der des „Wunders" korrespondiert, bedeutet ja auch nicht, daß es Wunder tatsächlich gibt.) Drittens würde selbst mit dieser Voraussetzung nicht die Notwendigkeit auch alles dessen bewiesen, was wir realiter an Nichtgutem bzw. Bösen vorfinden. Ob das bestehende Gute das Böse signifikant *überwiegt* und das Böse *nicht mehr* umfaßt als das unumgängliche Minimum, wäre erst noch zu prüfen. Schelling dagegen setzt beides begründungslos voraus. Nicht immer treten die Fehlschlüsse derart gebündelt auf. Doch sind sie keineswegs auf Schelling allein beschränkt, sondern bis zum gewissen Grad für diesen Argumentationstyp charakteristisch.[107]

Partiell sind solche Argumente sicherlich nachvollziehbar und theologisch entlastend. Sehr weitreichend allerdings sind sie nicht, geschweige denn für sich durchschlagend. Denn ist eine Welt ohne Übel tatsächlich undenkbar bzw. enthält unsere Welt wirklich nicht mehr als das unumgängliche Minimum?[108] Ja, kann man sich auch nur darin sicher sein, daß ihre Güte die Schlechtigkeit insgesamt überwiegt? Würde die Bindung eines unbedingt gutwilligen Schöpfers und Weltenlenkers an Prinzipien, die Übel unvermeidlich machen, nicht immer noch zu einem gravierenden Verlust seiner Allmacht führen?[109] Und bliebe nicht allemal das ungelöste Problem der „physischen Übel" (S. 97) und der ungerechten Verteilung der Übel auf Gruppen und Individuen, einschließlich der schuldunfähigen Kinder und Tiere?[110]

3.5 Irrelevanz der Willensfreiheit

Unterstellen wir aber einmal, all diese Einwände ließen sich letztlich abweisen und das Theodizeeproblem insofern lösen. Was wäre damit gewonnen? Für unsere Fragestellung offenbar nicht allzuviel. Denn in dem Maße, in dem das *Gütekalkül* genügt, um Gott von Vorwürfen freizustellen, verliert die *Willensfreiheit* an Bedeutung. Daß sie allein aus Gründen der Theodizee erfunden worden sein sollte, wäre dann kaum noch nachvollziehbar. Im Gegenteil, angesichts der immensen Probleme, die unberechenbar freie Willensentscheidungen für die göttliche Allwissenheit und Allmacht aufwerfen, müßte man ihre Einführung – einen passablen Ausgangs des Gütekalküls vorausgesetzt – theologisch für eine ausgesprochene Dummheit halten. Verständlich bliebe dieser

Schritt allenfalls, wenn man zwei zusätzliche Prämissen einführt. Erstens müßte man annehmen, daß die Existenz der Willensfreiheit, sei es an sich oder als notwendige Bedingung für etwas anderes,[111] einen *so hohen Wert* darstellt, daß er auf der Positivseite des Gütekalküls keinesfalls fehlen darf, sondern quantitativ sogar allein den Ausschlag gibt. Und man müßte zweitens behaupten, daß dieser Wert auch qualitativ nicht etwa in der Freiheit der Wahl *als solcher* liegt, einschließlich der Wahl zwischen mehreren guten oder moralisch indifferenten Alternativen, sondern ausschließlich in der Entscheidungsmöglichkeit für oder gegen das *Schlechte*.[112] Vor allem die zweite Prämisse, die auf die Behauptung hinausläuft, der Formalwert *möglicher* freier Entscheidungen gegen das Schlechte und entsprechender Handlungen, unabhängig von ihrer *faktischen* Realisierung, habe ein extremes, inkommensurables Übergewicht über alle anderen Werte, ist mehr als unplausibel und angesichts der realen innerweltlichen Werteverteilung hart am Zynismus. Doch soll auch dies um des Argumentes willen hier einmal pauschal zugestanden werden. Die entscheidende Frage ist dann, ob Gott jetzt wenigstens von der Verantwortung für die Übel, die aus schlechten Entscheidungen entspringen, definitiv zu entlasten ist.

Wenn ja, dann nur mit Hilfe eines weiteren bedeutenden Zugeständnisses und zweier darauf bezogener Zusatztheoreme, die ebenfalls ziemlich weit gehen. Zugestanden werden müßte zunächst, daß Gott bei Erschaffung der Welt und für die Dauer ihres Bestehens einen *Teil* seiner Macht unwiderruflich *abgetreten* hat, nämlich an diejenigen seiner Geschöpfe, die über freien Willen verfügen. Von seiner Allmacht im üblichen Sinne kann dann natürlich nicht mehr die Rede sein, sondern nur noch von seiner beschränkten Verfügungsgewalt über gewisse innerweltliche Geschehensbereiche und seiner unbeschränkten Macht über die Existenz oder Nichtexistenz der Welt überhaupt.[113] Das ist ein hoher Preis, doch es ist denkbar, daß die jüdisch-christliche Theologie bereit ist, ihn für eine befriedigende Lösung des Theodizeeproblems zu zahlen.[114] Aber ist es damit tatsächlich gelöst? Ohne weiteres sicher nicht, sondern allenfalls mit Hilfe der beiden Zusatztheoreme:

Das erste Theorem besagt, daß das bloße Zulassen oder Inkaufnehmen von Übeln, die durch den partiellen Machtverzicht möglich werden, deshalb verantwortungsentlastend wirkt, weil es entweder *gar kein* richtiges Wollen ist oder nur ein *bedingtes* Wollen, kein unbedingtes (S. 97). Aber man kann sich leicht klar machen, daß dieser Gedanke allein nicht trägt. Vor einem irdischen Richter jedenfalls würde sich kein Angeklagter damit entschuldigen können, daß er z.B. erklärt, er habe zwar unbedingt Millionär werden wollen, die Vergiftung des Erbonkels aber oder den absehbaren Ruin seiner zu diesem Zwecke betrogenen Geschäftspartner nur bedingt gewollt bzw. nur mißbilligend und mit Bedauern zugelassen. Die bloße Tatsache, daß ein bestimmtes Handlungsmotiv nicht *am Anfang* stand, sondern erst in Abhängigkeit von einem anderen Motiv *entwickelt* wurde, reduziert die Verantwortung sicherlich nicht.[115]

Das kann sich allenfalls mit dem zweiten Theorem ändern, das die Entlastung durch bloßes Zulassen an die Bedingung knüpft, daß der Betreffende persönlich *inaktiv* bleibt. Gott, so könnte man nun argumentieren, registriert das frei zustande gekommene menschliche Übelwollen, samt seinen Folgen, eben nur als passiver Beobachter, ohne selbst aktiv einzugreifen. Doch genügt das, um ihn ganz zu entlasten? Schließlich bleibt er der *Schöpfer* des Ganzen, der für sein Produkt und das Potential, das in ihm steckt, prinzipiell einstehen muß.[116] Außerdem kannte er den (ex hypothesi, S. 100) untrennbaren Bezug der Willensfreiheit zum Schlechten, wußte also von vornherein, daß die Sache riskant war. Und da ihm auch die Gesetzmäßigkeiten der Welt, die physischen wie die psycho-sozialen, und die spezifischen Dispositionen seiner Geschöpfe bekannt waren, mußte er den Prozentsatz erwartbarer Negativfolgen abschätzen können oder sie (nach theologischer Mehrheitsmeinung, S. 94f.) sogar in allen Einzelheiten voraussehen. In diesem Fall ist die Entlastung durch anschließende Inaktivität besonders fragwürdig. Doch auch wenn Gott keine Detailkenntnisse darüber besitzt, was durch freie Willensentscheidung entsteht, bleibt er als Schöpfer entscheidungsfähiger Wesen verantwortlich. Darin ähnelt er einem Croupier in der Spielbank, der zwar keine Verantwortung dafür trägt, wo die von ihm geworfene Roulettekugel letztlich landet, wohl aber für das Zustandekommen eines Prozesses mit unkontrollierbarem, prinzipiell offenem Ausgang, einschließlich eines persönlich enttäuschenden (vgl. S. 71). Daß die von Gott ermöglichten menschlichen Entscheidungen unkontrolliert und vielleicht völlig indeterminiert zustande kommen, ändert die Lage nicht. Wer eine Münze wirft, kann schließlich auch nicht die Münze zur Rechenschaft ziehen, wenn sie nicht immer auf das gewünschte Wappen fällt, sondern teilweise auch auf Zahl.

Noch mehr gilt dies im Hinblick auf Gottes Rolle als *Lenker* der Welt. Auch wenn der Ursprung der Übel beim Menschen liegt, könnte Gott als wachsamer und guter Hirte immer noch korrigierend eingreifen und verhindern, daß schlechte Entscheidungen zu negativer Entfaltung kommen, zumindest was ihre extremsten Auswüchse und ihre Folgen für Unschuldige anbelangt.[117] Tut er es nicht, bleibt nur der Schluß, daß sein bedingter, zulassender Wille sich nicht nur auf die Möglichkeit von (ex hypothesi) unberechenbar freien Entscheidungen zum Schlechten erstreckt, sondern auch auf die daraus erwachsenden, probabilistisch (S. 69ff.) oder sogar völlig sicher vorauszuberechnenden Übel. Folglich trägt er für sie Mitverantwortung.[118] Ein irdischer Hirte jedenfalls, der mit dem Feuer spielt oder ein offenes Feuer bewacht und tatenlos zusieht, wie der Funkenflug einen Flächenbrand auslöst, der durch ihn zu verhindern wäre, wird sich nicht damit entschuldigen können, daß er diese Folge nur passiv und mit Mißbilligung zugelassen, nicht aber aktiv herbeigeführt hat.

Läßt sich die Situation verbessern, wenn man die Analogie zu *impersonalen Beziehungen* – wie die zu fliegenden Funken, Münzen oder Roulettekugeln – verneint, das Verhältnis Gottes zum Menschen jedoch, anders als das zum Rest der Schöpfung, mit einer *personalen Beziehung* vergleicht, z.B. der Beziehung der Vaterschaft?[119] Gute Eltern, so könnte man argumentieren, manipulieren ihre Kinder nicht, sondern lassen ihnen gewisse Freiheiten auch um den Preis, daß sie Fehler machen. Dennoch würde man nicht die Eltern als Urheber dieser Fehler ansehen und zur Verantwortung ziehen.

Doch solche Überlegungen greifen in zweierlei Hinsicht zu kurz. Erstens werden auch menschliche Eltern *nicht vorbehaltlos* entlastet, sondern abhängig einerseits von der graduell schon vorhandenen Entscheidungs- und Einsichtsfähigkeit ihrer Kinder, andererseits von der Größe und Eintrittswahrscheinlichkeit der durch sie drohenden Übel. Drohende Katastrophen und andere gravierende Angriffe auf geschützte Rechtsgüter müßten sie ja, wenn sie können, auch bei Fremden zu verhindern suchen und bei Personen, für die sie eine „Garantenstellung" (S. 67, 74) besitzen, natürlich erst recht. All dies gilt für Gott als Vater ebenso. Zweitens beruhen irdische Kindschaftsverhältnisse nicht auf *Schöpfung* und universaler, begleitender *Lenkung*. Menschliche Eltern haben nur sehr begrenzten Einfluß auf die Naturanlagen, Entwicklungsbedingungen und konkreten Entwicklungen ihrer Kinder, geschweige denn auf deren einzelne Handlungen und faktische Handlungsfolgen. Entsprechend eingeschränkt ist ihre Verantwortung. In dem Maße jedoch, in dem sie, ermöglicht etwa durch eine erweiterte Gen- und Sozialtechnologie, zu gottgleichen Schöpfern und Supervisoren ihrer

Sprößlinge würden, würden auch sie verantwortlich gemacht. Von einer pauschalen Entlastung durch Nichtintervention kann hier wie dort keine Rede sein.

3.6 Ungelöstheit des Problems

Die Einführung auch eines indeterministisch freien Willens beim Menschen nützt also letztlich nichts. Der Widerspruch zwischen Existenz, Größe und realer Verteilung der innerweltlichen Übel einerseits und dem Glauben an einen durchgängig guten, gerechten und hinreichend einflußreichen Schöpfer und Weltenlenker andererseits wird dadurch kaum gemildert. Außerdem bleibt die Verantwortungsverlagerung, die damit bestenfalls zu erzielen ist, äußerst begrenzt, während die Einbußen bei der göttlichen Allmacht und Allwissenheit stark ins Gewicht fallen, jedenfalls für eine so konsequent monotheistische Religion wie die jüdisch-christliche.

Das hat die Theologie offenbar selbst empfunden. Denn trotz aller Anstrengungen, die hier jahrhundertelang und mit z.T. beträchtlichem Scharfsinn unternommen wurden, hat sich theoretische Gewißheit über die Theodizee niemals einstellen wollen. Nicht wenige Theologen haben die Frage deshalb gemieden. Andere haben mit Harmonisierungsformeln operiert, die auf ein abstraktes „Sowohl-als-auch" von göttlicher Allmacht und Güte, menschlicher Freiheit und Vorsehung Gottes abstellen, ohne deutlich zu machen, wie all dies zusammenpaßt. Manchmal wurde hinzugefügt, die Vereinbarkeit der betroffenen, scheinbar widersprüchlichen Glaubenssätze sei zwar gegeben, lasse sich menschlich aber nicht einsehen, sondern stelle ein Mysterium Gottes dar, das „nicht mit der logischen Methode allein, sondern nur mit einer gewissen Dialektik bewältigt werden kann".[120] Viele Theologen haben die rationale Unbegreiflichkeit aber auch verbal zu überspielen oder zu mildern versucht, indem sie auf Gottes überlegene Einsicht in die bestehenden, von Menschen nicht zu durchschauenden Güteverhältnisse verwiesen oder erklärten, seine Wertmaßstäbe seien prinzipiell andere als unsere.[121] Dunkel bleibt die Sache in jedem Fall. Daher ist es nicht zu verwundern, wenn kritische Beobachter den Eindruck gewinnen, daß sich die „Kirche bis heute nicht in der Lage sieht, zu einer Zentralfrage der Glaubenslehre [...] eine eindeutige Stellung zu beziehen".[122]

Partiell gilt das gewiß. Doch wäre es äußerst merkwürdig, wenn die gesamte jüdisch-christliche Theologie sich über das Defizit, das hier besteht, völlig hinweggetäuscht hätte. Und das ist, näher betrachtet, auch nicht der Fall. Denn neben allen rationalen Lösungsversuchen kennt sie von jeher eine ganz anders geartete Antwort. Diese wird schon in der paradigmatischen Hiob-Geschichte gegeben und blieb neben allen anderen immer präsent.[123] Hiobs hartnäckige Frage nach der für ihn unbegreiflichen Theodizee wird nämlich am Ende so beantwortet, daß er, als Gottes Geschöpf, nicht das Recht habe, Rechenschaft in dieser Sache zu fordern, sondern die Schöpfung hinnehmen und auch dort als Ausdruck göttlicher Weisheit anerkennen müsse, wo er sie nicht versteht. Natürlich ist das keine *Lösung* des Problems, sondern eine *Zurückweisung* aller rationalen Lösungsversuche.[124] Doch ebendarin liegt die Pointe. Wenn sich die jüdisch-christliche Theologie also mit der Theodizeefrage konfrontiert sah, war sie letztlich *weder* auf ein minutiöses, erfolgreiches Gütekalkül oder auf Spekulationen über die mögliche Wertelage auf der Ebene des menschlich unüberblickbaren Weltganzen angewiesen, *noch* auf die Figur der partiellen Verantwortungsverlagerung von Gott auf willensfrei agierende Menschen. Vielmehr konnte sie jederzeit auf ihre älteste und theologisch bedeutendste Auskunft zurückkommen. Diese bildete gleichsam das gedankliche Netz, in das man fiel, wenn alle intellektuelle Artistik versagte. Und weil sich die Tradition der Präsenz dieses Netzes immer bewußt war, konnte sie alle rationalen Lösungsversuche und deren immer wieder erwiesenes Scheitern letztlich relativ leicht nehmen.

Die Abkehr von rationalen Lösungsversuchen ist jedoch kein Spezifikum der theistischen Version des Problems, sondern hat ihr Gegenstück auch in *atheistischen* oder *agnostischen* Versionen (S. 91). Unsere Geschichte vom „wohlmeinenden Terminator" hat manche Leser vielleicht zu der entrüsteten Entgegnung verleitet, ein einzelner Mensch, der seine pessimistische Weltsicht verallgemeinern und fatale Konsequenzen auch für andere daraus ziehen wolle, müsse eben von Andersdenkenden überstimmt und nötigenfalls mit Gewalt an seinem Vorsatz gehindert werden. Doch diese Replik ist ein Eigentor. Zur Lösung des Theodizeeproblems, gleichgültig in welcher Version, werden *rationale Gründe* benötigt, nicht bestehende *Macht* oder *Meinungsführerschaft*. Deshalb wurde der Terminator auch von Beginn an in eine Position gebracht, die ihn gegen Majorisierung und gewaltsame Intervention immunisiert. Er hat die Hand schon am Abzug und ist nur noch durch rationale Argumente zu schlagen. Und selbst wenn die Gewaltlösung offen bliebe, wäre die Zuflucht zu ihr ein theoretischer Offenbarungseid. Nur wenn die Andersdenkenden ihrem Widerpart *rational* etwas entgegenzusetzen haben, ist ihre naiv entrüstete Lebensbejahung sachlich gerechtfertigt. Andernfalls wäre auch sie nur – nicht anders als das „gedankliche Netz" der jüdisch-christlichen Theologie – ein Ausdruck *irrationaler* gläubiger Orthodoxie.

Die *philosophische Tradition* war sich dieses Zusammenhangs wohl bewußt. Deshalb hat sie das Theodizeeproblem nicht nur als innertheologische Angelegenheit aufgefaßt, sondern als eine Herausforderung, der *jeder* Denker sich stellen muß, der moralische Forderungen (z.B. das menschliche Tötungsverbot oder das Verbot anderweitiger unwiederbringlicher Schädigung oder Zerstörung) unabhängig von faktischen Macht- und Mehrheitsverhältnissen rational rechtfertigen möchte.[125] Das gilt auch für philosophische Aufklärer wie Leibniz und Kant, die gewiß keine unreflektierten Apologeten kirchlicher Positionen waren.[126] Der *Philosophie des 20. Jahrhunderts* ist dieses Bewußtsein weithin verloren gegangen. Eine Ausnahme bildet Hans Jonas (1903–1993). Er hat die grundlegende Bedeutung des Problems erkannt und einen eigenen Lösungsversuch vorgelegt.[127] Ob seine naturphilosophische „Rechtfertigung des Daseins" überzeugender ausgefallen ist als die seiner philosophischen und theologischen Vorgänger, kann man bezweifeln. Doch hat Jonas immerhin das Verdienst, deutlich gemacht zu haben, daß der bloße Verzicht auf theistische Vorgaben weder das Problem selbst beseitigt noch davor schützt, irrational mit ihm umzugehen.

4. Willensfreiheit und jüdisch-christliche Tradition

4.1 Primat der Willensunfreiheit

Obwohl es zunächst so scheinen mag und oft behauptet wurde, liefert das Interesse an einer Lösung des Theodizeeproblems also keine plausible Begründung für die These vom jüdisch-christlichen Ursprung der Willensfreiheit. Zwar gibt es Theologen, die in dieser Absicht auf sie zurückgreifen. Doch dieses Faktum ist nicht beweiskräftig. Denn erstens sind solche Versuche keineswegs *nur* in diesem Traditionszusammenhang unternommen worden.[128] Zweitens stellen sie auch *in ihm* weder die einzige noch die bedeutendste Anwort auf die Theodizeefrage dar. Und *wenn* sie gegeben wird, bleibt in der Regel zweifelhaft, drittens, ob und wie weit die Autoren tatsächlich bereit sind, das menschliche Wollen und Handeln prinzipiell vom bestimmenden Einfluß Gottes abzukoppeln.

Diese Zweifel verstärken sich, wenn man die Sache noch etwas genereller betrachtet. *Kann* eine konsequent monotheistische Religion wie die jüdische oder christliche, selbst wenn sie es im Interesse der Theodizee oder aus anderen Gründen gerne wollte, überhaupt daran denken, den Allmachtsgedanken so weit einzuschränken? Ein Gott, der wirklich alleiniger Schöpfer der Welt ist und diese lenkt, indem er seine Geschöpfe in ihrer Entwicklung geschichtlich begleitet,[129] *muß* offenbar auch in der Lage sein, auf ihr Wollen und Handeln Einfluß zu nehmen. Läßt er sie zeitweilig frei, muß er als universaler Herrscher jedenfalls eingreifen können, wenn und wann immer er will. Die Situation des willentlich handelnden Individuums kann dann allenfalls der eines Hundes gleichen, der an der Leine geht, aber die Leine vorübergehend nicht spürt, weil sein Herr, der ihm Freiraum gewährt, doch stets im Auge behält, sie absichtlich locker läßt. Kontrolliert bleibt der Mensch immer. Deshalb ist seine Grundsituation einem solchen Gott gegenüber gerade nicht die der *Freiheit*, sondern der *Unfreiheit*, zumindest in jenem stärkeren Sinn, der eine – sei es auch nur partielle – grundsätzliche Losgelöstheit von seinem Einfluß beinhaltet.[130] Eine „absolute Freiheit" ist offenbar, wie ein deutscher Theologe zu Anfang des 19. Jahrhunderts prägnant formuliert hat,[131] „mit der Natur eines Geschöpfes gar nicht vereinbar". Wenn dem aber so ist, erscheint es auch geistesgeschichtlich wesentlich angemessener, an dieser Stelle deutlich zu differenzieren und theologische Lehrmeinungen und Theorien, die dem Menschen tatsächlich eine Freiheit dieser Art zuschreiben, nicht etwa als konsequente Explikation, sondern vielmehr als offene oder verdeckte Abkehr vom jüdisch-christlichen Weltbild zu interpretieren. Und diese Auffassung wird durch die Quellentexte und Hauptstränge der Theologiegeschichte bestätigt.

1. Für die Bibel erstreckt sich die Herrschaft Gottes nicht nur auf äußere Handlungen und die Geschichte der Menschheit (S. 90, Anm. 79), sondern auch auf das menschliche Innere. Gott kennt die Gedanken[132] und steuert sie. Er kann Menschen einsichtig oder uneinsichtig machen[133] und ihnen in entscheidenden Situationen eingeben, was sie denken und sagen.[134] Er kann den Willen bestimmter Personen „verhärten", so daß sie zwangsläufig verblendet, unbotmäßig und böswillig handeln.[135] Entsprechend hebt er die Verblendung, wenn die Zeit reif ist, auch wieder auf.[136] Gott allein ist es, der die Versklavung des Menschen und seines Willens unter das Böse beseitigen, ihn also in dieser Beziehung frei machen kann.[137] Und natürlich ist er es auch, der den Willen zum Guten lenkt, sei es von sich aus oder in Reaktion auf entsprechende Bitten.[138]

Aussagen wie diese also sprechen unzweifelhaft für die *Verneinung* einer starken Freiheit des Willens in den Texten der Bibel. *Explizite Bejahungen* fehlen.[139] Allenfalls *implizit* könnte sie mit im Spiel sein. So gibt es neben der Rede von einer „Verhärtung" des Willens durch Gott auch die, daß der Mensch „sich verhärtet",[140] und neben der Vorstellung, daß Gott selbst die richtige Einstellung ihm gegenüber im Menschen herbeiführt,[141] auch den Gedanken, daß dies geschehen wird, wenn der Mensch sich Gott gläubig zuwendet.[142] Dazu kommen zahlreiche Aussagen über die *Wahlmöglichkeiten* von Menschen zwischen mehreren Alternativen, einschließlich der zwischen Gutem und Bösem.[143] Solche Bibelstellen beweisen zwar nicht, daß die konkreten Willensentscheidungen nicht von Gott kontrolliert sind, ließen sich aber mit einer solchen Deutung vereinbaren. Manche Interpreten glauben zudem, sie aus der Existenz der göttlichen *Gebote* ableiten zu können[144] oder daraus, daß Menschen für unbotmäßiges Verhalten *verantwortlich* gemacht werden.[145] Auch diese Ableitung hängt jedoch an einem entsprechend starken Verständnis von normativer Verantwortlichkeit (Kap. II, 1.1), das von den Texten her keineswegs zwingend ist.

Die These vom jüdisch-christlichen Ursprung eines starken Konzepts der Willensfreiheit kann also, was die Bibel betrifft, bestenfalls damit begründet werden, daß die Texte nicht homogen und eindeutig genug sind, um diese Vorstellung generell auszuschließen. Das ist nicht allzuviel. Und auch wenn es klare Aussagen gäbe, hätten wir es angesichts der vorliegenden gegenteiligen Äußerungen nur einmal mehr mit einem widerspruchsvollen, rational unbefriedigenden „Sowohl-als-auch" zu tun, das unaufgelöst nebeneinandersteht.[146] Will man die divergierenden biblischen Aussagen jedoch zu einem schlüssigen Konzept vereinigen, dann kann das ohne Preisgabe der Vorstellung von Gott als alleinigem Schöpfer und Lenker der Welt nur so geschehen, daß man die Negation der starken Willensfreiheit für die verbindliche Auffassung erklärt und andere Vorstellungen konsequent ausblendet.

2. Auch in der PATRISTIK ändert sich dieses Bild zunächst kaum. So hat der philosophisch gebildete christliche „Apologet" Justin (gest. ~165) zwar die Lehre von der Vorsehung Gottes dadurch gegen das Fatum der Stoiker abzugrenzen versucht, daß er dem Menschen „Wahlfreiheit" („prohairesis", S. 83f.) zuschreibt, auch mit Bezug auf das Gute und Böse.[147] Doch er hat nicht behauptet und auch gar nicht danach gefragt, ob eine solche Wahl ihrerseits unkontrolliert durch Gott zustande kommt. Ähnlich unbestimmt bleibt Tertullians Versuch, Gott mit Hilfe der menschlichen „Willensfreiheit" („libertas arbitrii", „liberum arbitrium", „libertas voluntatis", vgl. S. 82) von der Verantwortung für das Böse zu entlasten (Anm. 89), auch wenn er den Willen des Menschen verbal schärfer vom (unbedingten, S. 97, Anm. 100) göttlichen Willen trennt. Etwas weiter ist Irenäus gegangen, der nicht nur die Wahl zwischen guten und bösen Taten, sondern auch die gläubige Annahme des göttlichen Heilsangebots der „freien und selbstmächtigen Entscheidung" („liberum et suae potestatis arbitrium") des Menschen überläßt.[148] Allerdings hat auch er

damit nicht die positive These von der prinzipiellen Unkontrolliertheit solcher Entscheidungen durch Gott verbunden, sondern sie mit Selbstverständlichkeit dessen „Vorherwissen" („praescientia") untergeordnet, ohne sich weiter Gedanken darüber zu machen, was dies für die Eigenständigkeit des Menschen bedeuten kann (S. 95).[149]

In der christlichen Theologie ist offenbar erst Origenes zum Begründer einer Tradition geworden, die dem Menschen „Willensfreiheit" („autexūsion", S. 83) in einem Sinne zuspricht, die ihn partiell der Kontrolle Gottes entzieht. Der entscheidende Grund für diesen Schritt ist aber auch bei ihm kein genuin theologischer, geschweige denn biblischer Traditionalismus.[150] Im Gegenteil, Origenes ist sich völlig darüber im klaren, daß seine Auffassung mit vielen Aussagen der Bibel konfligiert. Deshalb bemüht er sich extensiv, wie in geringerem Umfang auch schon der jüdisch-hellenistische Exeget Philon, entgegenstehende Textstellen in seinem Sinn umzuinterpretieren.[151] Offenbar hat er damit Erfolg gehabt. Denn im 3. und 4. Jahrhundert scheint dieser Teil der Theologie des Origenes weitgehend unstrittig gewesen zu sein.[152] Wenig später allerdings wird er durch die entschiedene Gegenposition Augustins verdrängt, die nach der definitiven Ausgrenzung von Pelagianismus und Semipelagianismus, die dem „freien Willen" („liberum arbitrium") eine noch weitergehende Eigenständigkeit beimaßen, zur dominanten und kirchenoffiziellen wurde.[153] Auch Origenes' Schriften wurden wiederholt förmlich verdammt, einschließlich seiner Lehre vom freien Willen.[154]

3. Erst im Mittelalter, beginnend mit dem durch Gottschalk ausgelösten Prädestinationsstreit des 9. Jahrhunderts, deutlicher sichtbar bei Anselm von Canterbury (1033/34–1109) und voll entwickelt bei Peter Abaelard (1079–1142), gewinnen stärkere Konzeptionen menschlicher „Willensfreiheit" („liberum arbitrium", „libertas arbitrii") wieder an Einfluß.[155] Dominanz allerdings haben sie nie erlangt.[156] Das gilt auch für die Hochscholastik und die von ihr beeinflußte römisch-katholische Theologie, die von protestantischer Seite gern in die Nähe des Pelagianismus bzw. Semipelagianismus gerückt wird. Thomas von Aquin (1225–1274) hat z.B. eigens dafür argumentiert, daß der menschliche Wille nicht nur als bloße, vielfältig aktualisierbare Fähigkeit und abstraktes Wahlvermögen, sondern auch in seinen konkreten Willensentscheidungen durchweg der Vorsehung Gottes unterliegt, und in diesem Zusammenhang Origenes' Willensfreiheitslehre ausdrücklich verworfen.[157] Auch Johannes Duns Scotus (~1266–1308), der eine Theorie des „selbstbestimmten Wollens" entwickelt hat, die auf den ersten Blick relativ stark klingt, hat sich keineswegs für eine indeterministische Willensfreiheit beim Menschen ausgesprochen, sondern menschliche Willensentscheidungen zwar nicht als aktuell durch Gott determiniert, wohl aber seiner Vorherbestimmung prinzipiell untergeordnet verstanden.[158] Selbst das sehr starke, unleugbar semipelagianisierende Konzept

eines indeterminiert freien Wollens, das in der Nachfolge Wilhelms von Ockham (~1285–1349) von Theologen der *Spätscholastik* vertreten wurde, in Deutschland vor allem von Gabriel Biel (~1410–1495), läßt sich nicht ohne weiteres so interpretieren, daß es den Menschen von Gott prinzipiell unabhängig macht.[159] Außerdem war dieses dogmatisch anrüchige, wenngleich offiziell nie verurteilte Willensfreiheitskonzept auch in jener Zeit keineswegs das alleinige oder absolut dominante und wurde von anderen Theologen vehement attackiert.[160]

4. Die Reformation schließlich verwirft den Begriff insgesamt und an zentraler Stelle. Es ist kein Zufall, daß Luthers theologisches Hauptwerk in einer detaillierten Kritik der Lehre vom freien Willen besteht, die sein Kontrahent Erasmus gegen die reformatorische Lehre verteidigt hatte, wobei die Replik den programmatisch antithetischen Titel erhielt *„De servo arbitrio"*, d.h. *„Vom unfreien* [wörtl. *versklavten*] *Willen"*.[161] Der innertheologische Kontroverspunkt ist die von Luther und seinen Anhängern vertretene, von Erasmus und der zeitgenössischen Kirche bestrittene These, daß der Rekurs auf die menschliche Willensfreiheit ein Abfall von der Bibel und den bedeutendsten Kirchenvätern sei, speziell von Paulus und Augustin.[162] Auch Zwingli hat den „freien Willen" lapidar abgelehnt.[163] Noch radikaler ist die Kritik bei Calvin, dessen Lehre von der universalen Vorherbestimmung Gottes („praedestinatio", vgl. S. 95) und der ihr korrespondierenden Unfreiheit des menschlichen Wollens und Handelns berühmt-berüchtigt geworden ist.[164] Diesem Traditionszusammenhang entstammt auch eine der scharfsinnigsten und grundsätzlichsten Kritiken an der Willensfreiheit überhaupt, nämlich die des nordamerikanischen Theologen und Philosophen Jonathan Edwards (1703–1758).[165] Weniger prononciert als bei Calvin und Edwards aber kann die Überzeugung, daß der Mensch weder im Wollen noch im Handeln selbständig ist, sondern ausnahmslos Gott untersteht, als die dominierende im gesamten Protestantismus gelten. Abweichende Auffassungen, bis hin zu mehr oder weniger offenem Semipelagianismus und Pelagianismus (Anm. 153), hat es aber auch hier immer wieder gegeben.[166]

Umgekehrt wollte auch die katholische Theologie bei ihrer Zurückweisung protestantischer Positionen natürlich nicht so weit gehen, menschliche Willensfreiheit in einem Sinne zu verteidigen, die sie wieder in die Nähe von Origenes oder Pelagius gebracht hätte. Zwar wurde der für diese Frage innerkatholisch maßgebliche *„Gnadenstreit"* der Jahre 1589–1607 durch Formulierungen des jesuitischen Protagonisten Luis de Molina (1535–1600) ausgelöst, die diese Deutung nahelegen und von seinen dominikanischen Gegnern auch so verstanden wurden. Molina selbst verstand sich allerdings anders und warf seinem Hauptkontrahenten Dominicus Bañez (1528–1604) umgekehrt vor, reformatorische Irrlehren zu vertreten und dabei, wie dies zuvor auch Duns

Scotus getan habe, jede Entscheidungsfähigkeit und moralische Verantwortlichkeit aufzuheben, indem er das Wollen des Menschen als göttlich determiniert hinstelle.[167] Die päpstliche Entscheidung von 1607 verbot wechselseitige Vorwürfe, ließ also (und läßt bis heute) beide Auffassungen formell zu in der Annahme, beide würden zwar im Gegensatz zu den Reformatoren am „liberum arbitrium" festhalten, dieses aber nicht pelagianisch oder semipelagianisch interpretieren, sondern nach wie vor von einer umfassenden Lenkung auch des menschlichen Wollens durch Gott ausgehen.[168] Im übrigen sind auch im Katholizismus immer wieder Positionen vertreten worden, die in ihrer Kritik am freien Willen ähnlich prononciert waren wie die protestantischen, insbesondere in jenen Teilen, die am Augustinischen Erbe konsequent festhielten, wie z.B. der Jansenismus des 17. Jahrhunderts.[169]

4.2 Mögliche Mißverständnisse

Wenn es nun aber nicht die Willensfreiheit, verstanden als partielle volitionale Eigenständigkeit des Menschen gegenüber Gott, sondern die Willensunfreiheit ist, die in der Konsequenz des jüdisch-christlichen Denkens liegt, stellt sich die Frage, wie ein gegenteiliger Eindruck überhaupt entstehen konnte. Haben Nietzsche und andere Autoren, die das Willensfreiheitskonzept hier beheimatet sahen, keinerlei konkrete Anhaltspunkte für ihre Thesen gehabt, sie also nur auf ungenügendes Quellenstudium, konzeptionelle Vorurteile und interessengeleitete Projektionen gegründet? Sicher nicht. Denn gewisse Anhaltspunkte für eine solche Einschätzung gibt es zweifellos, und z.T. läßt sich auch konkret nachvollziehen, welche Kurzschlüsse oder Mißdeutungen textlicher Befunde zu ihr geführt haben.

Zunächst ist es ein Faktum, daß auch in theologischen Texten vielfach von „Willensfreiheit" die Rede ist. Offenbar waren nur wenige Theologen bereit, sich mit der schroffen These vom „unfreien" oder „versklavten Willen" (Anm. 161) zufrieden zu gegeben. Die meisten blieben bestrebt, die gewöhnliche Vorstellung von der Fähigkeit des Menschen, sich zwar nicht in allem, wohl aber in sehr vielem, was er tagtäglich tut, selbständig und frei entscheiden zu können, irgendwie aufrechtzuerhalten. Das ist alles andere als überraschend. Zwei Gründe vor allem drängen zu diesem Schritt. Zum einen ist es das tief verwurzelte *praktische Selbstverständnis* aller Menschen, religiöser genauso wie areligiöser, das offenbar unhintergehbar ist und eine gegenteilige Deutung kaum zuläßt.[170] Zum anderen ist es das Interesse am System der *normativen Verhaltenskontrolle*, das ein gewisses Maß an Willensfreiheit voraussetzt (Kap. II, 1.1). Wie alle tradierten Gesellschaftskonzeptionen, so haben auch die des Judentums und des Christentums nicht darauf verzichten wollen, Individuen normativ anzusprechen und durch moralische bzw. rechtliche Forderungen und mit diesen verknüpfte (positive oder negative) Sanktionen zu normenkonformem Handeln anzuhalten.[171] Deshalb waren ihre Theoretiker und Interpreten kanonischer Texte gezwungen, die menschliche Willensfreiheit nicht pauschal zu verwerfen, sondern ihr auch positive Bedeutung zu geben.

Dazu gehören natürlich auch viele Theologen, die ihre Grundposition deshalb nicht aufgeben oder aufweichen lassen wollen, sondern weiterhin, trotz einer affirmativen Haltung zur Willensfreiheit an sich, konsequent an der universalen, auch auf das menschliche Wollen bezogenen Vorsehung oder Vorherbestimmung Gottes festhalten.[172] So kommt es, daß ein und derselbe Autor gelegentlich vom „unfreien" genauso wie vom „freien Willen" spricht.[173] Doch was beim ersten Blick wie ein Widerspruch oder ein konzeptionelles Schwanken aussieht, kann sich bei genauerer Überprüfung als durchaus konsistent erweisen. Vielfach nämlich sind nur verschiedene *Sinne* von „Freiheit" im Spiel, die anerkannt oder verworfen werden, je nachdem ob sie dem Autor als vereinbar mit Gottes umfassender Herrschaft erscheinen oder nicht. Zumindest tendenziell gehen die intellektuellen Bemühungen der meisten Theologen in diese Richtung. Sie suchen nach einem dogmatisch wie lebenspraktisch tolerablen „Sowohl-als-auch" von Freiheit und Unfreiheit. Daran ist bei geeigneter und hinreichend klarer begrifflicher Differenzierung auch gar nichts auszusetzen. Man muß als Autor nur explizit sagen bzw. als Leser und Interpret theologischer Texte jeweils sorgfältig prüfen, in welchem Sinne die „Willensfreiheit" bejaht oder verneint werden soll, und dabei immer im Auge behalten, daß „Freiheit" und „Indeterminiertheit" keineswegs synonym sind (S. 25, 32, 77f.).

Manchmal geht es auch gar nicht um Willensfreiheit, also um Formen der freien oder unfreien Willensbildung (S. 33f.), sondern nur um die Freiheit von *Handlungen* oder die unspezifiziert gelassene *freie Wahl* zwischen verschiedenen, für offen gehaltenen Handlungsoptionen (vgl. S. 63ff.). Solche Problemverschiebungen in den Texten werden durch den traditionellen lateinischen Terminus „liberum arbitrium" (S. 82) sehr erleichtert, der als solcher keinen Hinweis darauf enthält, worüber hier

„frei entschieden" wird und warum. Die Frage, wie das entschiedene, handlungsleitende Wollen letztlich zustande kommt, kann dabei völlig außer Betracht bleiben oder, wenn sie aufkommt, auch mit dem Hinweis auf Gottes bestimmenden Einfluß beantwortet werden. Doch auch wo kein Zweifel herrscht, daß die Freiheit des *Wollens* und des zugrunde liegenden Prozesses der *Willensbildung* gemeint sind, geht es meist nicht um einen besonders starken, indeterministisch spezifizierten Freiheitsbegriff, sondern um einen wesentlich schwächeren, der als vereinbar mit der Kontrolle Gottes gilt. Auch Theologen, die indeterministische Freiheitsvorstellungen dezidiert ablehnen, werden dadurch in die Lage versetzt, ohne Bedenken von „Willensfreiheit" zu reden und deren Unverzichtbarkeit, gegebenenfalls, aus der Existenz sinnvoller Gebote bzw. gerechter Strafen und Belohnungen abzuleiten.[174] Die theologische Grundposition, daß auch der Wille des Menschen göttlich kontrolliert und in dieser Hinsicht *nicht* frei ist, muß also – trotz eines mitunter gegenteiligen Anscheins – an keiner Stelle in Frage gestellt sein.

Welcher Freiheitsbegriff zugrunde liegt und ob die Ansprüche, die sich mit ihm verbinden, tatsächlich einlösbar sind oder nicht, bleibt in den Texten allerdings vielfach unklar – sei es aus schlichter Nachlässigkeit der Autoren oder bewußter Verschleierungsabsicht. So wird es den Rezipienten leicht gemacht, jeweils das in sie hineinzulesen, was ihnen paßt oder vom Alltagsverständnis her plausibel erscheint. Das gilt für die Mitglieder der betroffenen Glaubensgemeinschaften und ihre Theologen ebenso wie für externe Interpreten und Kritiker. Daß dabei auch indeterministische Willensfreiheitsvorstellungen eingetragen werden, die eigentlich nicht zum jüdisch-christlichen Weltbild passen, ist bei theologischen Laien kaum überraschend. Wenn dies jedoch bei Theologen geschieht, muß man entweder (wie bei Origenes, S. 108) von einer unbemerkten oder gewollten Akkommodation an fremde Konzeptionen ausgehen oder von bestehender konzeptioneller Unklarheit, wenn nicht Verwirrtheit. Manche Theologen haben sich eben über die Folgen getäuscht, die stärkere Willensfreiheitsannahmen für die Frage der göttlichen Allwissenheit und Allmacht, das Theodizeeproblem oder die spezifisch christliche Lehre von der Rechtfertigung des Sünders allein durch die göttliche Gnade, unabhängig von allen persönlichen Verdiensten, haben.[175] All dies hat es gegeben. Von einer theologisch *folgerichtigen* oder historisch *dominanten* Position kann jedoch keine Rede sein. Denn auch wo solche Vorstellungen nicht explizit ausgeschlossen werden, hat die *reflektierte* theologische Rede vom „freien Willen" in aller Regel keinen stärkeren oder gar rein indeterministischen Sinn, sondern einen wesentlich schwächeren.

1. Das gilt auch für viele Texte, die zu einer Zeit geschrieben wurden, in der solche Vorstellungen relativ einflußreich waren, wie in der voraugustinischen Patristik und phasenweise im Mittelalter (S. 108f.). Oft klingen die gewählten Formulierungen stärker, als sie tatsächlich gemeint sind. Die früher zitierte Passage aus Methodios von Olympus z.B. (S. 92f.) dokumentiert zwar das Interesse an normativer Verhaltenskontrolle und am Ausschluß einer (offenbar stoisch konzipierten, vgl. unten S. 126f.) schicksalhaften Notwendigkeit der menschlichen Sünden, enthält aber bezeichnenderweise keinerlei Hinweis darauf, daß dies durch die Annahme einer starken, indeterministischen Willensfreiheit auf seiten des Menschen sichergestellt werden soll. Ähnliches gilt, mutatis mutandis, für das paradigmatische Lehrbuch des Petrus Lombardus von 1158 (Anm. 97). Denn obwohl auch dieser das „liberum arbitrium" *allgemein* definiert als ein rationales, an Gut und Böse ausgerichtetes Wahlvermögen, läßt er dessen *speziellere* Bestimmungsgründe zunächst offen und bindet die angesprochene „Freiheit" anschließend zwar an die Abwesenheit von „Zwang und Notwendigkeit" („coactio", „necessitas"), nicht aber an die von anderen relevanten Einflüssen.[176] Vergleichbare Freiheitskonzeptionen sind bei Autoren des Mittelalters auch dort in Rechnung zu stellen, wo sie in den Texten nicht explizit formuliert werden.[177]

Im Umgang mit Texten des Hoch- und Spätmittelalters werden die Mißverständnisse teilweise auch durch die schlagwortartige Gegenüberstellung von Aristotelischem *„Intellektualismus"* und Augustinischem *„Voluntarismus"* begünstigt, die in der neueren Literatur verbreitet ist. Diese ist jedoch schon historisch alles andere als unproblematisch[178] und vor allem dazu angetan, systematisch in die Irre zu führen. Der Streit um den Primat von Verstand oder Wille, speziell um die durchgängige Erkenntnisabhängigkeit praktischer Überlegungen und handlungsleitender Entscheidungen, darf nicht mit dem Problem der Willensfreiheit verwechselt und schon gar nicht so aufgefaßt werden, als seien die sogen. „Voluntaristen" erklärte oder verkappte Indeterministen. Auch ein Wollen, das nicht vom *Verstand* (speziell: von der Einsicht in das vermeinte Gute oder situativ Beste) determiniert wird, muß deshalb ja noch nicht *indeterminiert* sein, sei es durch Gott oder diverse innerweltliche Einflüsse. Auch die „voluntaristisch" eingestellten Theologen der Franziskanerschule, allen voran Duns Scotus, haben diese Konsequenz nicht ziehen wollen, sondern sich stets bemüht, die göttliche Allwirksamkeit mit einem schwächeren Begriff von „Willensfreiheit" in Einklang zu bringen.[179] Im übrigen ist zu beachten, daß die wiederholte offizielle Verurteilung des Aristotelismus durch die Kirche, insbesondere durch den Pariser Bischof Stephane Tempier im Jahre 1277,[180] viele Theologen veranlaßt hat, die Eigenständigkeit des Willens in einer Weise herauszustreichen, die eigentlich nur auf dessen Unabhängigkeit von Verstandesurteilen gemünzt war, die jedoch losgelöst von diesem speziellen Hintergrund leicht in einem stärkeren Sinne interpretiert werden kann. Solche Tendenzen wurden im Spätmittelalter durch den Einfluß stärkerer Willensfreiheitskonzepte wie die von Ockham und Biel natürlich weiter gefördert.[181]

2. Für externe Interpreten und Kritiker, die mit dem jüdisch-christlichen Denken wenig vertraut sind, kann sich das anders darstellen. Wenn man auf ein genaueres Quellenstudium verzichtet oder von vornherein unterstellt (wie Nietzsche in seinem dritten Einwand, S. 88f.), daß nur indeterministische Freiheitsbegriffe zur Debatte stehen, können die realen Verhältnisse leicht auf den Kopf gestellt werden. Kritiker, die die Texte indeterministisch mißverstehen, merken dann gar nicht mehr, daß sie mit ihrer Kritik an einer so konzipierten Willensfreiheit weithin offene Türen einrennen. Und nur aufgrund ungenauer oder eklektischer Kenntnisse kann für sie auch der Gedanke verlockend erscheinen, dieses Freiheitskonzept dadurch weiter in Mißkredit zu bringen, daß sie es nicht als ein genuin philosophisches, sondern als theologisches Konstrukt hinstellen und einer Tradition zuschieben, die ihnen (wie im Falle von Nietzsche) auch noch aus anderen Gründen verhaßt ist.

Andere Interpreten haben trotz ebenso deutlicher Distanzierung in der Sache, die geistesgeschichtlichen Zusammenhänge richtiger dargestellt. Das gilt in der Philosophie z.B. für Leibniz und Schopenhauer[182] und ganz besonders für Hobbes, der im Jahre 1656, obwohl er bereits die Rede vom „freien Willen" als sinnlos ablehnt und gewiß nicht dafür bekannt ist, sein Urteil an theologische Dogmen zu binden, seiner ausgedehnten Erörterung des Problems folgenden problemgeschichtlichen Rückblick vorangestellt hat:[183]

> Ob alles Geschehen aus *Notwendigkeit* [necessity] erfolgt oder manches aus *Zufall* [chance], diese Frage haben die alten Philosophen lange vor der Inkarnation unseres Heilands kontrovers diskutiert, ohne daß eine der beiden Seiten sich der Allmacht der Gottheit als Argument bedient hätte. Die dritte Art jedoch, etwas geschehen zu machen, unterschieden von *Notwendigkeit* und *Zufall*, nämlich durch *freien Willen* [freewill], wurde weder von ihnen noch von den Christen in den Anfängen des Christentums jemals erwähnt.

Als Beleg für diese letztere These führt Hobbes Paulus an, der weder dem Wort noch der Sache nach vom freien Willen rede, sondern im Gegenteil „alle Handlungen vom unwiderstehlichen Willen Gottes ableite". Erst vor ein paar Jahrhunderten, hätten die „Doktoren der Römischen Kirche" (d.h. die Scholastiker) die von den Reformatoren Luther und Calvin dann zu Recht wieder verworfene Vorstellung aufgebracht, daß der Wille des Menschen frei sei und

„weder durch den Willen Gottes noch durch notwendige Ursachen zu dieser oder jener Handlung determiniert werde, sondern durch die Macht des Willens selbst". Die Verlegung des Ursprungs ins Mittelalter ist zwar (wie oben dargelegt, S. 92f., 107f.) zeitlich zu spät angesetzt und inhaltlich auch zum guten Teil unzutreffend. Die Grundlinien der Entwicklung aber sind richtig erfaßt, auch im Hinblick auf die Antike. Hobbes diagnostiziert korrekt, daß die Bibel, vertreten durch Paulus, den Terminus „Willensfreiheit" nicht kennt und explizit auch nicht von einem freien oder unfreien Wollen redet.[184] Das semantisch-terminologische Argument für den behaupteten christlichen Ursprung fällt damit weg.[185] Umgekehrt enthält Hobbes' Diagnose den weiterführenden Hinweis, daß wesentliche Teile des Willensfreiheitsproblems (anders als z.B. von Wright behauptete, S. 80f.) schon in der vorchristlichen antiken Philosophie untersucht worden sind, speziell die Fragen der Notwendigkeit bzw. kausalen Determiniertheit des menschlichen Wollens und Handelns, kontrastiert mit dem Zufall. Auch das ist, wenngleich im Detail mißverständlich, im Kern völlig korrekt.[186]

4.3 Offene Ursprungsfragen

Für die These vom jüdisch-christlichen Ursprung der Willensfreiheit spricht also insgesamt nicht allzuviel, weder historisch noch systematisch. Das gilt im Blick auf stärkere ebenso wie auf schwächere Freiheitsbegriffe und unabhängig von den unterstellten Interessen. Hält man sich an die allgemeinste Begriffsbestimmung, die nur auf die Freiheit der Willensbildung abstellt, ohne daß weitere Spezifikationen im Spiel sind (S. 33), und nimmt an, daß die Affirmation der Willensfreiheit nur auf das praktische Selbstverständnis und das Interesse an normativer Kontrolle zurückgeht (S. 110f.), erscheint die zu prüfende Ursprungshypothese von vornherein wenig plausibel. Denn daß diejenigen Formen freier Willensbildung, die *dafür* vorausgesetzt werden müssen, *nur* von interessierten Theologen der jüdisch-christlichen Tradition reflektiert und aus übergeordneten, rein theologischen Gründen eingeführt worden sein sollten, ist a limine äußerst unwahrscheinlich. Und selbst wenn diese Diagnose historisch zuträfe, beträfe sie doch nur ein kontingentes empirisches Faktum, das als solches keinerlei Rückschlüsse auf mit ihm verbundene konzeptionelle Fehl- oder Sonderentwicklungen zuläßt (S. 81f.). Neuartig und signifikant wäre allenfalls die Entwicklung eines besonders starken, indeterministisch spezifizierten Freiheitsbegriffs, um die menschliche Willensbildung von der Kontrolle Gottes abzukoppeln, insbesondere aus Gründen der Theodizee. Doch in diesem Sinn, der die göttliche Allmacht und Allwissenheit grundsätzlich in Zweifel stellt und gegebenenfalls sogar die Existenz Gottes bedroht (S. 94, Anm. 96), hat die jüdisch-christliche Theologie – von partikularen Abweichungen abgesehen – den „freien Willen" nie ernsthaft geltend gemacht, sondern ihn wiederholt ausdrücklich verworfen.

Definitiv widerlegt ist die Ursprungshypothese damit noch nicht. Denn es wäre ja denkbar, daß jene Minderheit jüdisch-christlicher Theologen, die dem dogmatischen Kernbestand untreu wurden oder sich Illusionen über die Folgen machten, faktisch dennoch die ersten waren, die das starke, indeterministisch spezifizierte Freiheitskonzept entwickelten. Und noch erwägenswerter ist eine zweite historische Deutungsmöglichkeit. Auch wer bestimmte Willensfreiheitskonzepte *ablehnt*, muß schließlich wissen, *was* er verwirft. Könnte es deshalb nicht sein, daß die Vorstellung von einer eigenständigen, nicht determinierten Form der menschlichen Willensbildung nur als begriffliches Pendant zu einem durchgängig kontrollierten Wollen entstand, das seinerseits erst in den Blick kam, als die jüdisch-christliche Theologie begann, den Gedanken von Gott als universalem Schöpfer und Weltenlenker konsequent auch auf den Bereich des menschlichen Geistes anzuwenden? Und dieser letztere Schritt zumindest erfolgte historisch schon relativ früh. Denn die Außengelenktheit und fehlende Selbständigkeit des menschlichen Denkens und Wollens gehört ja, soweit die schriftlichen Zeugnisse reichen, von Beginn an zur jüdisch-christlichen Vorstellungswelt, jedenfalls in Form einer möglichen direkten Beeinflussung durch Gott oder übermenschliche diabolische Mächte (S. 106f. Anm. 132–138). Und wenn die Bibel den positiven Gegenbegriff dazu nicht erwähnt, muß dies natürlich nicht heißen, daß er ihren Autoren vollkommen unbekannt oder sprachlich für sie nicht artikulierbar gewesen wäre. Denn vielleicht schweigen die Texte an dieser Stelle nur deshalb, weil ihre Autoren eine indeterministisch freie Willensbildung stillschweigend verneinten oder weil eine solche, obwohl als Möglichkeit prinzipiell anerkannt, für sie einfach kein Thema war.

5. Willensfreiheit in der griechischen Tradition

5.1 Insignifikanz der sprachlichen Befunde

Endgültig ausschließen läßt sich die Hypothese, daß Begriff und Problem der Willensfreiheit nur als Produkt oder Nebenprodukt religiöser Vorstellungen denkbar waren, die in der jüdisch-christlichen Tradition beheimatet sind und mit dieser möglicherweise stehen und fallen, erst durch den positiven Nachweis, daß man auch anderswo und ganz unabhängig von solchen Vorgaben auf das Willensfreiheitsproblem aufmerksam wurde. Wie also steht es in dieser Beziehung mit der von Kritikern kontrastiv herangezogenen griechischen und später römischen Tradition? Hat sie Probleme der freien und unfreien Willensbildung, mit oder ohne Verbindung zum Determinismusproblem, tatsächlich *nicht* bzw. *erst* dann und insoweit aufgegriffen, als jüdisches oder christliches Gedankengut in sie eindrang? Oder gibt es Belege für vergleichbare Fragestellungen im griechischen Denken, die *eigenständig* entwickelt wurden oder zeitlich sogar noch *früher* liegen? Solche Belege gibt es. Und sie sind, wie sich zeigen wird, gewichtig genug, um die These vom jüdisch-christlichen Ursprung und den darauf gestützten Versuch einer geistesgeschichtlichen Relativierung des Willensfreiheitsproblems definitiv als verfehlt zu erweisen.

Begründet wurde die These zunächst mit dem Hinweis auf semantische und terminologische Differenzen (S. 82–84). Doch die zuletzt angestellten Überlegungen zur fehlenden Rede vom „freien Willen“ in den Texten der Bibel (S. 116, vgl. S. 115 Anm. 184) mahnen auch hier zur Vorsicht. Das bloße Fehlen einer speziellen Terminologie oder der expliziten Rede von „Willensfreiheit“ (o.ä.) besagt wenig. Vieles eben *kann* sprachlich ausgedrückt werden, was *faktisch* nicht oder nur implizit formuliert wird. Und eine genauere Überprüfung zeigt, daß schon die sprachlichen Tatsachen eher für als gegen eine eigenständige griechische Entwicklung sprechen. Denn erstens ist die ausdrückliche Rede vom „freien Willen“ (o.ä.) zwar auch im griechisch-römischen Kontext erst relativ spät belegt, faktisch aber noch immer erheblich *früher* als im jüdisch-christlichen.[187] Zweitens wäre ihr Fehlen nur dann beweiskräftig, wenn sichergestellt wäre, daß alles, was überhaupt denkbar oder begrifflich faßbar ist, sprachlichen Ausdruck finden *muß* und daß dies *nur* mit Hilfe eines besonderen, einschlägig spezifizierten Vokabulars geschehen kann. Doch obwohl beides oft unterstellt wird, sei es als implizite Prämisse bei der Interpretation fremder Texte oder sogar als explizite sprachtheoretische These, sind solche Unterstellungen weder theoretisch plausibel, geschweige denn sicher, noch hermeneutisch oder heuristisch empfehlenswert, für das klassische Griechisch genauso wie für jede andere Sprache.[188] Ob bzw. wie lange Begriff und Problem der Willensfreiheit in Griechenland tatsächlich unbekannt waren, läßt sich den sprachlichen Befunden allein sicher nicht entnehmen. Diese sind bestenfalls ein formales Indiz, das der genaueren, inhaltlich orientierten Überprüfung bedarf.

5.2 Theologische Parallelen

Auch inhaltlich aber erweisen sich die Differenzen zum jüdisch-christlichen Denken keineswegs als so groß, wie es zunächst scheinen mag. Im Gegenteil, gerade in theologischer Hinsicht gibt es signifikante Gemeinsamkeiten. Auch die griechischen Götter herrschen über die Welt und lenken die Geschicke der Menschen. Zwar können sie, da sie partiell in Konkurrenz zueinander stehen bzw. selbst noch von übergeordneten Schicksalsmächten abhängen, nicht in der gleichen Weise allwissend und allmächtig sein wie der eine, konkurrenzlos dominierende Gott der jüdisch-christlichen Tradition. Prinzipiell aber ist ihre Stellung vergleichbar. Auch der griechische Mensch muß damit rechnen, daß er beobachtet wird und daß die Ziele, die er verfolgt, von den Göttern gefördert oder durchkreuzt werden.[189] Ähnlich ambivalent ist seine Bewußtseinslage. Einerseits kann das Gefühl unberechenbaren, ohnmächtigen Ausgeliefertseins daraus entspringen.[190] Andererseits entsteht ein Gefühl der Geborgenheit in der göttlichen Fürsorge, das sich von dem eines Gläubigen der Bibel kaum unterscheidet.[191] Dabei erstreckt sich der göttliche Einfluß nicht etwa nur auf die Bereitstellung äußerer Anlässe und auf äußere Handlungen und Handlungsfolgen, sondern auch auf das menschliche *Innere*, einschließlich jener emotiven, volitiven und intellektuellen Prozesse, die dem Handeln vorausgehen. Die Vorstellung von einer göttlich kontrollierten und deshalb unfreien Willensbildung ist also ebenfalls im Kern präsent, auch wenn nicht explizit davon geredet wird.

Schon bei Homer (8. Jh. v. Chr.) gibt es neben Situationen, in denen die Götter – in eigener oder verwandelter Gestalt – *äußerlich* ins Geschehen eingreifen, während der Mensch die Lage verkennt,[192] oft auch den Fall, daß der Einfluß der Götter *innerlich* ansetzt, indem sie z.B. den Sinn des Menschen mutig oder furchtsam machen, ihn verblenden oder auf gute Gedanken bringen.[193] Die Vorstellung von der umfassenden Kontrolle des Geistes durch die Götter bei Homer scheint später, in der hellenistischen Welt, sogar so selbstverständlich gewesen zu sein, daß der Philosoph Plutarch (~45–120) sich veranlaßt sah, den Dichter gegen den verbreiteten Vorwurf in Schutz zu nehmen, er verweise den Menschen ganz in die Passivität und spreche ihm jede Freiwilligkeit („hekūsion", S. 83) ab, indem er bereits sein Streben, Überlegen und Sich-Entscheiden („prohairesis", S. 83f.) als gottgewirkt hinstelle.[194] Dabei stellt auch Plutarchs eigene Homer-Interpretation die mentale Einwirkung der Götter nicht in Abrede. Nur diagnostiziert er bei ihm ein komplexes Zusammenspiel von göttlichen und menschlichen Aktivitäten, das in manchen Hinsichten synergistische („semipelagianische", Anm. 153) Vorstellungen der christlichen Theologie vorwegnimmt. Diese Diagnose dürfte der Vorstellungswelt Homers und der älteren griechischen Dichtung insgesamt ziemlich nahekommen.[195]

In dem Maße aber, in dem die Götter Geist und Verhalten des Menschen bestimmen, sind sie offenbar auch für die Resultate verantwortlich. So liegt es nahe, sich nötigenfalls mit dem Hinweis auf eine unwiderstehliche übernatürliche Intervention zu *entschuldigen.* Auch wenn wir keine Erzählungen darüber haben, ist kaum anzunehmen, daß die Lausbuben im alten Athen, die gewiß nichts von jüdisch-christlichen Gottesvorstellungen wußten, in dieser Beziehung weniger gewitzt gewesen sein sollten als der von christlichem Denken geprägte kleine Daniel aus unserer Beispielgeschichte (Kap. I, 1). Und für Erwachsene ist Entsprechendes auch dokumentiert. Die Helden Homers und der Tragödiendichter des 5. Jahrhunderts v. Chr. verweisen zur Selbstentschuldigung öfter auf göttliche Einflüsse, wobei gelegentlich auch jene menschlich naheliegende asymmetrische Form der Zurechnung anklingt, die schlechte Ergebnisse abschiebt und gute als eigene Leistung reklamiert.[196] Auch die theologische Umkehrung dieser Asymmetrie wird relativ früh erwähnt.[197] Das indiziert zugleich eine entsprechend frühe Präsenz des *Theodizeeproblems.* Manifest wird dieses in der ausdrücklichen Zurückweisung menschlicher Entschuldigungsversuche und dem erkennbaren Bestreben, an der Idee der Eigenverantwortlichkeit trotz des umfassenden Waltens der Götter festzuhalten.[198] Sieht man vom geringeren Grad an theologischer Reflexion und der noch fehlenden (expliziten) Rede vom „freien Willen" ab, sind die Parallelen zur späteren Behandlung dieser Fragen in der christlichen Tradition unverkennbar.

5.3 Frühe Präsenz des Willensfreiheitsproblems

In zwei bedeutenden Hinsichten gehen die griechischen Vorstellungen sogar noch weiter. Erstens gewinnt der griechische Mensch schon früh eine *Eigenständigkeit* als Person, die ihn partiell auch von den Göttern abkoppelt und ihm unkontrolliertes Denken und Handeln ermöglicht.[199] Anthropologische Motive dürften eher dafür verantwortlich gewesen sein als theologische (anders als Nietzsche in seinem dritten Einwand vermutete, S. 88f.). Doch selbst wenn man annimmt, daß theologische Motive oder speziell das Interesse an der Theodizee eine ebenso große Rolle gespielt haben, hätte die Einführung eines entsprechend starken, indeterministischen Begriffs der „Willensfreiheit" zu einer Lösung im griechischen Kontext (konform mit Nietzsches Diagnose) allemal näher gelegen als im jüdisch-christlichen. Denn dessen monotheistisch-schöpfungstheologische Prämissen entfielen hier, und zugleich wurde diese Entwicklung durch parallele außertheologische Tendenzen begünstigt. Auch unter theologischen Prämissen also tragen die relevanten Differenzen zwischen beiden Traditionssträngen schwerlich zur Plausibilisierung der These vom jüdisch-christlichen Ursprung bei.

Zweitens aber und vor allem setzt in Griechenland schon seit dem 5. Jahrhundert v. Chr. ein fortschreitender Prozeß der *Entmythologisierung* ein. Die Vorstellung von der Kontrolle der Götter über den menschlichen Geist wird nicht mehr wörtlich genommen, sondern als Projektion innerpsychischer Vorgänge aufgefaßt, manchmal sogar als gezielte Erfindung.[200] Ermöglicht wurde diese veränderte Sicht durch das erwachte Bewußtsein für psychische Phänomene überhaupt und speziell für freiheitsbeschränkende Motivationskonflikte. Vielfältige Beispiele hierfür werden angeführt: Gewissensbisse,[201] Rücksichten auf geltende Normen und soziale Abhängigkeiten,[202] widersprüchliche Willenslagen und „unwillig-willig" gefaßte Entschlüsse.[203] Die weitaus bedeutendste Gruppe aber bilden Konflikte zwischen Vernunft und Leidenschaft, wobei es sowohl den Negativfall der vernunftwidrigen Überwältigung durch die Leidenschaften gibt[204] als auch die positive Erfahrung der Fähigkeit, Ansprüche der Sinnlichkeit und Emotionalität rational zu beherrschen.[205]

Phänomene der inneren, mehr oder weniger freien oder konflikthaft eingeschränkten Handlungsmotivation werden in der griechischen Literatur also ebenfalls relativ früh thematisiert und in zunehmend differenzierter Form auch theoretisch reflektiert. Von „freiem" oder „unfreiem Wollen" ist dabei anfänglich nicht die Rede. Doch das Problem, wie Menschen dazu kommen, Ziele zu entwickeln und handelnd anzustreben, hat griechische Autoren immer beschäftigt. Insofern war ihnen auch die Frage nach den Bedingungen freien oder unfreien Handelns im Kern vertraut, einschließlich der vorausgehenden freien oder unfreien Willensbildung. Die direkte Frage danach brauchte nur noch explizit formuliert und theoretisch entfaltet werden. Die klassische griechische *Dichtung* hat diesen Prozeß vorbereitet, die *Philosophie* hat ihn schrittweise vollzogen.

1. Die Präsenz des Willensfreiheitsproblems zeigt sich zunächst in der anhaltenden Auseinandersetzung mit dem Problem der AKRASIE (griech. „akrasia", wörtl. „Kraftlosigkeit", speziell im Sinne mangelnder Selbstbeherrschung). Dieser Terminus wird in der neueren Literatur oft mit „Willensschwäche" übersetzt. Doch das ist ungenau und mißverständlich, nicht nur im Blick auf den Willensbegriff (S. 82 Anm. 67). Denn wichtiger noch als dessen Verwendung ist die Tatsache, daß es hier nicht eigentlich um eine Schwäche des *Wollens* geht, sondern um einen speziellen Defekt der *Vernunft*.[206] Gemeint ist die mangelnde Fähigkeit, rational überlegt und aus Gründen zu handeln und sich dabei vom jeweils erkannten Guten bzw. vergleichsweise Besten leiten zu lassen, wobei das relevante „Gute" oder „Beste" sowohl das recht verstandene Eigeninteresse betreffen als auch relevante Ansprüche der Gesellschaft. Der Kern des Problems liegt also nicht beim Wollen und seinem Einfluß aufs Handeln selbst (vgl. Kap. II, 2.2), sondern bei der schon früher gelegenen vernünftigen oder unvernünftigen, einsichtigen oder uneinsichtigen *Willensbildung* (einschließlich der optionalen, S. 64ff.) und wirft somit von der Sache her auch die Frage nach deren *Freiheit* auf (S. 33).

Niemand wird ernsthaft bestreiten, daß Menschen in dem Sinne rational „schwach" sein können, daß sie sich aufgrund von Wissenslücken bzw. unzureichender oder fehlerhafter Überlegungen darüber *täuschen*, was in ihrem aufgeklärten, längerfristigen Eigeninteresse liegt oder nach geltenden moralischen oder rechtlichen Normen objektiv gut ist, bedingt z.B. durch einen relevanten „Tatbestands-" oder „Verbotsirrtum" (vgl. S. 68, 73). Angenommen aber, jemand ist hinreichend informiert und rational und nach entsprechender Überlegung subjektiv überzeugt, das Gute bzw. relativ Beste richtig erkannt zu haben. Muß er, wenn er vernünftig ist, das so Erkannte dann nicht auch *wollen* und, wenn er kann, *willentlich tun*, oder gibt es auch hier noch die Möglichkeit menschlicher „Schwäche"? Die naheliegendste Auffassung ist zweifellos und war es schon in der Antike, exemplarisch artikuliert bei Euripides,[207] daß dieser Schritt *nicht* zwingend ist, sondern aus verschiedensten Gründen unterbleiben kann. Genannt wurden hier nicht nur überwältigende Triebe und Leidenschaften, sondern z.B. auch Gewissenskonflikte, widersprüchliche Willenshaltungen, Trägheit, Gewohnheit oder falsche soziale Rücksichten. Sokrates und Platon dagegen wollten das Selbstverständnis des Menschen als praktisch, wenn auch nicht theoretisch, durchgängig rationales Wesen verteidigen. Sie erklärten deshalb den Schritt zum Wollen und Tun des erkannten Guten für *zwingend* und wollten die (auch von ihnen nicht zu bestreitenden) offenkundigen Gegenbeispiele mit ungenügender *Einsicht* ins Gute erklären, enggeführt in dem provokanten Sokratischen Diktum, niemand handle freiwillig und wissentlich schlecht.[208] Diese Auffassung ist später häufig als „die griechische" überhaupt hingestellt worden, verbunden mit der Behauptung, daß ihr jede Vorstellung von einer bewußten, willensfreien Entscheidung gegen das Gute oder für das Schlechte, wie sie z.B. für den christlichen Begriff der „Sünde" konstitutiv sei, vollkommen fremd war.[209]

Doch das ist unangebracht, nicht nur im Blick auf das mehr als ambivalente Verhältnis der jüdisch-christlichen Tradition zur Willensfreiheit (Abschnitte 3–4). Auch im alten Griechenland war die Sokratisch-Platonische Position schließlich nicht die einzige oder absolut dominante. Ebenso hat Aristoteles, obwohl er mit ihr in wesentlichen Stücken einig ging, die Sokratische Engführung als lebensfremd abgelehnt. Spätestens damit war auch für die Philosophie unübersehbar geworden, daß der Gedanke verfehlt war, mit der Sokratischen These – wenn sie denn überhaupt mehr sein sollte als eine provokante Akzentverlagerung – den Ursprung des Schlechten pauschal vom Wollen aufs Wissen oder rein theoretische Rationalitätsdefizite verschieben und den Anteil der freien Entscheidung eliminieren zu können.[210] Wie weit die Sokratische These, losgelöst von inadäquaten Verengungen, sachlich haltbar ist, hängt vor allem davon ab, was man unter „Erkenntnis des Guten" *versteht* und an welcher *Stelle* innerhalb der mentalen Prozesse, die dem Handeln vorausgehen, man sie in Anschlag bringt. Unter beiden Gesichtspunkten wird sie deshalb bis heute kontrovers diskutiert.[211] In unserem Zusammenhang kann dies jedoch außer Betracht bleiben. Denn alle zitierten Autoren, Platon und Sokrates genauso wie Euripides oder Aristoteles, waren sich darin einig, daß Phänomene der „Akrasie" eine Form der persönlichen Unfreiheit darstellen, die nicht erst das äußere Handeln betrifft, sondern schon die zugrunde liegenden willensbildenden Überlegungen und Entscheidungen. Insofern besaßen sie alle bereits ein waches Bewußtsein für zentrale Aspekte jenes Problems, das später als das der „Willensfreiheit" bezeichnet wurde.

2. Zudem kennt Platon neben der Akrasie auch noch andere Formen innerer Unfreiheit. Dabei handelt es sich meist um Varianten des Konflikts zwischen Vernunft und Leidenschaft, allen voran zwischen Lust- bzw. Unlusterwartun-

gen für jetzt und solchen für die entferntere Zukunft. Obwohl Platon bestrebt ist, diesen Konflikt ebenfalls auf das Schema eines rein epistemischen Defizits zu reduzieren, ist er der Sache nach darauf nicht eingeschränkt.[212] Konflikte zwischen kurzfristigen und längerfristigen *Eigeninteressen* müssen nicht epistemisch oder hedonal spezifiziert sein. Wer sich in einer solchen Konfliktsituation zwischen zwei Optionen entscheiden muß, unterliegt offenbar einer Form des inneren Zwangs, der auch dort, wo dieser nicht völlig unwiderstehlich ist (vgl. S. 28ff.), die freie Willensbildung beeinträchtigt. Dabei spielt es im Prinzip keine Rolle, ob die Rücksicht auf die eigene Zukunft als freiheitsbeschränkend für das gegenwärtige Leben empfunden wird oder ob man sich, genau umgekehrt und Platons eigenen Intentionen entsprechend, durch das Auftreten von Momentaninteressen in seiner Fähigkeit zur längerfristigen Lebensplanung beeinträchtigt sieht.

Ähnliches gilt für Konflikte zwischen Eigeninteressen und Ansprüchen der *Gesellschaft*. Auch sie spricht Platon häufig an, als Beispiele für bestehende geistige Unfreiheit ebenso wie als Chance zur Freiheit. Deshalb konnte die innere Unabhängigkeit, die der Platonische Sokrates seiner Verurteilung gegenüber bewahrt, später problemlos als Musterbeispiel „Stoischer Freiheit" interpretiert und auf den Willen bezogen werden.[213] Platon hat sich zudem bemüht, die Sokratische These, daß „niemand freiwillig schlecht handelt", mit dem strafrechtlichen *Schuldprinzip* (S. 47f.) in Einklang zu bringen. Dazu hat er innerhalb des Bereichs der mangelnden „Freiwilligkeit" („hekūsion", S. 83) verschiedene Arten und Grade fehlender bzw. bestehender Vorwerfbarkeit eingeführt, die er gemeinsam als Formen einer „Bedrängung des Willens" beschreibt.[214] Hier ist es offenbar nur noch ein Schritt, um auch ausdrücklich vom „unfreien Wollen" zu reden.

Manchmal scheint es sogar, als habe Platon bereits einen *positiven* und relativ *starken* Begriff von Willensfreiheit. Einschlägig hierfür sind einerseits Stellen, an denen die Seele („psychē") als der „sich selbst bewegende Ursprung" aller Bewegungen des Menschen beschrieben wird, einschließlich des innerpsychischen Planens, Meinens und Überlegens.[215] Andererseits scheinen verschiedene Mythen Platons dafür zu sprechen, die sich mit Schicksal, Schuld und Sühne der Seelen jenseits des irdischen Lebens befassen. Der detaillierteste dieser Mythen schreibt dabei jeder Seele die Chance zu, sich nach Verbüßung ihrer Strafe für das jeweils vorangegangene Leben in einem nächsten Leben ein anderes Schicksal auszusuchen, an das sie *nach* dieser Wahl gebunden ist, *vor* ihr jedoch nicht, so daß nur sie (und nicht die Gottheit) Schuld hat, wenn daraus ein schlechtes Leben entspringt.[216] Vor allem dieser Mythos ist in der Literatur wiederholt als Antizipation eines starken, indeterministischen Begriffs der „freien Willensentscheidung" gedeutet worden.[217]

Soviel allerdings geben die Texte nicht her. Denn erstens verfährt der Mythos in der entscheidenden Hinsicht nicht völlig *konsequent*, da die Wahl der

Seelen schon von ihren Erfahrungen im jeweils früheren Leben und vorgebildeten Charaktereigenschaften beeinflußt wird. Zweitens würde auch eine unvorbelastete „Urwahl" im Jenseits nichts für die Freiheit *diesseitig* lebender Menschen beweisen. Zwar gibt es einige Hinweise, daß Platon selbst schon (wie später die sogen. „Mittelplatoniker" im 2. Jahrhundert n. Chr.[218]) den Mythos nicht wörtlich genommen, sondern als allegorische Umschreibung innerweltlicher Geschehnisse aufgefaßt hat, zu denen auch originäre, indeterminierte Entscheidungen gehören.[219] Eindeutig sind diese Stellen allerdings nicht, zumal sie in je verschiedenen Kontexten stehen. Man wird deshalb gut tun, Platon insgesamt nicht als Vertreter eines starken Willensfreiheitsbegriffs in Anspruch zu nehmen. Doch zu bestreiten, daß ihm Probleme der freien oder unfreien Willensbildung bekannt waren, wäre angesichts der vorhandenen Ausagen töricht.

3. Für Aristoteles gilt das noch mehr. Intensiver als jeder andere antike Autor vor ihm ist er der Frage nachgegangen, wann Handlungen „freiwillig" bzw. „spontan" („hekōn"/„hekūsios", S. 83) sind und wie sie zustande kommen.[220] Allerdings sind die einschlägigen Textstellen auch hier verstreut, kontextgebunden und uneinheitlich. Das hat schon in der Antike zu zwei gegensätzlichen Interpretationen geführt, die in abgewandelter Form bis heute vertreten werden. Die eine schreibt Aristoteles, zumindest in der Tendenz, ein *indeterministisches* Modell der menschlichen Täterschaft zu, während die andere in ihm einen Vorläufer eines *deterministischen* Weltbilds erblickt, für den ein stärkerer Begriff der Willensfreiheit vollkommen außer Betracht lag.[221] Beide Interpretationen können auf Äußerungen verweisen, die prima facie für sie und gegen die jeweils andere sprechen. Doch die eindimensionale Antithetik, die ihnen zugrunde liegt, wird der komplexen Textlage nicht gerecht:

Zunächst ist festzuhalten, daß jene Formen der Willensunfreiheit, die sich aus Beschränkungen willensbildender *Überlegungen* ergeben, Aristoteles genauso vertraut sind wie seinen Vorgängern. Mehr noch, er beschäftigt sich nicht nur mit dem Problem der Akrasie (Anm. 210) oder anderen Varianten des Konflikts zwischen Vernunft und Leidenschaft, sondern erweitert den Phänomenbereich. Zum einen nimmt er Situationen des *Zwangs* hinzu, in denen die Willensbildung entweder durch eine äußere Notlage oder die Nötigung anderer Menschen (Drohung, Erpressung) eingeengt ist.[222] Zum anderen stellt er die grundlegende Bedeutung des *Wissens* für die Freiwilligkeit des Überlegens und Handelns ganz allgemein heraus, also nicht nur im Blick auf die relevante Erkenntnis des Guten bzw. relativ Besten.[223] So gehören seit Aristoteles (wie früher erwähnt, S. 68, Anm. 49) sowohl der Tatbestandsirrtum wie auch der Gebots- oder Verbotsirrtum des Strafrechts zum Repertoire der Entschuldigungsgründe. In dieser Beziehung also kann man ihm eine Kenntnis des Willensfreiheitsproblems keinesfalls absprechen.

Beide Kriterien, der Ausschluß der Unwissenheit wie der des Zwangs, sind für Aristoteles *definitorisch* für den Begriff der „Freiwilligkeit" bzw. „Spontaneität", wobei die Zwangfreiheit ihrerseits dadurch erläutert wird, daß hier der Anfang („archē") der Handlung nicht außerhalb liegt, sondern im Handelnden selbst.[224] Dem korrespondieren Passagen, in denen auch Aristoteles (ähnlich wie Platon, S. 123 Anm. 215) menschliche Handlungen als „aus sich selbst bewegte" bezeichnet bzw. präziser als solche, bei denen Körperbewegungen und deren Folgen „bewegt durch den Menschen" sind, dieser jedoch nicht mehr „bewegt durch anderes".[225] Solche Aussagen liefern den hauptsächlichen Anknüpfungspunkt für die indeterministischen Deutungen.

Doch einen Beweis für sie liefern die Texte nicht. Der Kontext macht vielmehr klar, daß Aristoteles offenbar keine absolute, sondern nur eine *relative* Selbstbewegung im Auge hat. Außerdem hat er sie nicht auf den Menschen beschränkt. Auch ein Tier, das nach einer Phase der Ruhe seine natürlichen Aktivitäten wieder aufnimmt, ohne daß päsente äußere Stimuli es dazu treiben, bewegt sich „von selbst", obwohl innere Prozesse der Bewegung direkt vorausgehen und diese indirekt auch von früheren Prägungen und Umwelteinflüssen abhängen.[226] Ein völliger Neuanfang wird also nicht gefordert. Das gilt grundsätzlich auch für das bewußt vollzogene praktische Überlegen, das Aristoteles meist auf die rationale Wahl geeigneter Mittel zu schon gegebenen Zwecken einschränkt.[227] Manchmal vergleicht er sogar den gesamten Handlungsablauf, einschließlich des Überlegens, mit den Bewegungen von Automaten, so daß es aus heutiger Perspektive leicht wäre, sie als computersimulierbare Prozesse zu konstruieren.[228] Solche Passagen sind es, auf die sich die deterministischen Interpreten berufen.

Ein Beweis, daß Aristoteles keinen *Begriff* von indeterministischer Willensfreiheit gehabt hätte, ergibt sich auch daraus allerdings nicht. Andere Passagen belegen eher das Gegenteil. Aristoteles hat die Frage der Freiwilligkeit bzw. Spontaneität nämlich nicht nur auf Handlungen und Überlegungen bezogen, sondern auch auf die *personalen* Bedingungen, von denen sie abhängen. Dazu gehören permanente Charakterzüge und Gewohnheiten ebenso wie emotionale, volitive oder epistemische Momentanzustände. Sind diese determinierend für den Überlegungs- und Handlungsprozeß, kann die Handlung zwar immer noch „freiwillig" oder „spontan" genannt werden. Zutreffend ist dies aber nur dann, wenn der Handelnde selbst die Verantwortung dafür trägt, daß jene Bedingungen eintraten, d.h. wenn er sie durch sein eigenes freies Handeln zu einem früheren Zeitpunkt selbst herbeigeführt hat („Vorverschulden" S. 73f.). Denn andernfalls würde er, weil er personal festgelegt wäre, nicht mehr freiwillig handeln und für das Ergebnis auch nicht verantwortlich sein. Aristoteles hat diesen Gedanken nicht konsequent durchgeführt, sondern die Freiwilligkeitsrückfrage an einem bestimmten Punkt abgebrochen.[229] Er hat aber sehr wohl gesehen, daß die Determiniertheit von Handlungen und handlungsleitenden Überlegungen durch frühere Ursachen freiheitsgefährdend sein kann.

Hinzukommt, daß er an zwei exponierten Stellen die Hypothese, menschliches Überlegen und Handeln könne vollständig determiniert sein, ausdrücklich *verwirft*, jeweils gestützt auf die Gegenthese, daß dies mit unserem Selbstverständnis als Wesen, die rational überlegen und wählen können, unvereinbar wäre.[230] Und selbst die *positive* Idee einer Willensbildung, die indeterministische Elemente enthält, war Aristoteles nicht völlig fremd, auch wenn er sie nur auf den blinden Zufall bezogen und sie sich selbst nicht zu eigen gemacht hat.[231] Man wird Aristoteles deshalb zwar nicht als Anhänger eines starken Willensfreiheitskonzepts bezeichnen können, wohl aber als einen Autor, der die Probleme der „freien Willensbildung" in allen wesentlichen Aspekten, einschließlich ihrer Beziehung zum Determinismus, deutlich erfaßt und relativ differenziert erörtert hat, zumindest der Sache nach und gelegentlich sogar schon terminologisch.[232]

4. Ein indeterministisches Konzept der Willensfreiheit scheint Epikur (341–270 v. Chr.) vertreten zu haben.[233] Nach dem übereinstimmenden Bericht von Lukrez und Cicero (um die Mitte des 1. Jhs. v. Chr., vgl. Anm. 187) hat er die Atomtheorie Demokrits durch die Annahme von unberechenbaren, unverursachten Bahnabweichungen erweitert. Das geschah zunächst nur, um die Interaktion der sich ansonsten geradlinig und parallel zueinander bewegenden Atome theoretisch verständlich zu machen.[234] Ein praktischer Grund aber war auch die Rechtfertigung des „freien Willens" („libera voluntas" u.ä.), verstanden als Fähigkeit, Handlungsentscheidungen unabhängig von äußeren Einflüssen zu treffen und sich dem Schicksalszwang zu entziehen, den eine durchgängige Kausalverkettung heraufbeschwört.[235] Lukrez hat das positiv aufgegriffen, Cicero die darin enthaltene Abkehr vom universalen Kausalprinzip verspottet und sie mit Hinweis auf eine entsprechende Kritik des Platonikers Karneades (214–128 v. Chr.) zugleich für unnötig erklärt, um den freien Willen zu retten.[236] Doch wie immer man zu ihr stehen mag: Epikurs Theorie, so wie sie in der Antike rezipiert wurde, beweist in jedem Fall, daß auch das positive Konzept eines indeterministisch freien Wollens in der griechischen Tradition präsent war, und dies wesentlich früher als in der jüdisch-christlichen.

5. Überdies hat Epikur sein Konzept selbst schon in Reaktion auf andere Philosophen entwickelt. Wenn er gegen „gewisse Leute" polemisiert, die das „Schicksal" („heimarménē", lat. „fatum") zur „allesbeherrschenden Despotin" machen,[237] so meint er die Schule der Stoiker, speziell den etwa zeitgleich mit ihm auftretenden Gründer Zenon von Kition (~333/332–262 v. Chr.). Umgekehrt sind die Epikureer gemeint, wenn vom dritten und für die Antike bedeutendsten Schulhaupt Chrysipp (~281/277–208/204 v. Chr.) berichtet

wird, er habe gegen Denker argumentiert, die den menschlichen Geist von jeder Nötigung durch äußere Ursachen abkoppeln wollen, indem sie „zufällige Wendungen" in ihm postulieren.[238] Beide Schulen nahmen in dieser Frage erklärte Gegenpositionen ein, wußten also um die Konzeption der jeweils anderen. Die Stoiker vertraten – vielleicht als erste – einen universalen Kausaldeterminismus, den sie zugleich mit Elementen der griechischen Mythologie und Theologie verbanden.[239] Der Göttervater Zeus rückte dabei in die Position eines allmächtigen und allwissenden Weltbeherrschers, der gewisse Parallelen zum jüdisch-christlichen Gottesbild aufweist und es dem Christentum später leicht machte, Stoisches Gedankengut aufzugreifen.[240]

Auch für die Stoiker stellte sich somit, radikaler noch als für Platon und die griechische Dichtung, das *Theodizeeproblem* und das Problem, persönliche *Freiheit* und moralische *Verantwortlichkeit* mit ihrem deterministisch-fatalistischen Weltbild in Einklang zu bringen. Die Lösungsversuche, die sie unternahmen, waren z.T. ingeniös und paradigmatisch für viele spätere, wurden jedoch schon von ihren antiken Gegnern als unbefriedigend oder selbstwidersprüchlich kritisiert.[241] Vor allem eine Lösung, die in der jüngeren Stoa prominent wurde, provoziert einen Widerspruchsvorwurf. Denn zur Gewinnung der moralisch gebotenen ausgeglichenen Haltung, der sprichwörtlichen „Stoischen Ruhe" gegenüber denjenigen (vor allem: äußeren) Dingen des Lebens, die man als schicksalhaft determinierte ohnehin nicht abändern kann, empfahl man hier die bewußte Ergebung ins Schicksal.[242] Diese Empfehlung scheint jedoch nur bei Menschen sinnvoll zu sein, die über die (innere) geistige Freiheit verfügen, selbständig zwischen Widerstand und Ergebung zu wählen, was auf eine Form von Willensfreiheit hindeutet, für die es in einer konsequent deterministischen Welt eigentlich keinen Platz gibt, da eine solche den mentalen Bereich einschließt. Bei den bedeutendsten Philosophen der römischen Kaiserzeit, d.h. Seneca (gest. 65 n. Chr.), Epiktet (~55–135) und Mark Aurel (121–180), werden der Ergebungsgedanke und die Freiheit des Geistes sogar so sehr betont, daß die latente Unstimmigkeit manifest wird, teilweise bis in die Terminologie hinein.[243] Doch auch wenn man annimmt, daß die konsequente Position der Stoiker, ähnlich wie die jüdisch-christliche, eigentlich auf eine Verneinung von „Willensfreiheit" in jedem stärkeren Sinne hinausläuft, bleibt festzuhalten, daß ihnen nicht nur die Fragestellung, sondern zumindest als Position ihrer Epikureischen Gegner auch die positive Auffassung vertraut war, den Determinismus zugunsten der Freiheit aufzugeben, und daß manche ihrer Vertreter dies an bestimmten Stellen vielleicht sogar – gewollt oder ungewollt – selber taten.

6. Kritisches Resümee

Die Annahme, Begriff und Problem der Willensfreiheit ließen sich geistesgeschichtlich relativieren und kritisch destruieren, indem man sie als eine Besonderheit und ein Produkt jüdisch-christlichen Denkens ausweist, dem rein theologische Interessen zugrunde liegen, hat sich also in jeder Beziehung als irrig erwiesen. Das gilt nicht nur mit Blick auf dieses Denken selbst, sondern auch auf die kontrastiv herangezogene griechische Tradition. Auch diese steht der Problemstellung nicht so fern, wie es prima facie scheinen mag und von manchen Interpreten behauptet wurde. Im Gegenteil, nicht einmal auf der sprachlichen und terminologischen Ebene, wo es tatsächlich auffällige Differenzen gibt, hat sich die These vom jüdisch-christlichen Ursprung der Willensfreiheit als wirklich haltbar erwiesen, geschweige denn sachlich und inhaltlich.

Das griechische Denken, beginnend schon in der Dichtung und voll ausgeprägt in der Philosophie, hat zahlreiche Phänomene der freien oder unfreien Willensbildung nicht nur als solche *erfaßt*, sondern auch als Problem fortschreitend differenzierter und kritischer *reflektiert*, einschließlich der Frage partieller oder universeller Determiniertheit. Der jüdisch-christlichen Theologie bedurfte es dazu offenbar nicht. Einflüsse in dieser Richtung sind für die klassische Zeit jedenfalls nicht belegt, sondern allenfalls spekulativ in Anschlag zu bringen (Anm. 240). Wenn es hier einen bestimmenden Einfluß gab, so lag dieser wesentlich später und verlief eher in der entgegengesetzten Richtung, nämlich von der antiken Philosophie zur Theologie. Intellektuelle wie Philon oder die christlichen Kirchenväter waren philosophisch gebildete Leute. Sie kannten das erreichte Reflexionsniveau und die Problemstellungen der griechischen Philosophie, griffen sie auf und brachten sie ins theologische Denken ein, gleichgültig, ob dies in assimilatorischer oder rein kritischer und apologetischer Absicht geschah. Auch wenn die vielzitierte Diagnose Adolf von Harnacks, das christliche Dogma stelle „in seiner Conception und in seinem Ausbau ein Werk des griechischen Geistes auf dem Boden des Evangeliums" dar, vielleicht überpointiert ist,[244] so kann doch kein Zweifel sein, daß die Theologie nicht nur formal, sondern auch inhaltlich wesentlich von der Philosophie beeinflußt wurde.

Das gilt, wie für viele Bereiche, auch für die Frage der Willensfreiheit und ihre Beziehung zum Determinismus. Viele der führenden Theologen in der Patristik haben hier explizit an die Philosophie angeknüpft. Dazu gehören solche, die wie Origenes einen starken, indeterministisch konnotierten Willensfreiheitsbegriff vertreten, ebenso wie solche, die ihn vehement bekämpfen, insbesondere Augustin.[245] Die griechische Tradition bot schließlich Ansatzpunkte für unterschiedlichste Positionen. Auch das *Interesse* am „freien Willen" unterscheidet sich, wie wir sahen, in beiden Traditionen nicht wesentlich. Neben dem Theodizeeproblem, das auch in Griechenland früh präsent war und die Philosophie anhaltend beschäftigte (Anm. 198), waren es vor allem zwei entscheidende Gründe, die Denker beider Traditionsstränge dazu veranlaßten, nach einer affirmativen Antwort auf die Frage zu suchen, ob und inwieweit Menschen in ihrem Wollen und Handeln „frei" sind: das Problem der moralischen bzw. rechtlichen *Verantwortlichkeit* von Personen, die die Gesellschaft normativ kontrollieren will, und das noch fundamentalere menschliche Interesse daran, sich selbst als *aktive Wesen* verstehen zu können, die von theoretischen wie spezifisch praktischen, willensbildenden Überlegungen geleitet werden und das Geschehen durch willentliches Handeln beeinflussen (vgl. S. 110f.). Darin haben beide Traditionen das europäische Denken nachhaltig geprägt. Und was die systematische, begrifflich und positionell differenzierte Erörterung dieser Fragen betrifft, liegt das historische Prius zweifellos nicht beim jüdisch-christlichen, sondern beim griechischen Denken.

Das heißt nicht, daß Begriff und Problem der Willensfreiheit später nicht mehr gravierend verändert wurden. Ohne Zweifel wurden sie dies. Die Akzentuierungen verschoben sich, aber auch neue Gesichtspunkte kamen hinzu. Zwei Entwicklungslinien vor allem lassen sich dabei unterscheiden:

Zum einen mußten der konsequente Monotheismus und die Vorstellung von Gott als universalem Schöpfer und Weltenlenker in der jüdisch-christlichen Tradition zu einer *Radikalisierung* des Freiheitsproblems führen, wie sie so allenfalls bei den Stoikern angelegt war. Zudem waren das religiöse Interesse am persönlichen Seelenheil und die von ihm bestimmte private Gewissenserforschung dazu angetan, die Aufmerksamkeit stärker als je zuvor auf die *mentalen Prozesse* zu lenken, die dem menschlichen Wollen und Handeln vorausgehen. Der sichtbarste und geistesgeschichtlich wirksamste Ausdruck dieser Veränderung ist das anhaltende, intensive Interesse, das Augustin verschiedenen Erscheinungsweisen des „Willens" entgegenbrachte und ihn nicht nur auf

Phänomene des *reflektierten* („höherstufigen") Wollens aufmerksam werden ließ, sondern auch dazu brachte, den tradierten griechisch-römischen Begriff der *Handlungsfreiheit* („handeln zu können, wie man will") *konditional* zu analysieren und das gewonnene Analyseschema auch auf den Begriff der *Willensfreiheit* zu übertragen.[246] Darin liegt eine konzeptionelle Erweiterung und Präzisierung, die zuvor (m. W.) noch nicht zu finden ist[247] und die es späteren Denkern ermöglichte, Probleme der freien Willensbildung zunehmend differenzierter und schärfer zu formulieren. Ein anderes, noch früheres Beispiel für substantielle Veränderungen ist die tiefgreifende handlungstheoretische Radikalisierung und Differenzierung, die das alte Problem der „Akrasie" (S. 121f.) durch Paulus erfuhr, indem er es vielleicht zum ersten Mal (unter Voraussetzung nicht nur der theoretischen Einsicht ins Gute, sondern auch dessen folgerichtigen, praktisch rationalen Wollens) als eine genuine Schwäche des *Willens* interpretierte und mit der Frage der *personalen Identität* verknüpfte.[248] Doch all dies sind Weiterentwicklungen auf der Basis einer bereits vorhandenen, begrifflich vorstrukturierten und lange erörterten Fragestellung, nicht deren völlige Neuentdeckung.

Zum anderen erfuhr die Willensfreiheit eine nachhaltige anthropologische *Aufwertung*, als sie – neben der Vernunft – zu einem zentralen Interpretament der jüdisch-christlichen These von der „Gottebenbildlichkeit" des Menschen und seiner dadurch begründeten besonderen „Würde" erhoben wurde. Auch dieser Gedanke war nicht absolut neu, sondern partiell schon in der griechisch-römischen Tradition vorgezeichnet.[249] Die Patristik allerdings hat ihn explizit gemacht und z.T. erheblich verstärkt, ähnlich das spätere Mittelalter und die Philosophie der Renaissance. Doch obwohl es gelegentlich in den Texten so klingt und öfter behauptet wurde, kann insgesamt keine Rede davon sein, daß die Willensfreiheit hier zum alleinigen oder alle anderen überragenden Kennzeichen des Menschen gemacht und in ihrem Anwendungsbereich oder Gehalt so verändert wird, daß sie grundsätzlich über die traditionelle Fragestellung hinausführt.[250] Auch in dieser Hinsicht also haben wir es mit keiner völligen Neuorientierung zu tun, sondern mit einer konzeptionellen Weiterentwicklung.

Welche Bedeutung all diesen späteren Entwicklungen zukommt, darüber kann man sicherlich streiten. Doch wie hoch man sie selbst und den jüdisch-christlichen Anteil an der Problementwicklung im ganzen auch immer veranschlagen mag: das Willensfreiheitsproblem als solches, einschließlich seiner Beziehung zum Determinismus, ist zweifellos wesentlich älter, Gemeingut der europäischen Geistesgeschichte und keinem speziellen Umfeld zuzuweisen.

Wer es in seiner *Gesamtheit* geistesgeschichtlich relativieren und destruieren will, muß also schließlich doch (anders als wir zunächst unterstellt hatten, S. 82) auf den kontrastiven Vergleich mit fremden, außereuropäischen Kulturen abstellen, wobei natürlich nur solche signifikant sind, denen zwar nicht die theoretische Reflexion auf die Bedingungen menschlichen Handelns überhaupt, wohl aber Begriff und Problem der Willensfreiheit in unserem Sinne fremd sind. Es ist nicht undenkbar, daß man hier fündig wird. Aber was würde aus dieser kulturellen Relativierung der Problemstellung folgen? Spezialinteressen theologischer oder anderer Art wird man angesichts des ziemlich breiten positionellen Spektrums, das der europäische Diskussionszusammenhang selber bietet, kaum noch als überzeugenden Einwand gegen ihn vorbringen können. Man müßte prinzipieller ansetzen und geltend machen, daß beide zentralen Motive, die ihm zugrunde liegen, d.h. das Problem der Verantwortlichkeit und das aktive Selbstverständnis (S. 110f.), entweder selbst bereits Ausdruck einer verfehlten Auffassung vom Menschen und dessen Handeln sind oder daß sie nicht notwendig zum Problem der Willensfreiheit führen, sondern nur mit bestimmten, konzeptionell verfehlten Zusatzannahmen. Beides versteht sich gewiß nicht von selbst, sondern müßte einschlägig begründet werden. Und eine solche Begründung, wie immer sie ausfällt, kann jedenfalls *keine* rein historische oder kulturrelativistische sein (S. 81f.), sondern nur eine sachliche, die durch die kritische Auseinandersetzung *mit* den Problemen gewonnen wurde. Vorliegende Alternativkonzepte, wenn solche denn zu finden sind, erfüllen dabei bestenfalls eine heuristische Funktion.

Entsprechendes gilt für die kontrastive Kritik an *einzelnen* Konzeptionen und Lösungsansätzen, gleichgültig, ob diese auf fremde Kulturen Bezug nimmt oder nur auf bestehende Alternativen innerhalb des europäischen Diskussionszusammenhangs selbst. Auch wer z.B. der Meinung ist, daß bestimmte Vorstellungen vom „freien Willen“ nur im Interesse der Theodizee oder hochfahrender anthropologischer Ansprüche entwickelt wurden, die für uns nicht mehr verbindlich sind, kann sich sachlich nur dann von ihnen verabschieden, wenn er zugleich demonstrieren kann, daß sie als solche unangemessen und unhaltbar sind. Und wer die These vertreten möchte, daß schwächere, nicht indeterministisch konnotierte Konzepte der freien Willensbildung, wie sie z.B. in der Stoa oder der christlichen Theologie seit Augustin entwickelt wurden, prinzipiell nicht genügen, um moralische Verantwortlichkeit und ein aktives Selbstverständnis von Menschen zu rechtfertigen, kann sich nicht auf die historische Diagnose beschränken, daß die Autoren dieser Konzepte faktisch von theologisch bzw. kausalistisch begründeten Vorurteilen zugunsten des Determinismus geleitet waren, sondern muß sachliche Argumente gegen sie vorbringen. Die bloße Tatsache, daß bestimmte Begriffe und Theorien ursprünglich oder sogar ausschließlich in einem speziellen geistigen Umfeld beheimatet sind, reicht eben niemals aus, um sie als solche zu diskreditieren.

IV. Bilanz und Ausblick

Das Willensfreiheitsproblem, zumal als Problem von „Willensfreiheit und Determinismus", gilt traditionell als eines der großen Probleme der Menschheit. Nicht weniger groß als seine *Bedeutung* ist allerdings auch seine *Schwierigkeit*, wie die lange Geschichte einschlägiger Lösungsversuche zeigt, die trotz aller Anstrengung nicht zum Erfolg geführt haben. Die menschliche Willensfreiheit erscheint als „Menschheitsrätsel" (S. 80 Anm. 65). Nicht wenige Menschen sind deshalb (je nach Temperament) geneigt, es entweder ehrfurchtsvoll oder achselzuckend auf sich beruhen zu lassen oder doch bestenfalls der theoretischen Spekulation anheimzustellen. Andere Menschen, insbesondere Philosophen, sehen ebendarin ein Skandalon der Vernunft, das ein für allemal ausgeräumt werden muß. Dabei ist auch der Verdacht entstanden, etwas könne mit dem Problem selbst nicht stimmen. Ist es tatsächlich so dringlich und unabweislich wie angenommen? Worin genau besteht seine Signifikanz? Und ist es, richtig verstanden, wirklich so mysteriös, wie dies die diversen fehlgeschlagenen Lösungsversuche nahelegen? Ist es in seiner traditionellen Form vielleicht nur das Kunstprodukt von Philosophen oder Theoretikern, die mit speziellen Interessen und Vorannahmen an die Sache herangehen?

Diesen kritischen Fragen muß man sich stellen, bevor man das Projekt einer systematischen Wiederaufnahme des alten Rätsels von „Willensfreiheit und Determinismus" in Angriff nimmt. Das war die Aufgabe dieses Buchs. Dabei hat sich die zuletzt geäußerte Vermutung eines rein theoretischen Kunstprodukts rasch als implausibel erwiesen. Denn schon unsere einfache Beispielgeschichte in Kapitel I hat deutlich gemacht, daß nicht nur besonders reflektierte, einschlägig interessierte Theoretiker und Philosophen, sondern auch Durchschnittspersonen, ja sogar kleinere Kinder ein gewisses Verständnis des Willensfreiheitsproblems gewinnen können. Zugleich allerdings hat sie uns auf zwei Gesichtspunkte aufmerksam werden lassen, unter denen die Signifikanz des Problems tatsächlich zweifelhaft werden kann. Der erste ist seine etwaige Relativität auf einen speziellen kultur- oder geistesgeschichtlichen *Kontext*, der zweite ein vermutbarer (und oft vermuteter) intrinsischer Zusammenhang des Problems mit der Frage moralischer oder rechtlicher *Verantwortung*. Beide Kritikpunkte haben in der Literatur eine bedeutende Rolle gespielt und lassen sich nicht ohne weiteres abweisen. Sie mußten deshalb genauer geprüft werden. Zudem bot ihre Untersuchung die Möglichkeit, bestehende Vorurteile und inadäquate Konzeptualisierungen, die das Willensfreiheitsproblem von jeher belasten, als solche zu erkennen und auszugrenzen und den genauen Stellenwert zu bestimmen, den es in seinem weiteren Frageumfeld besitzt. Dies war das Ziel der beiden zentralen Kapitel II und III.

Beide Kritikpunkte haben sich nicht bestätigt. Versuche, Begriff und Problem der Willensfreiheit durch kulturelle oder historische *Relativierung* zu diskreditieren, haben sich weder im Grundsatz noch im speziellen Blick auf die kontrastiv herangezogenen Hauptstränge der europäischen Geistesgeschichte, den griechisch-römischen wie den jüdisch-christlichen, als durchschlagend oder auch nur im Kern plausibel erwiesen. Vielmehr hat sich gezeigt, daß die wichtigsten Gründe, die Menschen zur Reflexion auf den „freien Willen“ veranlassen, in beiden Traditionen mehr oder weniger gleich sind und zudem von solcher Allgemeinheit, daß die Annahme wenig plausibel erscheint, sie hätten außerhalb des europäischen Kontexts keine Bedeutung. Einer von diesen Gründen, an den der zweite Kritikpunkt anknüpft, ist das ausgeprägte Interesse, Menschen *normativ* anzusprechen und für ihr Handeln moralisch oder rechtlich *verantwortlich* zu machen. Dieses Interesse hat tatsächlich zu einer engen Verbindung mit der Frage der Willensfreiheit geführt und in manchen Fällen auch dazu, beide weitgehend gleichzusetzen. Doch wir haben gesehen, daß von Identität oder begrifflicher Abhängigkeit keine Rede sein kann, geschweige denn von einer so begründeten Notwendigkeit, das Willensfreiheitsproblem insgesamt oder auch nur das spezielle Problem von „Willensfreiheit und Determinismus“ für falsch gestellt oder historisch obsolet zu halten.

Denn der Begriff der Willensfreiheit, so zeigte sich bald, ist im Kern kein präskriptiver oder normativ gebundener Begriff, sondern ein deskriptiver (Kap. II, 1.2). Als solcher kann er Personen, die einen Willen besitzen und zu willensgetragenem Handeln fähig sind, auch unabhängig von moralischen oder rechtlichen Vorgaben zugeschrieben werden. Unübersehbar ist dies vor allem beim Blick auf den zweiten Hauptgrund für seine Einführung, das tief verankerte Selbstverständnis von Menschen als *aktive* Wesen, die den Lauf der Dinge, wenn auch nur partiell, nach eigenem Willen gestalten können. Denn hier spielen Normen großenteils überhaupt keine Rolle. Nur in dem Maße, in dem der Besitz von Willensfreiheit *auch* eine Teilbedingung für normative Ansprechbarkeit und wirksame normative Verhaltenskontrolle ist (S. 38), kann ihre Zuschreibung *zugleich* von normativen Interessen mitbestimmt sein und gegebenenfalls gemeinsam mit diesen diskreditiert werden. Nietzsche vor allem hat das versucht (Kap. III, 2.1). Doch es gibt keinen Grund, soziale Kontrolle überhaupt oder normative Kontrollformen zugunsten nichtnormativer zu verabschieden, weder im Hinblick auf ihre Effektivität noch gar auf ihre humane Wünschbarkeit (Kap. II, 1).

Wenn der bestehende Zusammenhang eine Grundsatzkritik ermöglicht, dann allenfalls in der entgegengesetzten Richtung, d.h. als Diskreditierung normativer Kontrollansprüche *durch* die bereits erwiesene Inexistenz von Willensfreiheit als ihrer Vorbedingung (Kap. II, 1.4). Von einem solchen Beweis aber kann bislang keine Rede sein, auch nicht was *stärkere*, indeterministisch spezifizierte Freiheitsbegriffe angeht. Und selbst wenn feststünde, daß solche Begriffe – aus welchen Gründen auch immer – definitiv ausscheiden, bliebe zu prüfen, ob ihre Funktion als notwendige Bedingung für Normativität oder Aktivität nicht auch von *schwächeren* Willensfreiheitsbegriffen erfüllt werden kann, wie sie zuerst in der stoischen Philosophie und der christlichen Theologie entwickelt wurden (S. 111ff., 127). Ja, selbst wenn der „freie Wille" vollständig wegfiele, würde dies zunächst nur *anspruchsvollere* Konzeptionen von normativer Kontrolle und Verantwortung diskreditieren, nicht alle normativen Kontrollformen überhaupt. Denn rechtliche oder moralische Verantwortlichkeit gibt es ja auch in der Form der bloßen Haftbarkeit (Kap. II, 1.5) und in jedem Fall nicht nur abhängig vom Kriterium der Willensfreiheit, sondern auch von diversen anderen Kriterien, insbesondere Willentlichkeit und Wissen (Kap. II, 2).

Löst man sich von inadäquaten Relativierungsversuchen und von der falschen Erwartung, alle Fragen normativer Verantwortlichkeit oder des aktiven Selbstverständnisses von Menschen sollten damit beantwortet werden, kann an der *Signifikanz* des Willensfreiheitsproblems keinerlei Zweifel sein, einschließlich des speziellen Problems von „Willensfreiheit und Determinismus". Daß seine Bedeutung, wie wir gesehen haben, durchaus *begrenzt* ist (Kap. II, 3), kann das Problem als solches ebensowenig diskreditieren wie die Tatsache, daß es in der Vergangenheit immer wieder durch sachfremde Gesichtspunkte und unangemessene Konzeptualisierungen *verunklart* wurde. Und das gilt nicht nur für abstrakte, rein theoretische Fragestellungen, wie sie in der Philosophie und einschlägig interessierten Wissenschaftszeigen verfolgt werden, sondern auch für ganz konkrete und lebenspraktische Fragen. Das generelle Interesse, sich über die Möglichkeiten und Grenzen unseres aktiven, eigenverantwortlichen und partiell normengeleiteten Handelns zu verständigen, das der speziellen Frage des „freien Willens" zugrunde liegt, ist eben kein rein akademisches Interesse, sondern eines, das potentiell alle Menschen betrifft. Deshalb wird diese Frage von reflektierten, einschlägig interessierten Personen schon immer gestellt, manchmal sogar von Kindern.

Praktisch und theoretisch insignifikant kann das Problem also allenfalls dann bzw. solange erscheinen, als man unter dem entmutigenden Eindruck seiner notorisch großen, bislang offenbar unüberwindlichen *Schwierigkeit* steht. Doch ob es bei dieser skeptisch-resignativen Einschätzung dauerhaft bleiben muß, steht dahin und hängt wesentlich davon ab, wie man die Sache weiter angeht. Darüber vor allem muß man sich methodisch Rechenschaft geben. Ehe man vor dem alten Menschheitsrätsel des „freien Willens" kapituliert, kann und muß man sich darum bemühen, jene Fehler und Problemverzerrungen, die vorliegende Lösungsversuche *scheitern* ließen, als solche offenzulegen und *konstruktive* Konsequenzen aus dieser Einsicht zu ziehen.

Bezogen auf das Problem von „Willensfreiheit und Determinismus", das uns speziell interessiert, haben wir erste Schritte dazu auch schon getan. In kritischer Auseinandersetzung mit den impliziten Prämissen unserer Beispielgeschichte in Kapitel I haben wir vier allgemeine Grundsätze herausgearbeitet, die für seine erfolgreiche Wiederaufnahme unerläßlich sind. Erstens muß man im Auge behalten, daß die Frage nach dem *Zusammenhang* zwischen Willensfreiheit und Determinismus prinzipiell unabhängig ist von der Frage nach ihrem *Bestehen*, also auch sinnvoll gestellt und beantwortet werden kann, wenn es keine Möglichkeit geben sollte, definitiv über die universelle Determiniertheit der Welt oder relevanter Bereiche der Welt zu entscheiden (S. 23f.). Zweitens muß die Zusammenhangsfrage als solche grundsätzlich von der Frage nach den *Begriffen* bzw. nach der *Bedeutung* der Termini, die in ihr auftreten, unterschieden werden, artikuliert in den beiden Leitfragen (F1) und

(F2) (S. 24). Drittens muß man der Tatsache methodisch Rechnung tragen, daß die begrifflichen Fragen der Zusammenhangsfrage sachlich *vorausliegen* und somit *vor* ihr zu beantworten sind (S. 24ff.). Und man muß, viertens, bei der anstehenden Klärung aller relevanten Begriffe und Teilbegriffe sorgfältig darauf achten, daß diese hinreichend *weit* gefaßt und die Gattungsbegriffe in signifikante Arten und Unterarten *zerlegt* werden, um eine differenzierte Beantwortung der Zusammenhangsfrage möglich zu machen und unangemessene Problemverkürzungen zu vermeiden (S. 26ff.).

Mit diesen Grundsätzen ist der Gang der weiteren Untersuchungen formal vorstrukturiert. Immer muß es zunächst um die Klärung und interne Differenzierung der Schlüsselbegriffe gehen, ehe die kritischen Thesen selbst geprüft werden. Da der Begriff der Willensfreiheit, wie der Freiheitsbegriff überhaupt, hochgradig wertbesetzt ist und als solcher besonders von sachfremden Interessen und Vorurteilen beeinflußt wird, erscheint es ratsam, seine Erörterung zunächst zurückzustellen und mit dem *Determinismus* zu beginnen. Der bildungssprachliche Vorbegriff, den wir zu Anfang eingeführt und nur in groben Zügen erläutert haben (S. 21f., 27ff.), muß präzisiert und stärker differenziert werden, gestützt auf die Vielfalt konkreter Erscheinungsformen und die verschiedenen Gründe, die für oder gegen die universelle bzw. relevante partielle Determiniertheit der Welt geltend gemacht werden. Unerläßlich ist das vor allem im Blick auf die spätere *Differenzierung* und differenzierte Beantwortung der Zusammenhangsfrage, die ja nicht unbedingt, wie wir festgestellt hatten (S. 25, 27ff.), für alle Erscheinungsformen eines „determinierten" Wollens gleich ausfallen muß. Ermöglicht wird damit aber auch die vorgängige kritische *Prüfung* der geltend gemachten Gründe selbst, zumindest der wichtigsten. Auch das ist methodisch sinnvoll. Sollte sich nämlich zeigen, daß alle Behauptungen über die durchgängige Determiniertheit der Welt, oder zumindest des menschlichen Wollens, nicht oder nur relativ schwach begründet sind, würde die freiheitstheoretische Signifikanz der Zusammenhangsfrage deutlich gemindert, so daß ihre Erörterung wesentlich unvorbelasteter und sachbezogener durchgeführt werden könnte, als wenn von vornherein feststünde, daß eine affirmative Antwort bestehende Freiheitsinteressen verletzt.

Ratsam erscheint es zudem, sich vor dem Eintritt in die belastete Freiheitsdiskussion allgemein Rechenschaft über die *Konsequenzen* zu geben, die der Glaube an die Determiniertheit der Welt in lebenspraktischer Hinsicht hat. Zwingt er tatsächlich, wie weithin angenommen, zu einem fatalistischen Selbstverständnis und schon deshalb zur Preisgabe tradierter Vorstellungen von normativer Ansprechbarkeit und persönlicher Aktivität? Auch die Beantwortung dieser Fragen könnte gegebenenfalls zur Entlastung und Objektivierung der nachfolgenden Untersuchungen beitragen. Deren Verlauf wiederum ist methodisch ebenfalls deutlich vorgezeichnet. Im Zentrum steht der Begriff der *Willensfreiheit*, den wir formal bereits als „Freiheit der Willensbildung" bestimmt haben (S. 33). Seine inhaltliche Präzisierung und Differenzierung muß also zunächst den relevanten Teilbegriffen „Freiheit", „Wille" und „Bildung des Willens" gelten (vgl. S. 30ff.), ehe der Willensfreiheitsbegriff selbst präzisiert und differenziert wird. Schon dabei kommt der Gesichtspunkt der Determiniertheit mit ins Spiel, da manche Freiheitsbegriffe indeterministisch definiert bzw. konnotiert sind. Aber natürlich gilt dies nicht für alle relevanten Begriffe (S. 25, 32, 77f.). Deshalb kann erst die explizite Thematisierung der Frage nach dem *Zusammenhang* zwischen Willensfreiheit und Determiniertheit Aufschluß darüber bringen, ob bzw. wo ein solcher besteht und was sich daraus, ausgehend von den relevanten Ergebnissen der vorangegangenen Untersuchungen, auch für die normative Verantwortlichkeit und das aktive Selbstverständnis von Menschen ergibt.

Anmerkungen

Anmerkungen zu Kapitel I

1 Der Sinn der Rede vom „Determiniertsein" und der Begriff des „Determinismus", einschließlich ihrer bedeutendsten Unterarten, werden in Kap. I des zweiten Bandes geklärt. Diverse Argumente für oder gegen die Wahrheit des Determinismus werden in Kapp. II–III desselben Bandes geprüft. Eine Kurzfassung der dort ausführlich entwickelten Position findet man in G. Seebaß: *Handlung und Freiheit*, Tübingen 2006, Aufsatz 6, Abschn. 1.

2 Näheres dazu in Seebaß 2006 [Anm. 1], Aufsatz 6, Abschn. 3.

3 Ob sie es sind, hängt von der oben (S. 22) zurückgestellten Präzisierung der Rede vom „determinieren" und vom „Determinismus" ab, insbesondere von der Rücksicht auf relevante Formen *partieller* Determiniertheit. In Kap. I, 5.3 des zweiten Bandes wird darauf näher eingegangen.

4 Manche Philosophen haben behauptet, anders als von bloßem Wünschen (Begehren, Sich-Sehnen, Verlangen u.a.) könne vom „Wollen" erst die Rede sein, wenn es *faktisch* zum Handeln oder zu Handlungsversuchen führt oder wenn zumindest so etwas wie ein *Entschluß* oder eine *Entscheidung* zum Handeln vorliegt (diverse Textbelege bei G. Seebaß: *Wollen*, Frankfurt 1993, 54–56. 84–85 mit zugehörigen Anmerkungen). Doch das entspricht weder dem Hauptstrang der philosophischen Tradition noch dem gewöhnlichen Sprachgebrauch, die beide mit diversen nicht handlungsgebundenen Formen des bloßen Wollens rechnen (vgl. a.a.O., Kap. III, 3).

5 Nicht alle Aktivitäten von Kollektiven – Gruppen genauso wie Korporationen und Institutionen – sind *koordiniert* und nicht alle koordinierten beruhen auf einem *gemeinsamen* Willen. Doch es gibt ohne Zweifel Aktionsformen, auf die dies zutrifft, insbesondere solche, denen explizite Verabredungen oder Abstimmungen vorausgegangen sind („der Wille des Gesetzgebers", „der Wille des Volkes"). Näheres dazu in Seebaß 2006 [Anm. 1], Aufsatz 2, Abschn. 5–7.

Anmerkungen zu Kapitel II

6 Der Terminus *„Gebot"* wird hier als Grundbegriff aufgefaßt, mit dessen Hilfe sich auch Verbote und Erlaubnisse definieren lassen. Daß eine Handlung *„verboten"* ist, bedeutet, daß es „geboten ist, sie nicht zu tun". *„Erlaubt"* im engeren Sinne ist etwas, das „weder geboten noch verboten" ist. In einem weiteren Sinne dagegen schließt das Erlaubte außerdem noch das Gebotene ein. Dieser Sinn ist gemeint, wenn „nicht erlaubt" mit „verboten" gleichgesetzt wird. Da das Erlaubte die weitaus größte Gruppe darstellt und sich (im engeren wie im weiteren Sinne) von selbst aus dem ergibt, was verboten und geboten ist, kann man im allgemeinen darauf verzichten, Erlaubnisse eigens hervorzuheben. Manchmal dient dies jedoch der Übersichtlichkeit und Vereinfachung, z.B. bei Spielregeln oder Verkehrsregeln. Deshalb ist die ausdrückliche Rede von „Erlaubnissen" kolloquial meist mit der Unterstellung verbunden, daß sie als solche *erlassen* wurden. Notwendig ist das jedoch nicht. Und normentheoretisch benötigt wird allemal nur ein *einziger* Grundbegriff, sinnvollerweise der (positive, negationsfreie) Begriff des Gebots.

Gebote, Verbote und Erlaubnisse bilden die Hauptformen der sogen. *„deontischen Modalitäten"*, abgeleitet vom griech. Wort „déon" als Bezeichnung für das, was im *praktischen* Sinne (normativ oder aus Gründen der Klugheit) notwendig ist oder sein muß. Sie sind den *theoretischen* Modalbegriffen der Notwendigkeit, Unmöglichkeit und Möglichkeit zu vergleichen, die sich auf wahrheitsfähige Sätze bzw. ihnen korrespondierende Sachverhalte beziehen und die Hauptformen der sogen. *„alethischen Modalitäten"* darstellen (von griech. „alēthes" = „wahr"). Beide Modalitäten sind formal analog und haben (trotz signifikanter Unterschiede) auch inhaltlich etwas gemeinsam. Im zweiten Band, Kap. I, 3 werden diese Zusammenhänge ausführlich dargelegt.

7 Auch wenn programmatische Glaubenskriege zwischen Vertretern gegensätzlicher Positionen in dieser Frage (z.B. reinen Verhaltenstherapeuten und Psychoanalytikern) inzwischen abgeklungen sind, bestehen die zentralen Streitpunkte fort, nicht nur in Psychologie und Pädagogik. Zur Blütezeit des *Behaviorismus* (zwischen ca. 1920 und 1970) bestand die Tendenz, *alle* Arten des geregelten Verhaltens, einschließlich des gedanklich vorbereiteten und normengeleiteten Handelns, auf relevante Abrichtungsprozesse zurückzuführen, gestützt auch auf die Annahme, diese seien nicht nur (wie bei Tieren) von *äußeren* Kontrollmaßnahmen bestimmt, sondern zugleich von Mechanismen der Selbstkontrolle durch *interne* Sanktionierung (mehr dazu und zur Kritik in Seebaß 2006 [Anm. 1], Aufsatz 4, bes. Abschn. 1–2). Davon kann sicher nicht die Rede sein. Dennoch hat die Vermutung, das Abrichtungsmuster könne generelle Bedeutung haben, viele Menschen, auch Philosophen, immer wieder beschäftigt und je

nach Temperament fasziniert oder beunruhigt. Einen sublim ironischen und zugleich (im Blick auf seine Entstehungszeit während des 1. Weltkriegs) sarkastischen Kommentar zu der Aussicht, alle kulturellen Leistungen des Menschen könnten letztlich nicht mehr sein als das Produkt einer freiheitsresignativen, partiell selbstkontrollierten Abrichtung seiner rein tierischen Natur, hat Franz Kafka in seiner Erzählung *„Ein Bericht für eine Akademie"* (1917) gegeben.

8 Näheres dazu in Seebaß 2006 [Anm. 1], Aufsatz 4, bes. Abschn. 8–9.

9 Vgl. z.B. J. Knobe: *Intentional Action and Side Effects in Ordinary Language*, in: *Analysis* 63 (2003), 190–193, und J. Knobe / J. M. Doris: *Strawsonian Variations: Folk Morality and the Search for a Unified Theory*, in: J. Doris et. al. (edd.): *The Handbook of Moral Psychology*, Oxford, im Druck. Die Fragestellungen wie die Befunde dieser Untersuchungen sind allerdings uneinheitlich und demonstrieren die Beeinflussung rein theoretischer, deskriptiver Zurechnungsfragen nicht nur durch die Fixierung aufs Negative, sondern auch durch präskriptive und emotive Gesichtspunkte und verschiedene andere Faktoren, die eine objektive Beurteilung vereiteln können.

Letzteres gilt z.B. für die Beobachtung, daß sicher vorausgesehene Nebenfolgen, die den Handelnden eigentlich gleichgültig sind, nicht nur als bedingt mitgewollt oder in Kauf genommen, sondern sogar als *beabsichtigt* eingeschätzt werden (vgl. dazu unten S. 66f. Anm. 45–46), wenn es sich dabei um schlechte, moralisch mißbilligte Folgen handelt, nicht jedoch, wenn die Folgen gut sind. Ebenso moralistisch verzerrt ist die ermittelte Höherbewertung des *kausalen Beitrags*, den Fahrlässigkeitstäter zu einem Verkehrsunfall leisten, wenn der Grund für ihr (ansonsten identisches) fahrlässiges Verhalten ein moralisch schlechtes Vorhaben war, während ein gutes Vorhaben den Beitrag mindert. Und wenn die zugeschriebene Höhe der persönlichen Verantwortlichkeit von Fahrlässigkeitstätern, deren Verhalten vollkommen gleich ist, mit der Höhe des (zufällig) angerichteten *Schadens* kovariiert, scheint das zurechnungstheoretische Differenzierungsvermögen der hier untersuchten erwachsenen Versuchspersonen sogar noch hinter demjenigen zurückzubleiben, das der vierjährige Daniel in unserer Beispielgeschichte zeigte (vgl. S. 18f.). In all diesen Fällen ist die asymmetrische Beurteilungspraxis von der Fixierung aufs Negative *mitbestimmt*, ohne sich *dominant* auf sie zurückführen zu lassen. Dominant aber ist dieser Faktor offenbar dort, wo die Asymmetrie sich in der dokumentierten Bereitschaft bekundet, bei der Beurteilung von Personen moralisch schlechte Absichten stärker zu tadeln als gute Absichten bei ihnen zu loben. Hier dürften allerdings auch egoistische Voreingenommenheiten mit hineinspielen.

10 Im Christentum wird die Umkehrung des Asymmetrieverhältnisses aus theologischen Gründen z.T. für notwendig gehalten (vgl. dazu unten S. 96

Anm. 97). Dem alltäglichen Selbstverständnis, auch dem von gläubigen Christen, entspricht das nicht, obwohl es manchmal behauptet wird, z.B. von G. Strawson: *Consciousness, Free Will, and the Unimportance of Determinism,* in: *Inquiry* 32 (1989), 23.

11 Vgl. Aristoteles: *Ethika Nikomacheia [= Nikomachische Ethik,* im folgenden abgek. *EN],* III, 2: 1110b9–17; III, 3: 1111a28–30; vgl. *Ethika Eudemeia [= Eudemische Ethik,* abgek. *EE],* II, 8: 1224a31ff.; *Ethika megala [= Große Ethik,* abgek. *EM],* I, 12: 1188a1–5.9–12, I, 15: 1188b16–18. Aristoteles wendet sich hier ausdrücklich gegen die Annahme einiger seiner Zeitgenossen, mit und aus Lust begangene edle Taten seien als „freiwillig" („hekūsion", vgl. unten S. 83) einzustufen, verwerfliche dagegen als „unfreiwillig" („akūsion"). Zu Homer und den griech. Tragikern vgl. Kap. III, 5.2, S. 119 Anm. 197.

12 Alexander von Aphrodisias: *Peri heimarménēs [= Über das Schicksal]* (198–209), capp. 16, 19 und 27, zit. nach der zweispr. Ausgabe von R. W. Sharples: *Alexander of Aphrodisias on Fate,* London 1983 [abgek. *H*], 66. 68. 76f. / 195. 196. 201; J. F. Herbart: *Zur Lehre von der Freiheit des menschlichen Willens* (1836), in: [ders.:] *Schriften zur praktischen Philosophie,* ed. G. Hartenstein, Teil II, Leipzig 1851, 284.

13 M. Luther: *De servo arbitrio [= Vom unfreien Willen],* Wittenberg 1525, Repr. in: [ders.:] *Werke,* Weimar 1883ff., Bd. XVIII, 730ff., zit. nach: [ders.:] *Lateinisch-Deutsche Studienausgabe,* ed. W. Härle et. al., Bd. I, Leipzig 2006 [abgek. *SA*], 515ff.; D. Erasmus (von Rotterdam): *De libero arbitrio diatribe sive collatio [= Gespräch oder Meinungsvergleich über den freien Willen],* Basel 1524, zit. nach der zweispr. Ausgabe von W. Lesowsky: *Ausgewählte Schriften,* Darmstadt 1969, Bd. IV [abgek. *LA*], 110–115.

14 Vgl. B. Brecht: *Werke,* Bd. 18, Frankfurt 1995, 410–425.

15 Schon 1930 hatte Moritz Schlick (*Fragen der Ethik,* Wien 1930, zit. nach Repr. Frankfurt 1984, 161ff.) den traditionellen, nichtmanipulativen Sinn der normativen Verhaltenskontrolle (der Willensfreiheit voraussetzt, S. 38), definitorisch verabschieden wollen, indem er „Verantwortlichkeit" einfach mit kausaler Kontrollierbarkeit von Individuen durch Sanktionen gleichsetzte. Ähnliche Reduktionen hatten dann vor allem in den 1950er und beginnenden 1960er Jahren Konjunktur. Ein prominenter Vertreter dieser Auffassung in den USA war C. J. Ducasse: *Nature, Mind, and Death,* La Salle 1951, 194. 199f., vgl. auch ders.: *Determinism, Freedom, and Responsibility,* in: S. Hook (ed.): *Determinism and Freedom in the Age of Modern Science,* New York 1958, 156f. Drei einflußreiche englische Publikationen, die neben dem Verantwortungsbegriff auch den Freiheitsbegriff in die Analyse einbeziehen, waren P. H. Nowell-Smith: *Ethics,* Harmondsworth

1954, ch. 20; J. L. Austin: *A Plea for Excuses*, in: [ders.:] *Philosophical Papers*, Oxford 1961, 180f., zit. nach der dt. Übers. [J. Schulte]: *Wort und Bedeutung. Philosophische Aufsätze*, München 1975, 183–185, und P. F. Strawson: *Freedom and Resentment*, in: *Proceedings of the British Academy* 48 (1962), 187–211, zit. nach der dt. Übers. [Ch. Taul]: *Freiheit und Übelnehmen*, in: U. Pothast (ed.): *Seminar: Freies Handeln und Determinismus*, Frankfurt 1978, 201–233. Ein prominentes Beispiel aus der Rechtswissenschaft liefert Hans Kelsen, in dessen *Essays in Legal and Moral Philosophy* (Dordrecht 1973, 163) sich die lapidare Erklärung findet, daß „der Mensch nicht verantwortlich gemacht wird, weil er frei" ist, sondern „frei ist, weil er verantwortlich gemacht wird" (Übersetzung G. S.); ähnlich auch ders.: *Reine Rechtslehre*, Wien ^{1}1934, ^{2}1960, Repr. 2000, 102. Über vergleichbare Tendenzen in der neueren dt. Strafrechtswissenschaft unterrichtet E. Dreher: *Die Willensfreiheit*, München 1987, bes. 35. 50–59.

Versuche, die Freiheit der Normadressaten aus der Existenz legitimer moralischer Forderungen und entsprechender Verantwortungszuschreibungen abzuleiten, sind aber keineswegs erst im 20. Jh. unternommen worden, sondern haben schon eine längere Tradition, insbesondere in der christlichen Theologie (vgl. dazu Kap. III, bes. S. 107f., Anm. 144–145. 151; S. 111, Anm. 171). Das prominenteste Beispiel aus der Philosophie ist Kant (vgl. I. Kant: *Grundlegung zur Metaphysik der Sitten*, Riga 1785, zit. nach: [ders.:] *Gesammelte Schriften*, Berlin 1902ff., Bd. IV, 450; *Kritik der praktischen Vernunft*, Riga 1788, zit. nach a.a.O., Bd. V [abgek. *KpV*], 4. 29–31; *Die Religion innerhalb der Grenzen der bloßen Vernunft*, Königsberg 1793, zit. nach a.a.O., Bd. VI [abgek. *R*], 26. 49). Kant hat jedoch nur das *Bestehen* von Freiheit aus dem Bestehen gültiger moralischer Forderungen ableiten wollen, nicht den *Freiheitsbegriff*. Diesen Schritt haben erst einige frühe Kant-Interpreten und dann vor allem Schelling getan mit seiner berühmt-berüchtigten Freiheitsdefinition als „Vermögen des Guten und des Bösen" (vgl. F. J. W. Schelling: *Philosophische Untersuchungen über das Wesen der menschlichen Freiheit und die damit zusammenhängenden Gegenstände*, Landshut 1809, zit. nach der Ausgabe von H. Fuhrmanns: *Über das Wesen der menschlichen Freiheit*, Stuttgart 1964 [abgek. *WF*], 64). Allerdings war auch Schelling bedachtsam genug, diese Definition *nur* auf den von ihm propagierten „realen und lebendigen Begriff" der Freiheit zu beziehen (a.a.O.), während er „das formelle Wesen der Freiheit" weiterhin *nichtnormativ* definierte (a.a.O., 98ff.)

16 Vorstellungen wie diese gewannen bzw. gewinnen ihre Anziehungskraft nicht nur durch ein zugrunde liegendes, tendenziell fatalistisches Lebensgefühl, sondern auch durch die Hoffnung, vorhandene deterministisch-szientistische Überzeugungen auch auf Bereiche übertragen zu können, die ihnen notorisch unzugänglich sind (dazu im zweiten Band Kap. II, 4. 3). Von wissenschaftlich bewiesenen *Theoremen* kann in all diesen Fällen keine Rede sein, genau genommen nicht einmal von Hypothesen. In Wahrheit handelt es sich, wenn nicht um reine ge-

schichtsphilosophische Spekulationen, um historische bzw. makrosoziologische *Modellierungen* und *Interpretationen* komplexer sozialer Prozesse, die zwar den Anspruch erheben, diese in ihrem Ablauf begreiflicher zu machen, deren reale Orientierungsleistung aber kaum weiter reicht als die einschlägiger fiktionaler Erzählungen. *Wörtlich* muß man sie daher nicht nehmen, wohl aber *ernst* im Hinblick auf ihre Breitenwirkung und als Indizien für tiefer gelegene ungelöste Probleme.

17 Der erste Problemkomplex wird näher erläutert in Seebaß 1993 [Anm. 4], Kap. I, der zweite in ders.: *Moralische Verantwortung in der wissenschaftlich-technischen Welt*, in: *Zeitschrift für philosophische Forschung.* 48 (1994), 232–246, und Seebaß 2006 [Anm. 1], Aufsätze 1 und 2.

18 Vgl. zu dieser Differenzierung Seebaß 1993 [Anm. 4] Kap. I, 4–6 und Kap. VI, sowie zu ihrer Bedeutung im Recht Seebaß 2006 [Anm. 1], Aufsatz 3, und ders.: *Philosophische Probleme strafrechtlicher Zurechnung*, in: G. Wolters / M. Carrier (edd.): *Homo Sapiens und Homo Faber*, Berlin / New York 2005, 359–378. Die Unterscheidung zwischen anspruchsvolleren Formen der Verantwortlichkeit und solchen, bei denen es nur auf das faktische Tun und seine Folgen ankommt, hat eine lange Tradition. In allgemeiner Form findet sie sich z.B. bei Aristoteles: *EE* [Anm. 11] 1228a16–19. Mit speziellem Bezug auf Willentlichkeit und Wissen als Zurechnungskriterien tritt sie auch schon bei Platon und im frühen Judentum auf (vgl. unten Anm. 49). Selbst bei Homer (8. Jh. v. Chr.) sind Ansätze zu ihr erkennbar, dokumentiert bei A. Schmitt: *Selbständigkeit und Abhängigkeit menschlichen Handelns bei Homer*, Stuttgart 1990, 92ff.

19 Die drei zuletzt genannten Kriterien, zumal das erste und zweite (vgl. Anm. 18), werden seit langem herangezogen, um anspruchsvollere Formen der Verantwortlichkeit auszuzeichnen, und prägen auch unser Alltagsverständnis, wie die Beispielgeschichte in Kap. I, 1 bereits zeigte. Als solche werden sie hier, wie schon in Abschnitt 1.1 als Bedingungen normativer Ansprechbarkeit, als Urheberschaftskriterien in Anspruch genommen, ohne in ihrer Bedeutung näher erläutert worden zu sein. Das wird im folgenden Abschnitt 2 (S. 50ff.) nachgeholt. Eine Definition des prägnanten Begriffs der „Urheberschaft" wird jedoch auch dort nicht angestrebt. Näheres dazu findet man in Seebaß 1993 [Anm. 4], 26ff. und 224ff.

20 Vgl. Voltaire: *Candide ou L'optimisme*, Genf 1759, ch. 6, zit. nach der dt. Übersetzung [E. Sander]: *Candid oder Die beste der Welten*, Stuttgart 1971, 17.

21 Die konkrete Verantwortungsverteilung kann unterschiedlich ausfallen, abhängig vom Handlungstyp und von speziellen sozialen Regelungen. Nicht immer

erbringen alle Beteiligten die gleiche Leistung, quantitativ wie qualitativ. Und auch wenn sie es tun, ergibt sich der individuelle Anteil nicht immer als schlichte Division durch die Anzahl der handelnden Personen. Eingehender erörtert sind diese Fragen z.B. bei G. Mellema: *Individuals, Groups, and Shared Responsibility*, New York 1988, und mit speziellem Bezug auf moralische Verantwortung S. Schlothfeldt: *Pflichten von Individuen und Gruppen bei der Behebung gravierender Übel*, Habilitationsschrift, Konstanz 2006.

22 Das ist auch sachlich insofern kein Verlust, als die Handlungen von Kollektiven (Gruppen, Korporationen, Institutionen) sich letztlich nur als zurechenbar und normativ kontrollierbar erweisen, wenn man auf die Handlungen der beteiligten Individuen zurückgeht. Näheres dazu in Seebaß 2006 [Anm. 1], Aufsatz 2.

23 Innere Aktivitäten als „Verhalten" zu bezeichnen, wäre sprachlich unangemessen, aber auch sachlich irreführend. Denn zu diesen gehören vor allem *mentale Aktivitäten*, die keinen behavioralen Charakter haben, sondern sich im Bewußtsein vollziehen (Kopfrechnen, Sich-Erinnern, Zuhören, stilles Sprechen etc.). Hinzukommen relevante Vorgänge im *Körperinneren*, die äußerlich nicht in Erscheinung treten. Die meisten von diesen sind keine „Handlungen" im engeren Sinne, da sie nicht willentlich kontrollierbar sind. Manche allerdings sind es. Man denke etwa an das zeitweilige Anhalten des Atems, das Unterdrücken eines Hustenreizes oder das Aufrechterhalten der Muskelspannung in einer Hand, die einen Gegenstand festhält. Von diesen Formen inneren Handelns wird im folgenden zur Vereinfachung abgesehen. Der Ausdruck *„Verrichtung"* bezieht sich also entweder auf äußere Körperbewegungen oder auf mentale Verrichtungen.

24 Das gilt vor allem für ontologische „Deflationisten", die alle Handlungsfolgen als bloße Eigenschaften eines einzigen fokalen Handlungsereignisses auffassen (vgl. dazu S. 55ff., Anm. 28 und 31). In diesem Sinne hat z.B. D. Davidson (*Essays on Actions and Events*, Oxford 1980, 59) lapidar erklärt: „We never do more than move our bodies: the rest is up to nature."

25 Dabei muß man sich allerdings ganz auf die *Willentlichkeit* beschränken und den Aspekt der *Freiheit* ausklammern. Dieser ist mit im Spiel, wenn das dt. Wort „willentlich" (ähnlich wie engl. „voluntary", frz. „volontaire" oder lat. „voluntarius", vgl. dazu unten Kap. III, 1.2, S. 82f.) stillschweigend mit „freiwillig" gleichgesetzt wird, was häufig geschieht. Darauf vor allem beruht der Gedanke, die bloße Rede von der „Willentlichkeit" einer Verrichtung impliziere bereits, daß ihr Eintritt vom Willen abhängt. Denn die Annahme, daß eine Handlung *frei* sein kann, wenn sie nur (signifikant) willensbeeinflußt ist, nicht aber willens-

abhängig, erscheint von vornherein mehr als zweifelhaft und wird sich bei der genaueren Analyse des Freiheitsbegriffs im dritten Band definitiv als verfehlt erweisen (vgl. auch Seebaß 2006 [Anm. 1], 216–218. 238–241).

26 Ausführlicher erörtert sind diese Probleme in Seebaß 1993 [Anm. 4], Kapp. I, 5 und VI. Zum mentalen Charakter des Wollens und dessen kausaler Signifikanz vgl. auch unten, S. 57, Anm. 32. Zur Notwendigkeit der Einbeziehung bewußter, mentaler Phänomene im allgemeinen vgl. Seebaß 1993, 13. 233 A.7, und ders.: *Das Problem von Sprache und Denken,* Frankfurt 1981, 124ff.

27 Bei *mentalen Handlungen* ist es in vielen Fällen nicht einmal möglich, ein relevantes Wollen zu finden, das ihr Auftreten signifikant beeinflussen kann. Insbesondere das stille Sprechen und Denken hat auch dann, wenn es zweifelsfrei aktiv durchgeführt wird, nur selten (wenn überhaupt) den Charakter einer Verrichtung, die *als solche* – im vorhinein oder zeitgleich – gewollt ist. Bei *physischen Handlungen* wiederum, wie auch bei anderen relevanten mentalen, ist die bloße Willentlichkeit zumindest dann nicht ausreichend, wenn nicht vorausgesetzt werden kann, daß das betreffende Wollen *selbst* „aktivisch" qualifiziert ist. Passive bzw. reaktive Formen der Willensbildung und entsprechende Handlungen treten aber auch in normalen Lebenssituationen (Bedürfnisbefriedigung, Schmerzbeseitigung u.a.) relativ häufig auf, also keineswegs nur in Extremfällen wie Drogensucht oder direkte Neurostimulation (vgl. oben S. 28f.).

28 Diese Begriffsbestimmung ist natürlich sehr allgemein und mehrfach simplifizierend. So wird in ihr (unter Hintansetzung des Leib-Seele-Problems) z.B. stillschweigend vorausgesetzt, daß „Menschen", auch wenn sie *mehr* sind als rein biologische Wesen, *auch* raumzeitlich existierende, materielle Objekte sind. Damit ergibt sich die Möglichkeit, auch ihre mentalen Verrichtungen (unabhängig von deren etwaiger ontologischer Reduktion auf physische) zumindest in eine *relationale* Beziehung zum menschlichen Körper zu setzen und ihnen neben einer Position in der Zeit, auch eine Raumposition zuzuerkennen. Solche Annahmen dienen jedoch nur zur Vereinfachung unserer Diskussion. Ihr sachliches Recht bleibt, wie das Leib-Seele-Problem insgesamt, offen.

Gleiches gilt für eine Reihe notorisch schwieriger ontologischer Fragen, die die Rede über *Ereignisse* aufwirft. Dazu gehört vor allem ihre Beziehung zu *Tatsachen* bzw. *Sachverhalten* und deren sprachlichen Gegenstücken, einschließlich der Frage eventueller *Sprachabhängigkeit* und des Problems des ereignisontologischen *Inflationismus,* den eine zu enge Bindung an Tatsachen heraufbeschwört (vgl. Anm. 24 und 31). Hinzukommt die Frage, welche Signifikanz *Raum- und Zeitstellen* für Ereignisse haben und ob *Einzelereignisse* ontologisch elementarer sind als *permanente Objekte,* speziell als materielle Gegenstände mit einer kontinuierlichen raumzeitlichen Existenz. Die ersten Punkte werden im zweiten Band

(Kap. I, 2.3 und 6.3) näher beleuchtet. Zu den letzteren Punkten vgl. Seebaß 1981 [Anm. 26], 95–100, und Seebaß 1993 [Anm. 4], 10. 231 A. 2–3. Ausführlicher erörtert, partiell auch anders beantwortet sind sie bei P. F. Strawson: *Individuals*, London 1959, zit. nach der dt. Übersetzung [F. Scholz]: *Einzelding und logisches Subjekt*, Stuttgart 1972, Kap. 1, sowie E. Tugendhat: *Vorlesungen zur Einführung in die sprachanalytische Philosophie*, Frankfurt 1976, Vorl. 25–26. Eine umfassende, detaillierte Diskussion der Ontologie von Ereignissen, die auch einen sinnvollen Lösungsvorschlag für das Inflationismusproblem – jenseits implausibler Extrempositionen – enthält, findet man in J. Bennett: *Events and their Names*, Oxford 1988.

29 Formen des Unterlassens, die *keinen* Handlungscharakter haben, gibt es natürlich. Wenn jemand etwas nur deshalb nicht tut, weil er (ohne eigenes Vorverschulden, dazu unten S. 73ff.) gar kein Bewußtsein von seiner Interventionsmöglichkeit hat und daher auch nicht mit Willen auf sie verzichtet, liegt kein Handeln im prägnanten Sinne vor. Doch um solche Formen geht es jetzt nicht, genausowenig wie um Formen des Intervenierens ohne Wissen und Wollen (störendes Schnarchen, Tritt in ein Wespennest u.a.). Signifikant sind nur Fälle, in denen das Nichttun *aktiv* und *willentlich* ist.

Daß solche Unterlassungen, zu denen auch die meisten Fälle des sogen. „Zulassens" oder „Duldens" gehören, Handlungen im vollen Sinne sind, ist in der Philosophie und anderswo oft bemerkt worden. Ein prominentes Beispiel ist Thomas von Aquin: *Summa Theologica [= Theologische Summe]* (1266–1273) 1II: q.6 a.3, im folgenden zit. (soweit erschienen, der hier relevante Band fehlt) nach der zweispr. Ausgabe des Katholischen Akademikerverbandes, Salzburg / Leipzig 1933ff. [abgek. *STh*]. Weitere Belege liefern J. Locke: *An Essay Concerning Human Understanding* (1671–1689) [abgek. *E*], B. II, ch. 21, §§ 5. 8–16. 21–30; J. Bentham: *An Introduction to the Principles of Morals and Legislation* (1789), ch. VII, §§ 8–10, zit. nach dem Repr. [L. J. Lafleur], New York 1948 [abgek. *IP*], 72f.; M. Weber: *Wirtschaft und Gesellschaft*, Tübingen [5]1972, 1, sowie besonders klar und differenziert Chr. Sigwart: *Der Begriff des Wollens und sein Verhältniß zum Begriff der Ursache*, in: [ders.:] *Kleine Schriften* II, Freiburg 1889, 162–168. 190–194.

Dennoch gibt es eine verbreitete Tendenz, den Handlungscharakter des Unterlassens und Zulassens herunterzuspielen. Im Hintergrund stehen dabei einmal mehr (S. 38ff.) dezidierte moralisch-rechtliche Interessen. Besonders ausgeprägt sind solche in der *Theologie*, speziell im Kontext des Theodizeeproblems (dazu Kap. III, 3, bes. S. 100f.). Darüber hinaus ist es vor allem die Unterscheidung zwischen sogen. *„negativen"* und *„positiven Pflichten"*, die zur Abwertung von Unterlassungen führt. Denn mit ihr verbindet sich oft der Gedanke, negative Pflichten, die sich in verbindlichen Handlungsverboten (z.B. von Mord, Raub, Diebstahl u.a.) artikulieren und die gesellschaftlich zentral sind, ließen sich nur durch aktive Interventionen verletzen, während sie durch Nichtstun automatisch erfüllt würden. Nur bei positiven Pflichten, die (wie die Unterstützung Bedürftiger) zwar verdienstlich, aber gesamtgesellschaftlich nicht verbindlich sind, könne man auch von verbotenen Unterlassungen reden oder besser von gebotenen Interventionen (vgl. Anm. 6). Verstärkt wird dieser Gedanke auch durch die Vorstellung, nur aktive Eingriffe in den *„Lauf der Natur"*, nicht dessen bloßes Gewährenlassen, hätten Handlungscharakter, dokumentiert z.B. in der geläufigen Gegenüberstellung von handlungshaftem aktiven „Töten" und nicht handlungshaftem bloßen „Sterbenlassen".

Doch hier geht einiges durcheinander. Zunächst können auch absolut verbindliche „negative Pflichten" (wie das Tötungs- oder Verletzungsverbot) keineswegs nur durch aktive Intervention, sondern auch durch Unterlassen verletzt werden, einschließlich solcher mit Grundrechtscharakter (vgl. dazu z.B. B. Pieroth / B. Schlink: *Grundrechte. Staatsrecht II*, Heidelberg [13]1997, Rn. 199. 370. 516. 559). Sodann zeigt schon die Interdefiniertheit und entsprechende Reformulierbarkeit von Verboten und Geboten (Anm. 6), daß die formale Differenz zwischen Interventionen und Unterlassungen inhaltlich ohne Bedeutung ist. Und wenn sachfremde Verantwortungsasymmetrien (Abschn. 1.3) aus dem Spiel bleiben, ist auch nicht einzusehen, warum bewußte Verbotserfüllungen durch Unterlassen nicht ebenso handlungshaft sein sollten wie Verbotsverletzungen durch Intervenieren.

Daß unsere Moral- und Rechtsordnung „negative Pflichten" mit korrespondierenden Schutz- und Abwehrrechten ins Zentrum stellt und „positive Pflichten" mit korrespondierenden Hilfs- und Leistungsrechten marginalisiert, mag zwar gesellschaftlich wohlbegründet sein, obwohl es auch daran berechtigte Zweifel gibt (vgl. Seebaß 2006 [Anm. 1], 259–263). Unredlich wäre es aber, diese *inhaltliche* normative Entscheidung *scheinformal* begründen zu wollen, so als gäbe es rein handlungstheoretisch zu ihr gar keine Alternative. Entsprechendes gilt für die Haltung gegenüber dem „Lauf der Natur". Auch hier sind keineswegs alle Nichteingriffe (z.B. unterlassene Hilfeleistung bei einem Herzanfall oder Lawinenverschüttung) prinzipiell anders zu werten als aktive Eingriffe. Und soweit sie es wirklich sind, ist der Grund dafür nicht die *formale* Differenz zwischen Unterlassen und Tun, sondern die *inhaltliche* Entscheidung, ändernde Eingriffe gegenüber bestimmten Naturprozessen nicht verbindlich vorzuschreiben (vgl. dazu z.B. Ph. Foot: *Morality and Objectivity*, London 1985, 23–25, und Seebaß 2006, 57, A. 28).

30 Alle Verrichtungen, die *indirekt* herbeigeführt werden, sind damit ausgeschlossen. Unter den Körperbewegungen gehören dazu nicht nur solche, die durch andere kausal *hervorgebracht* werden, wie z.B. das Schließen eines (direkt nicht schließbaren) Augenlides mit Hilfe der Hand. Einschlägig sind auch (äußere und innere, Anm. 23) Körperbewegungen, die den direkt ausgeführten *vorausgehen*. Beispiele dafür sind die koordinierte Aktivierung der beteiligten Muskeln und

Organe beim Sprechen oder der sukzessive, geordnete Bewegungsablauf bei geübten Klavierspielern oder Kunstturnern. Direkt gewollt und aktiv ausgeführt wird hier jeweils nur der gesamte erlernte Bewegungskomplex, während die Teilbewegungen, die ihn konstituieren, nur indirekt (wenngleich automatisiert und größtenteils unbewußt) mit ihm auftreten. Welche Bewegungen bestimmte Individuen *direkt* ausführen können und welche nicht, hängt von angeborenen ebenso wie von erworbenen Automatismen ab. Einen Überblick über entsprechende Differenzen vermittelt A. C. Danto: *Analytical Philosophy of Action*, Cambridge 1973, ch. 5.

Ähnliches gilt für *mentale Handlungen*, wie z.B. die Vorstellung von Orchesterklängen nach einer Partitur oder die willentliche Änderung der subjektiven Wahrnehmungseinstellung gegenüber optischen Reversionsfiguren („Kippbildern"). In der Literatur ist z.T. behauptet worden, daß auch das *Wollen* und streng genommen sogar *nur* dieses als direkt ausgeführte Handlung gelten könne (so z.B. H. A. Prichard: *Moral Obligation*, Oxford 1949, ch. 11). Davon wird hier abgesehen. Denn selbst wenn der „aktivische" Charakter jeden Wollens vorausgesetzt werden könnte (S. 55 Anm. 27), wäre die Struktur solcher „Akte" immer noch eine prinzipiell andere als bei gewöhnlichen willentlichen Handlungen.

31 Der Ausdruck *„Basishandlung"* wurde von Arthur Danto geprägt und von vielen neueren Handlungstheoretikern aufgegriffen (vgl. insbesondere A. C. Danto: *Basic Actions*, in: *The American Philosophical Quarterly* 2 (1965), 141–148; Danto 1973 [Anm. 30], chs. 2–5; A. I. Goldman: *A Theory of Human Action*, Englewood Cliffs 1970, chs. 1–2; J. Hornsby: *Actions*, London 1980, chs. 5–6). Er bezieht sich darauf, daß elementare Handlungen (z.B. eine willentliche Fingerbewegung) in der Regel als „Basis" für jene komplexen Handlungen (Schalterbetätigung, Einschalten des Lichts) fungieren, die durch sie und ihre Folgen konstituiert werden, falls bestimmte Zusatzbedingungen erfüllt sind. Diese Handlungen werden hier als *„folgekomplexe Handlungen"* bezeichnet. Handlungstheoretisch umstritten sind die relevanten Zusatzbedingungen, sowie die Formen und Ergebnisse der Konstitution selbst. Ontologische „Deflationisten" (wie Hornsby oder Davidson, vgl. Anm. 24) wollen nur jeweils *eine* partikuläre Handlung anerkennen, die außer durch ihre basalen, nichtrelationalen Eigenschaften (z.B. „ist eine Fingerkrümmung") zugleich durch eine Vielzahl von Relationen zu relevanten Folgen gekennzeichnet ist („bewirkt ein Kippen des Schalters", „führt zum Angehen des Lichts" usw.). „Inflationisten" (wie Goldman) rechnen mit einer potentiell unendlichen *Vielzahl* verschiedener Handlungen, die durch die jeweilige Basishandlung und ihre Folgen konstituiert werden. Beide Extreme gehen an der gewöhnlichen Rede über menschliche Handlungen vorbei und sollten vermieden werden. Die diversen Probleme, die mit der Konstitution folgekomplexer Handlungen verbunden sind, können hier nicht genauer beleuchtet werden. Eingehend diskutiert sind sie bei Bennett 1988 [Anm. 28], chs. XI–

XIV. Nur einige Teilaspekte, die für unsere Fragestellung besonders wichtig sind, werden im folgenden und später in Abschnitt 2.3 thematisiert.

Komplex sind menschliche Handlungen auch noch in anderer Hinsicht. Nicht nur soziale Handlungen, die wir generell ausklammern (S. 51), sondern auch viele individuelle Handlungen sind nicht nur folgekomplex (oder gar isolierte reine Basishandlungen), sondern bilden Komplexe, die sich aus *mehreren* Basishandlungen bzw. folgekomplexen Handlungen zusammensetzen. Schon das bewußt vollzogene Gehen, das mehrere Einzelschritte umfaßt, liefert ein Beispiel dafür, ebenso wie der Prozeß des Schreibens oder Lesens, wenn eine Hand das Papier hält, während die andere einen Stift führt bzw. die Augen den Zeilen folgen und zugleich diverse mentale Leistungen des stillen Sprachgebrauchs erbracht werden. Und für noch komplexere Handlungen wie Radfahren, Kunstturnen, Klavierspielen oder Verfassen eines längeren Textes gilt das erst recht. Die meisten konkreten Handlungen, die Menschen tagtäglich ausführen, stellen integrierte, geplante oder nur locker gefügte *Kombinationen* verschiedener *Teilhandlungen* dar. Auch davon wird hier zur Vereinfachung abgesehen.

32 Zur Notwendigkeit, Phänomene des (aktuellen, nichtdispositionellen) Wollens als mentale Ereignisse aufzufassen, vgl. Seebaß 2006 [Anm. 1], 201–208, und ausführlich Seebaß 1993 [Anm. 4], Kap. III–IV; V, 1–3. Grundsätzliche Überlegungen zur Rechtfertigung des relevanten Kausalzusammenhangs findet man in Seebaß 1993, Kap. VI, 2, sowie in sehr knapper Form Seebaß 2006, 216.

33 Logische, mathematische und normative Folgen ergeben sich direkt aus den zugrunde liegenden *Regeln*. Kausale Folgen dagegen setzen zwar (nach überwiegender Auffassung) auch allgemeine Regeln („Kausalgesetze") bzw. Regularitäten voraus, hängen außerdem aber vom Faktum erfüllter Zusatzbedingungen ab (S. 54, 57f.) und gehören insofern nur zu den *faktischen* Folgen.

Andere faktische Folgebeziehungen sind nicht kausal. Ein Beispiel ist die im Text erwähnte empirische *Anzahl* wiederholter Handlungen. Ein anderes Beispiel ist die *Komplettierung* faktisch vorliegender Teile zu einem Ganzen (Rückkehr eines Eishockeyspielers von der Strafbank aufs Feld, Beitrag einer Chorstimme zu einem Akkord u.a.). Auch das Faktum bestehender *Gleichheit*, *Ähnlichkeit* oder *Identität* kann handlungs- und zurechnungsrelevante Folgen begründen. Kunstplagiate und Unterschriftsfälschungen beruhen z.B. darauf, daß die Aktivitäten des Fälschers nicht nur zur Folge haben, daß das Handlungsprodukt bestimmte konkrete Eigenschaften (Linien, Farben, Schattierungen etc.) aufweist, sondern auch, daß es dadurch die (vom Fälscher gewollte) qualitative Übereinstimmung oder Ähnlichkeit mit dem Original zeigt. Faktische Identität wiederum war der Grund, warum Ödipus mit seiner (gewollten) Tötung des Fremden am Hohlweg auch (ungewollt) seinen Vater erschlug. Darüber hinaus steht jedes Ereignis in Raum und Zeit in zahllosen und theoretisch infiniten *räumlichen* bzw. *zeitlichen Relationen* zu anderen Ereignissen, die faktisch eingetreten sind oder noch eintreten werden. Daß Cäsar am 11. 1. 49 v. Chr. den Rubikon überschritt, hatte z.B. nicht nur zur Folge, daß er dessen südliches Ufer gewann, sondern zugleich, daß er Rom, aber auch dem Südpol, näher kam und eine Tat beging, die sich 704 Jahre nach der sagenhaften Gründung Roms ereignete.

Die allermeisten unserer nichtkausal-faktischen Handlungsfolgen sind für uns natürlich ohne Belang und werden gewiß nicht mit Willen herbeigeführt, weshalb sie in der Regel auch keine zurechenbaren folgekomplexen Handlungen bilden. Dennoch gehören auch sie formal zu den Folgen, auf die sich der Wille prinzipiell richten kann und die man bezwecken könnte. Und in manchen Fällen (Alibi, Fristeinhaltung, Cäsars Grenzüberschreitung u.a.) sind sie auch durchaus handlungs- und zurechnungsrelevant.

34 Angesichts der unüberschaubaren Vielzahl und theoretischen Infinitheit faktischer Folgen wäre es unsinnig Normen zu formulieren, die von den Adressaten verlangen, *alle* Folgen ins Auge zu fassen und ihre Willensbildung („optional“, vgl. S. 64ff.) auf sie abzustimmen, ehe sie handeln. Kein Mensch verfügt über ein Maß an Wissen, Überlegungsfähigkeit und Rationalität, um in dieser Extremform normativ ansprechbar zu sein (S. 38). Jedes praktikable Normensystem beruht deshalb immer schon auf einer *Auswahl* und normativen *Gewichtung* unter den Folgen. Ebenso weltfremd wäre es, einen konsequenten moralischen „Konsequentialismus“ zu vertreten, der den Wert einer Handlung aus dem Gesamtwert bzw. gesamtgesellschaftlichen Nutzen *sämtlicher* guter und schlechter Folgen errechnet. Denn abgesehen davon, daß kein Mensch fähig wäre, sein Handeln an einem solchen Wertstandard auszurichten, müßte jede Handlungsbeurteilung erst bis zum Weltende warten. Es ist also absolut unerläßlich, die meisten Handlungsfolgen zu ignorieren und sie aufgrund ihrer Nichtwillentlichkeit nicht zuzurechnen.

Daraus jedoch den Schluß zu ziehen, daß man die Folgen *gänzlich* unberücksichtigt lassen und sich nur auf die „Gesinnung“ oder den „guten Willen“ des Akteurs beschränken kann, wäre nicht weniger weltfremd und unsinnig. Beide Extreme sind abwegig: Genauso wenig wie Menschen umfassende Rücksichten auf alle Folgen nehmen können, so wenig können sie völlig losgelöst von den diversen Folgebeziehungen, in denen ihr Handeln steht, innerweltlich agieren und praktisch-rationale Willensbildung betreiben. Die prinzipielle Gegenüberstellung von reiner, folgenunbekümmerter „Gesinnungsethik“ und folgenorientierter „Verantwortungsethik“, die auf Max Weber (*Gesammelte politische Schriften*, Tübingen [5]1988, 549ff.) zurückgeht und viel Beachtung gefunden hat, ist daher handlungs- und normentheoretisch eher ein Danaergeschenk als eine Hilfe. Denn wenn man diese Entgegensetzung nicht nur als bloßen Hinweis auf tendenzielle Akzentverschiebungen in die eine oder andere Richtung versteht, ist sie geeignet, ein verzerrtes Bild von normengeleitetem Handeln zu fördern, das der Lebenswirklichkeit nicht entspricht (vgl. dazu auch Seebaß 2006 [Anm. 1], 112f., 320f. A 5).

35 Wer z.B. beim Zwischenstop in einer fremden Stadt nicht weiß, welche Sehenswürdigkeiten oder käuflichen Spezialitäten sie bietet, kann nicht den Willen entwickeln, sie zu besichtigen bzw. zu erwerben, und danach handeln. Ohne die Kenntnis möglicher Handlungsziele gibt es eben auch kein Wissen um relevante Folgebeziehungen, die sich gegebenenfalls als Mittel zu ihrer Verwirklichung einsetzen lassen. Und im Zustand dieser doppelten Unwissenheit kann es natürlich auch kein zielgerichtetes willentliches Handeln geben, selbst wenn das relevante Ergebnis (z.B. durch den Zufallskauf einer nicht als solche erkannten Spezialität) faktisch erreicht werden sollte.

Denkbar bleibt allerdings, daß ein Ziel, das *als solches* durchaus bekannt und gewollt ist, auf ungewollte *Weise* verwirklicht wird, sei es durch einen glücklichen Zufall *ohne* eigene Tätigkeit oder sogar *trotz* des aktiven Einsatzes eines (aus Unkenntnis) völlig verfehlten Mittels. Aber auch in diesem Fall kann man, wegen der bestehenden Unwissenheit über die relevanten Folgebeziehungen, nicht von einem Wollen des ganzen Komplexes und einer (nach diesem Kriterium, S. 52f.) willentlichen und zielgerichteten Handlung sprechen und sie dem Handelnden zurechnen. Wenn ein Dachdecker, der sich mit Mordplänen an seinem Erbonkel trägt, gedankenlos Ziegel vom Dach wirft, die den zufällig vorbeikommenden Onkel erschlagen, kann man ihm zwar dessen fahrlässige Tötung, sicher aber nicht dessen Ermordung anlasten, und zwar selbst dann nicht, wenn die Beschäftigung mit dem Mordplan die Ursache für seine Gedankenlosigkeit war. Vgl. dazu auch unten S. 70f., Anm. 54–55.

36 Die *Signifikanz* kann hier fast immer vorausgesetzt werden. Denn wäre der Beitrag des Akteurs, verglichen mit dem der Zusatzbedingungen (S. 54), so geringfügig, daß die Signifikanz des Willenseinflusses fraglich wird, dürfte der Eintritt der Folgen auch nicht mehr hinreichend sicher voraussehbar sein. Die *Rationalitätsprämisse* ist kritischer. Denn sie besteht hier im Kern (wie gleich noch genauer dargelegt wird, S. 64ff.) in der Zuschreibung uneingeschränkter Bereitschaft zu realitätsangepaßter „optionaler Willensbildung“, und diese ist nicht bei allen Menschen in gleichem Maße gegeben.

37 Das ist seit langem gesehen und in der neueren Handlungstheorie auch explizit als Prinzip formuliert worden, so z.B. bei R. M. Chisholm: *Person and Object*, London 1976, 74f., und M. E. Bratman: *Intention, Plans and Practical Reasoning*, Cambridge / Mass. 1987, 144f.

38 Unter dem Namen „So-be-it principle“ („Sei's-drum-Prinzip“) ist auch dieses Schlußprinzip in die neuere Handlungstheorie eingeführt worden, vgl.

insbesondere W. Sellars: *Volitions Reaffirmed*, in: M. Brand / D. Walton (edd.): *Action Theory*, Dordrecht 1976, 59f.

39 Als handlungstheoretisches Prinzip formuliert ist dieser zweite Schritt z.B. bei Bratman 1987 [Anm. 37], 145ff.

40 Die Verneinung der Willensübertragung auf vorausgesehene Folgen und Nebenfolgen unterlassener Aktivitäten ist eine Auffangposition, der das Zugeständnis vorausgeht, daß Unterlassungen, nicht anders als aktive Interventionen, normale willentliche Handlungen sind. Häufig wird aber auch versucht, die volitionale Distanz schon an dieser Stelle geltend zu machen (vgl. S. 56 Anm. 29).

41 Das „Prinzip des doppelten Effekts" wird zwar von zahlreichen Autoren vertreten und in jüngerer Zeit vor allem zur Lösung medizinethischer Zweifelsfragen (Abtreibung, Sterbehilfe u.a.) eingesetzt, stellt aber kein kirchenoffizielles Dogma dar und hat sich in seiner heutigen Form erst im 19. Jh. etabliert. Über die Entwicklungsgeschichte unterrichtet J. T. Mangan: *An Historical Analysis of the Principle of Double Effect*, in: *Theological Studies* 10 (1949), 41–61. Verschiedene ältere und neuere Versionen werden (teils apologetisch, teils kritisch) erörtert von G. G. Grisez: *Toward a Consistent Natural-Law Ethics of Killing*, in: *The American Journal of Jurisprudence* 15 (1970), 64–96, und G. B. Matthews: *Saint Thomas and the Principle of Double Effect*, in: S. MacDonald / E. Stump (edd.): *Aquinas's Moral Theory*, Ithaca / NY 1998, 63–78. Hilfreich zur sachlichen Einschätzung ist die Kritik des prominenten englischen Rechtsphilosophen H. L. A. Hart: *Punishment and Responsibility*, Oxford 1968, 122–125.

42 Wer den Tod eines Menschen nicht will, aber als mögliche Folge (eines Sprengstoffanschlags z.B.) bewußt in Kauf nimmt, wird nach dt. Strafrecht (wie auch nach englischem, vgl. Hart 1968 [Anm. 41] 119–122) nicht etwa nur wegen *fahrlässiger*, sondern wegen *vorsätzlicher* Tötung bzw. Mord belangt, auch wenn sein Vorsatz kein „direkter" ist, sondern nur ein „bedingter" („dolus eventualis"). Die Willensübertragung auf eine Folge, die sogar nicht einmal sicher vorausgesehen sein muß, wird hier also ohne Einschränkung anerkannt.

Da der konkrete Nachweis der Unwilligkeit oder bedingten Willentlichkeit bei einem (evtl. leugnenden) Täter in der Gerichtspraxis schwierig sein kann, lassen manche Rechtstheoretiker sogar das Wissen *allein* als hinreichende Bedingung für die Gewolltheit einer Folge gelten (z.B. J. Hruschka: *Strafrecht nach logisch-analytischer Methode*, Berlin ²1988, 435f.). Andere gehen noch weiter und schenken sich sogar den *Schluß* auf die Willentlichkeit, operieren also mit der Folgenkenntnis als einzigem relevanten Kriterium (vgl. etwa G. Jakobs: *Strafrecht. Allgemeiner Teil*, Berlin. ²1991, Abschn. 9, passim, und U. Kindhäuser: *Ge-*

fährdung als Straftat, Frankfurt 1989, 99ff.). Dieser Reduktionismus, der nur forensisch-praktische und keine handlungstheoretischen Gründe hat, ist eine Extremposition. Sie macht jedoch besonders deutlich, wie selbstverständlich und groß die Bereitschaft im Strafrecht ist, Folgen aufgrund des Wissenskriteriums zuzurechnen.

43 Die Zulässigkeit der Inkaufnahme schlechter Mittel zugunsten höherrangiger besserer Zwecke ist nicht nur in (z.T. polemisch) simplifizierten Versionen der sogen. „Jesuitenmoral“ artikuliert worden, sondern findet sich in seriöserer Form auch in manchen Varianten des „Prinzips des doppelten Effekts“ selbst (referiert bei Mangan 1949 [Anm. 41], 45f.; Grisez 1970 [Anm. 41], 79–87, und Matthews 1998 [Anm. 41], 69–71). Daß sichere und sehr wahrscheinliche Folgen ebenfalls gewollt bzw. intendiert sind, hat schon Thomas von Aquin, der oft als Stammvater des Prinzips genannt wird, an mehreren Stellen deutlich gemacht (nachzulesen bei Matthews 1998, 72f. und R. Saarinen: *Weakness of the Will in Medieval Thought*, Leiden 1994, 129f.).

44 So z.B. die scholastischen Theologen Peter Abaelard (1079–1242) und Petrus von Poitiers (gest. 1205), ausführlich dargestellt bei Saarinen 1994, [Anm. 43] 52–60. 73f. Eine dt. Übersetzung einschlägiger Passagen aus Abaelards *„Ethica“* findet sich in K. Flasch (ed.): *Geschichte der Philosophie*, Bd. 2: *Mittelalter*, Stuttgart 1994 [abgek. *E*], 270–279.

45 Letzteres war der Vorschlag von Bentham: *IP*, ch. VIII, § 6; ch. IX, § 10 [Anm. 29], 84. 91f. Aufs „Intendieren“ als solches bezogen findet die These sich bei vielen neueren Handlungstheoretikern z.B. bei Bratman 1987 [Anm. 37], ch. 10, und vor ihm bereits bei G. E. M. Anscombe: *Intention*, Oxford 1957, zit. nach Repr. Ithaca / NY [2]1963, 41f. 89; Goldman 1970 [Anm. 31], 59f.; A. Kenny: *Will, Freedom and Power*, Oxford 1975, 58–69; ders.: *Freewill and Responsibility*, London 1978, 28. 51, und G. Harman: *Change in View*, Cambridge / Mass. 1986, 89f. 106–108. Alltagsurteile wiederum gehen z.T. noch über Benthams Einschränkung hinaus. Hier werden (wie früher erwähnt, Anm. 9) vorausgesehene Handlungsfolgen, die eigentlich nicht gewollt sind, bereitwillig auch als „intendierte“ behandelt, falls die Folgen moralisch schlecht sind.

46 Das ist im übrigen auch von manchen Theologen anerkannt worden, die das Übertragungsprinzip für das Wollen an sich ablehnen. Ein Beispiel dafür ist der scholastische Theologe Walter Burley (1275–1345), der die Unterscheidung zwischen „absolutem“ und „bedingtem Wollen“ („velle absolute“ / „velle cum conditione“) eingeführt hat, um sagen zu können, daß unvermeidliche Teile eines gewollten Gesamtkomplexes rationalerweise zwar („bedingt“) mitgewollt, nicht aber („unbedingt“) gewollt sind, auch wenn er irrigerweise glaubte, dies

auf die Mittel allein beschränken zu können, unter Ausschluß von Folgen und Nebenfolgen (zitiert und referiert bei Saarinen 1994 [Anm. 43], 142–146). Was hier für den menschlichen Willen geltend gemacht wird, ist in der christlichen Theologie mit speziellem Bezug auf den Willen Gottes häufig vertreten worden (vgl. dazu unten Kap. III, S. 97 Anm. 100).

Handlungstheoretisch ist die Unterscheidung zwischen bedingtem und unbedingtem Wollen vor allem deshalb von Bedeutung, weil sie es möglich macht, die *Willenslage* bei folgekomplexen Handlungen *differenziert* zu beschreiben und damit diverse Verwirrungen aufzulösen, die in der Literatur verbreitet sind. Das gilt nicht nur mit Bezug auf die scheinformale Begründung des „Prinzips des doppelten Effekts" und die Rede vom bloßen „Zulassen" bzw. „Inkaufnehmen" im Kontrast zu „Wollen" oder „Beabsichtigen", sondern auch mit Bezug auf die Unterscheidung von Mitteln, Zwecken und Folgen selbst und auf die gängige Rede vom „zweckrationalen Handeln". Hier ist es insbesondere der oft behauptete prinzipielle Gegensatz zwischen einer rein zweckrationalen, auf Zwecke fixierten *„Poiesis"* und einer zweckfreien bzw. selbstzweckhaften *„Praxis"*, die sich mit Hilfe einer differenzierten Beschreibung der Willenslage der Akteure auflösen und durch ein angemesseneres handlungstheoretisches Modell ersetzen läßt (vgl. dazu Seebaß 2006 [Anm. 1], 23–26).

47 In welcher Weise die Rücksicht auf Bedingungszusammenhänge, die zwischen originär bzw. unbedingt gewollten und anderen Teilen wählbarer Optionen bestehen, die freie Willensbildung beeinträchtigen, wird bei der systematischen Erörterung des Willensfreiheitsbegriffs (im dritten Band) zu untersuchen sein. Nicht alle Formen der optionalen Willensbildung tangieren die Freiheit des Willens. Dennoch ist der betroffene Phänomenbereich relativ groß und keineswegs auf besonders gravierende Fälle von Nötigung oder Erpressung eingeschränkt, die traditionell im Zentrum stehen, seit Aristoteles auf sie einschlägig aufmerksam wurde (vgl. Seebaß 2006 [Anm. 1], 93f. A. 39, 213 A. 58, sowie zu Aristoteles auch unten Kap. III, 5.3, S. 124 Anm. 222).

48 Der hartnäckige Widerstand, den viele Menschen der Diagnose entgegensetzen, auch Optionsteile, die „bloß zugelassen" oder „in Kauf genommen" sind, würden von rationalen Personen (zumindest bedingt, Anm. 46) „gewollt", kann ein Indiz dafür sein, daß sie diese innerweltliche Position (explizit oder implizit) *nicht* akzeptieren. Dem mag gelegentlich sogar die idealistische Vorstellung zugrunde liegen, der Wille sei *absolut* ungebunden und frei und die willensfähige Person stehe *außerhalb* des gesamten Weltzusammenhangs, wie dies in Teilen der europäischen Geistesgeschichte tatsächlich vertreten wurde (vgl. Seebaß 2006 [Anm. 1], 4–6. 195f.). Diese Extremposition ist natürlich höchst zweifelhaft. Beschränkt auf *Teile* des Weltzusammenhangs, insbesondere solche, die zwar als situativ, aber nicht prinzipiell unabänderlich gelten und die

auch nicht (z.B. durch Vorverschulden, S. 73f.) indirekt zurechenbar sind, kann die persönliche Distanzierung jedoch sinnvoll und durchaus rational sein. Wer durch eine Naturkatastrophe oder die massive Einwirkung eines politischen Terrorregimes (Inhaftierung im KZ oder Folter, vgl. S. 28f.) in eine moralisch dilemmatische Situation gebracht wird, die ihm nur die Wahl zwischen zwei gleichermaßen verwerflichen Alternativen läßt, kann die Verantwortung für sie mit Recht zurückweisen. Nur sollte diese Distanzierung sich nicht als Bestreitung der *Willentlichkeit* derjenigen Handlungsteile artikulieren, die man, wenn auch nur notgedrungen, durch eigenes Handeln selbst herbeiführt, sondern als Verneinung der *Freiheit* der Willensbildung, die diesem Handeln zugrunde liegt.

49 Das gilt vor allem für Aristoteles, der das Wissen als eines von zwei zentralen Kriterien, die „freiwilliges" und insofern zurechenbares Handeln begründen, explizit eingeführt und differenziert erörtert hat (vgl. dazu unten Kap. III, 5.3, S. 124f., Quellenangaben in Anm. 223). Aber auch Platon hat schon in relativ klarer, erstaunlich differenzierter Form auf die strafrechtliche Bedeutung nicht nur des Kriteriums der Willentlichkeit, sondern auch des Wissenskriteriums hingewiesen (vgl. S. 123 Anm. 214). Der allgemeine Gedanke, daß unwissentlich begangene Taten unfreiwillig und daher nicht vorwerfbar sind, ist noch wesentlich älter und literarisch bereits im 5. Jh. v. Chr. belegt, so insbesondere bei Sophokles: *Oidipûs epi Kolônô [= Ödipus auf Kolonos]*, 521f. 547f. 960–987. Ein früher Beleg (6./5. Jh. v. Chr.) aus der jüdischen Tradition findet sich in *Numeri* 35/22ff. in der Bibel.

50 Obwohl Normen, als Forderungen an Adressaten *präskriptiv* sind und nicht deskriptiv, sind begangene Normenverletzungen *deskriptive* empirische Tatsachen (vgl. S. 35f., 38f.). Gleiches gilt aber auch für das Faktum der sozialen Gültigkeit bzw. Etabliertheit von Normen und das Wissen oder Nichtwissen der Normadressaten, daß es besteht. Die strafrechtliche Rede vom „Verbotsirrtum" (analog zu der vom „Tatbestandsirrtum") bringt das korrekt zum Ausdruck, indem sie den Fehler, der die Zurechenbarkeit (gegebenenfalls, vgl. dazu S. 73) ausschließt, auch hier nicht als gewollte Unbotmäßigkeit gegenüber der staatlichen Präskription (vgl. S. 37f.), sondern rein deskriptiv als Wissensdefizit diagnostiziert.

51 Auch diese Feststellung (ähnlich wie die über die optional unfreie Willensbildung, Anm. 47) muß im Zusammenhang mit einer systematischen Klärung des Willensfreiheitsbegriffs inhaltlich substantiiert werden. Einige relevante Erläuterungen findet man in Seebaß 2006 [Anm. 1], 111–115. 150f. 212ff., A. 57–58.

52 In der Literatur wird z.T. behauptet, daß man von „Wollen" (im Gegensatz zu bloßem „Wünschen", „Sich-Sehnen", „Begehren" u.a.) nur sprechen könne,

wenn der Wollende zumindest glaubt, das Gewollte durch eigenes Tun *verwirklichen* zu können (prominent z.B. Locke: *E* [Anm. 29], B. II, ch. 21, § 30, weitere Belege bei Seebaß 1993 [Anm. 4], 260f. A. 109). Das ist plausibler als die noch weiter gehenden Behauptungen, die in Anm. 4 erwähnt wurden. Aber auch diese schwächere These, ja nicht einmal die behauptete Bindung an die Überzeugung, daß das Gewollte prinzipiell *realisierbar* ist, entspricht dem gewöhnlichen Sprachgebrauch (vgl. Seebaß 1993, Kap. III, 3; Kap. IV, 6). Sie kann deshalb außer Betracht bleiben.

53 Die *abstrakte* Idee mathematisch exakter Wahrscheinlichkeitswerte (wie „w = 0.4" oder „ein Sechstel") läßt sich mühelos fassen und probabilistischen Berechnungen zugrunde legen. Kein Hersteller *konkreter* Spielwürfel oder Rouletteapparaturen aber, keine Fabrik für gebräuchliche Kletterseile oder Medikamente kann die Garantie für einen empirisch exakten Wert übernehmen, sondern nur für einen Wert mit gewissen Margen und Toleranzen. Entsprechendes gilt für die gesamte Technik und genau genommen sogar für die Naturgesetze oder Gesetzmäßigkeiten, auf denen sie fußt, falls überempirische Idealisierungen aus dem Spiel bleiben (mehr dazu im zweiten Band, Kap. II, 4). Insofern sind exakte empirische Wahrscheinlichkeitszuschreibungen *niemals* im strengen Sinne *objektiv*.

Doch selbst wenn wir annehmen, daß die Erfahrung uns nur präzise oder zumindest theoretisch beliebig präzisierbare Werte liefert, die sich in einem exakten Zahlenwert zwischen 0 und 1 ausdrücken lassen, führt der Versuch, die durch sie definierten Wahrscheinlichkeiten nicht nur als (theoretische oder rein subjektive) *Deutungen*, sondern als Teil der objektiven *Wirklichkeit* aufzufassen, in erhebliche Schwierigkeiten, begriffliche wie epistemische. Sie können hier nicht erörtert werden (mehr dazu im zweiten Band, Kap. II, 2.4). Wichtig ist nur, sich von vornherein darüber klar zu sein, daß der scheinbar selbstverständliche, im Alltag ständig vollzogene Wechsel von subjektiven zu objektiven Wahrscheinlichkeiten theoretisch *nicht* unproblematisch ist und daß die „Objektivierung" in der Praxis vornehmlich darauf beruht, daß sich ein zweiter Schritt der konventionellen *Regulierung* anschließt.

54 Diese Schwellen haben natürlich eine Erfahrungsgrundlage, sind aber letztlich *konventionell.* Deshalb fallen sie je nach Gesellschaft oder sozialer Gruppierung verschieden aus. Sie stützen sich auf diverse und z.T. heterogene Kriterien und werden meist auch nicht formell, sondern nur informell eingeführt. Näheres dazu in Seebaß 2006 [Anm. 1], 60ff.

Faktische Handlungsfolgen, die *unterhalb* der festgesetzten Wahrscheinlichkeitsschwelle liegen, gelten im übrigen auch dann als unzurechenbar, wenn der Handelnde *irrtümlich glaubt*, daß ihr Eintritt wahrscheinlich ist oder sicher, und sie aktiv herbeiführen *will* (wie bei abergläubischen Praktiken, z.B. einer Verfluchung). Denn in diesem Fall liegt offenbar gar keine willentliche und insofern zurechenbare Handlung vor (vgl. Anm. 35). Zieht man ihn dennoch für das Ergebnis (z.B. die kontingente Erfüllung eines Fluchs) zur Rechenschaft, geht es entweder um bloße *Haftbarkeit* (S. 47f.) oder um Zurechenbarkeit in einem Sinne, der nicht die vollzogene Handlung betrifft, sondern nur den unternommenen *Handlungsversuch* oder die bloße, ausführungsunabhängige *Absicht*. Daß dieses (zumindest bei sehr geringen, statistisch gut gesicherten Wahrscheinlichkeiten) ziemlich irrational erscheinende Vorgehen dennoch nicht allzu weit von der menschlichen Realität entfernt ist, zeigt die asymmetrische Zurechnungspraxis in Positivfällen (vgl. S. 40f.). Der Wunderheiler, dessen magische Praktiken faktisch erfolgreich waren, oder der minderbegabte Golfspieler, dem ein Verzweiflungsschlag glücklich zum As gerät, ernten trotz aller etablierten Wahrscheinlichkeitsschwellen Bewunderung, Prämien und Preise. Und das scheint jedenfalls dann nicht völlig unsinnig zu sein, wenn man annimmt, daß nicht der faktische Zufallserfolg, sondern allein die Tatsache zugerechnet wird, daß die Betreffenden auch in aussichtsloser Lage nicht resigniert, sondern relevante Absichten entwickelt und Versuche gestartet haben.

55 Praktisch sind solche Regulierungen unerläßlich. Denn *absolut* sichere Folgen gibt es (abgesehen von logischen und mathematischen Folgebeziehungen, S. 59) so gut wie *nie*. Umstände, die ihren Eintritt verhindern könnten, bleiben theoretisch allemal denkbar. Müßten wir diese Umstände vor jeder unserer zahllosen Alltagshandlungen mit berücksichtigen und die Wahrscheinlichkeiten der Folgen berechnen, würden wir (auch wenn die Probleme von Anm. 53 außer Betracht bleiben) alsbald planungs- und handlungsunfähig. Die Transferierung von theoretisch bloßen Wahrscheinlichkeiten in praktische Gewißheiten erfüllt also eine äußerst wichtige und unentbehrliche Entlastungsfunktion.

56 Daß Mord, Körperverletzung, Raub oder Diebstahl rechtlich und moralisch verboten sind, lernt jedes normale Kind. Aber kaum ein Erwachsener hat *detailliertes Wissen* von den vielfältigen Bestimmungen des Strafgesetzbuches und der relevanten Gerichtsentscheidungen oder kann sie, wenn er sie nachliest, ohne juristischen Beistand adäquat *interpretieren*. Und nur wenige Menschen verfügen über die *Zeit* und die *finanziellen Ressourcen*, ihrer abstrakten Pflicht zu umfassender Information konkret nachzukommen, indem sie sich durch einen versierten Juristen umfassend beraten lassen. Insofern leben die meisten Bürger, auch und gerade in Staaten mit einem hochentwickelten Rechtssystem, strafrechtlich permanent in einer Grauzone des normativen Nicht- oder Halbwissens, das im Falle von Normenverletzungen zu bösen Überraschungen führen kann. Denn obwohl z.B. das dt. Strafrecht (in § 17 StGB) eine Entschuldigung durch „unvermeidbaren Verbotsirrtum" prinzipiell zuläßt, setzt der zitierte Rechtsgrundsatz, der auch hier zur Anwendung kommt, ohne viel Federlesens voraus, daß dieser Irrtum „vermeidbar"

ist, solange die relevanten Informationen nur überhaupt (in Bibliotheken, bei Anwälten, in den Medien etc.) zugänglich bleiben. Der Lebenswirklichkeit entspricht das nicht. *De facto* also wird das Zurechnungskriterium des Wissens (und mit ihm auch das der Willentlichkeit, vgl. S. 62f., 68f.) an dieser Stelle massiv eingeschränkt bzw. aufgegeben, so daß der Bereich, in dem auch das Strafrecht – trotz seiner generellen Bindung ans Schuldprinzip – sich mit der *bloßen* Haftbarkeit der Täter begnügt (vgl. S. 47f.), noch einmal drastisch vergrößert wird.

57 Betroffen sind hier insbesondere Handlungen aus *Fahrlässigkeit.* Denn diese haben in der weit überwiegenden Mehrzahl der Fälle nicht den Charakter der bewußten, entschiedenen Rücksichtslosigkeit oder des offenen Spiels mit Risiken, sondern geschehen aus Leichtsinn, Gedankenlosigkeit, Unachtsamkeit oder Selbstüberschätzung (S. 60f.) oder infolge eines allmählichen, kaum bemerkten Hineingleitens der Akteure in einen Zustand partieller oder vollständiger Steuerungsunfähigkeit (Trunkenheit, Ermüdung, Streß u.a.). Vor allem in diesen letzteren Fällen ist die Zurechnung der resultierenden Wissensdefekte und Normenverletzungen problematisch, da das Vorliegen und der Zeitpunkt eines zurechnungsrelevanten Vorverschuldens gewöhnlich unklar sind. Entsprechend umstritten ist ihre Behandlung im Strafrecht. Doch lassen auch sie sich, wenn die rechtlichen Normierungen adäquat ausgestaltet werden, größtenteils im Rahmen des klassischen Schuldprinzips sinnvoll zurechnen, ohne Rekurs auf Prinzipien der bloßen Haftbarkeit (S. 47f., nähere Erläuterungen in Seebaß 2006 [Anm. 1], 73–79).

Anmerkungen zu Kapitel III

58 Schlick 1984 [Anm. 15], 155.

59 A. Schopenhauer: *Preisschrift über die Freiheit des Willens*, Frankfurt 1840, Abschn. III, zit. nach: [ders.:] *Zürcher Ausgabe. Werke in zehn Bänden*, Zürich 1977, Bd. VI [abgek. *FW*], 83.

60 Vgl. *FW* Abschn. IV [Anm. 59], 114ff. Zu Hobbes' Position selbst vgl. auch unten S. 114f.

61 Näheres zu dieser Entwicklung und den verschiedenen Gründen, die zu ihr beigetragen haben, findet man in Seebaß 2006 [Anm. 1], Aufsatz 8, Abschn. 1–4, und G. Seebaß: *Wille/Willensfreiheit I. Philosophisch*, in: *Theologische Realenzyklopädie*, ed. G. Müller, Bd. XXXVI, Berlin 2003, 55–60.

62 D. Davidson: *Essays on Actions and Events*, Oxford 1980, 63, Übersetzung G. S.

63 Beleg dafür sind zahllose Arbeiten, die auch in der Analytischen Philosophie seit der zitierten „abschließenden" Bemerkung Davidsons erschienen sind. Zwei neuere Bücher, die sich in dieser Absicht auch an ein breiteres Publikum wenden, sind P. Bieri: *Das Handwerk der Freiheit*, München/Wien 2001, und M. Pauen: *Illusion Freiheit?*, Frankfurt 2004.

64 G. H. v. Wright: *On Human Freedom*, in: *The Tanner Lectures on Human Values*, vol. VI, Salt Lake City 1985, 108, zit. nach der dt. Übersetzung [P. Philipp]: *Die menschliche Freiheit*, in: [ders.:] *Normen, Werte und Handlungen*, Frankfurt 1994, 210. Vgl. auch ders.: *Freedom and Determination*, in: *Acta Philosophica Fennica* 31 (1980), 5f. und 78f.

65 Vgl. v. Wright 1994 [Anm. 64], 209f., Hervorhebungen (außer der ersten) G. S. Die Diagnose des ungriechischen, spezifisch neuzeitlichen Ursprungs findet sich ähnlich auch schon bei Schopenhauer: *FW* [Anm. 59], 103. Daß das Willensfreiheitsproblem, worauf v. Wright anspielt, eines der dauerhaft unlösbaren „ewigen Rätsel" der Philosophie und der Menschheit überhaupt sei, ist immer wieder behauptet worden, besonders markant und einflußreich z.B. von E. du Bois-Reymond: *Die sieben Welträtsel*, orig. 1880, zit. nach: [ders.:] *Vorträge über Philosophie und Gesellschaft*, ed. S. Wollgast, Hamburg 1974, 159–187, bes. 174ff. Im Zeitalter des Barock war der Gedanke in die Metapher vom ausweglosen, vernunftverwirrenden „Labyrinth" gekleidet, z.B. bei J. Milton: *Paradise*

Lost (1667), B. II, 555–565, und vor allem bei G. W. Leibniz: *Confessio philosophi [= Bekenntnis des Philosophen]*, orig. 1673, zit. nach der zweispr. Ausgabe von O. Saame, Frankfurt 1967 [abgek. *CP*], 58f. 160; *Essais de Theodicée sur la Bonté de Dieu, la Liberté de l'Homme e l'Origine du Mal*, Amsterdam 1710, zit. nach der dt. Übersetzung [A. Buchenau]: *Versuche in der Theodicée über die Güte Gottes, die Freiheit des Menschen und den Ursprung des Übels*, Hamburg [3]1996 [abgek. *TH*], 8f. 51; vgl. auch [ders.:] *Hauptschriften zur Grundlegung der Philosophie*, ed. E. Cassirer, Hamburg 1996 [abgek. *HS*], T. II, 655f. Und schon im 15. Jh. hatte der italienische Philosoph Lorenzo Valla, rückblickend auf die Diskussion seit der Antike, von der außerordentlichen Schwierigkeit und möglichen Unlösbarkeit des Willensfreiheitsproblems gesprochen und zugleich erklärt, daß es kaum eine Frage gebe, „deren Antwort mit größerer Dringlichkeit gewußt werden müßte und zugleich weniger gewußt wird" (vgl. L. Valla: *De libero arbitrio [= Über den freien Willen]*, Neapel 1437, zit. nach der zweispr. Ausgabe von E. Keßler, München 1987 [abgek. *LA*], 62–65).

66 Über die Entwicklung des Sprachgebrauchs unterrichten (mit unterschiedlicher Ausführlichkeit und Akzentuierung) z.B. M. Pohlenz: *Griechische Freiheit*, Heidelberg 1955; D. Nestle: *Eleutheria*, Tübingen 1967; H. Krämer: *Die Grundlegung des Freiheitsbegriffs in der Antike*, in: J. Simon (ed.): *Freiheit*, Freiburg 1977, 239–270; Ch. Meier / J. Bleicken: Artikel *Freiheit II*, in: O. Brunner et al. (edd.): *Geschichtliche Grundbegriffe*, Bd. II, Stuttgart 1975, 426–435.

67 Bezeichnenderweise kommt diese These nicht aus der Sprachwissenschaft, sondern von Literaturwissenschaftlern, Philosophen und Theologen. Diese verbinden mit ihr bestimmte Aussagen über die Differenz von griechischem bzw. griechisch-römischem und nichtgriechischem, speziell jüdisch-christlichem Denken. Die genauen Abgrenzungsgesichtspunkte schwanken. Für Bruno Snell (*Die Entdeckung des Geistes*, Göttingen [6]1986, 24 A. 37. 172. 229 u.ö.) war es speziell der Aspekt der erfolgsorientierten Anstrengung, der den Griechen noch unbekannt war und erst von den Römern eingeführt wurde, verknüpft mit dem so definierten lat. Terminus „voluntas" (ähnlich auch M. Pohlenz: *Die Stoa*, Göttingen [5]1978/1980, Bd. I, 274. 319f.). Andere Autoren stellen auf einen behaupteten Kontrast zwischen „griechisch-römischem Intellektualismus" und „jüdisch-christlichem Voluntarismus" ab (vgl. dazu auch S. 113f. und S. 122 Anm. 209) und lassen den Willensbegriff erst mit dem Christentum auftreten. Vertreter dieser These sind u.a. H. J. McSorley: *Luthers Lehre vom unfreien Willen*, München 1967, 36f. A.5, und vor allem A. Dihle: *Die Vorstellung vom Willen in der Antike*, Göttingen 1985, passim, vgl. bes. 31ff., 94, 108f. 138ff., sowie weniger materialreich, doch konzeptionell differenzierter Ch. S. Kahn: *Discovering the Will. From Aristotle to Augustine*, in: J. M. Dillon / A. A. Long (edd.): *The Question of „Eclecticism"*, Berkeley 1988, 234–259. Wieder anders lautet die Dia-

gnose von Hannah Arendt (*Vom Leben des Geistes*, Bd. II, München 1979, 19ff.), die den fehlenden Willensbegriff der Griechen auf deren zyklische, nichtlineare Zeitvorstellung zurückführt und die Entwicklung erst mit Paulus und Augustin beginnen läßt. Teilweise wird die These von der Inexistenz eines prägnanten mentalen Willensbegriffs (vgl. S. 55 Anm. 26–27, S. 57 Anm. 32) auch für die philosophischen Klassiker Platon und Aristoteles geltend gemacht und mit der begriffskritischen Empfehlung verknüpft, zu deren sachlich angemessenerer Konzeptualisierung zurückzukehren, wie z.B. von G. Ryle: *The Concept of Mind*, London 1949, zit. nach der dt. Übers. [K. Baier]: *Der Begriff des Geistes*, Stuttgart 1969, 82f., und A. Kenny: *Aristotle's Theory of the Will*, New Haven 1979, p. vii–viii.

68 Vgl. Aristoteles: *EN* [Anm. 11] III, 1: 1109b35–1110a4; III, 3: 111a21–24. Näheres dazu unten S. 124–126.

69 Aristoteles: *EN* [Anm. 11] III, 4: 1112a13–17; III, 5: 1113a10–14; *EE* [Anm. 11] II, 10: 1226b2–20. In späterer Zeit verliert „prohairesis" diese prägnante Bedeutung und wird zu einer allgemeineren Bezeichnung für die voluntative Grundhaltung einer Person, vgl. Dihle 1985 [Anm. 67], 72f. 167 A. 12 und Kahn 1988 [Anm. 67], 252.

70 Ein Beispiel für letzteres liefert G. Ebeling: *Frei aus Glauben*, in: [ders.:] *Lutherstudien*, Bd. I, Tübingen 1971, 316. Zur philosophischen Kritik vgl. B. Williams: *Problems of the Self*, Cambridge 1973, 228; J. Bennett: *Accountability*, in: Z. v. Straaten (ed.): *Philosophical Subjects*, Oxford 1980, 26f., sowie ergänzend unten S. 92 Anm. 85. Im übrigen ist die These vom jüdisch-christlichen Ursprung der Willensfreiheit Teil der begriffsgeschichtlichen Rekonstruktionen von Arendt und Dihle (s.o. Anm. 67).

71 Das erste und letzte der zitierten Textstücke stammt aus F. Nietzsche: *Götzen-Dämmerung*, Leipzig 1889, darin: *Die vier großen Irrtümer*, Nr. 7, Repr. in: [ders.:] *Sämtliche Werke. Kritische Studienausgabe*, edd. G. Colli / M. Montinari, München 1988, Bd. 6, 95f. Das mittlere Textstück, dessen Hauptgedanken sich in verkürzter Form auch in dem zitierten Abschnitt der *Götzen-Dämmerung* finden, stammt aus dem Nachlaß, vgl. Fragment 15 [30], 1888, in: *Sämtliche Werke*, Bd. 13, 425f.

72 So hat z.B. der Psychologe Wolfgang Prinz die „Idee der Willensfreiheit" ebenfalls als ein rein „politisches Konzept" bezeichnet, das als solches nicht in die wissenschaftliche Psychologie gehöre, nachzulesen bei W. Prinz: *Freiheit oder Wissenschaft?*, in: M. v. Cranach / K. Foppa (edd.): *Freiheit des Entscheidens und Handelns*, Heidelberg 1996, 98.

73 Vgl. neben den schon zitierten Passagen auch F. Nietzsche: *Menschliches, Allzumenschliches*, Bd. II, Chemnitz 1886, darin: Zweite Abteilung: *Der Wanderer und sein Schatten*, Nr. 23, Repr. in: *Sämtliche Werke* [Anm. 71], Bd. 2, 557f., und ders.: *Zur Genealogie der Moral*, Leipzig 1887, darin: Zweite Abhandlung: *„Schuld", „Schlechtes Gewissen" und Verwandtes*, Nr. 4, Repr. in: *Sämtliche Werke*, Bd. 5, 297f.

74 Vgl. dazu insbesondere die zentralen neutestamentlichen Bibelstellen *Matthäus* 5/3–12. 21–26. 38–48, 7/1–5; *Lukas* 6/20–42; *Römer* 12/9–21 und *1. Korinther* 13/1–13. Auch im Judentum war die Vergeltung für erlittenes Unrecht primär eine Sache Gottes und nicht des Menschen (exemplarisch etwa *Deuteronomium* 32/34–35; vgl. auch unten S. 97 Anm. 102).

75 Vgl. oben S. 36–38. An anderen Stellen hat Nietzsche selbst anerkannt, daß die Willensfreiheit auch und vor allem dazu dient, die Eigenverantwortlichkeit gegenüber sozialen oder religiösen Autoritäten und Traditionen sicherzustellen (vgl. z.B. *Jenseits von Gut und Böse*, Leipzig 1886, darin: Erstes Hauptstück: *Von den Vorurteilen der Philosophen*, Nr. 21, Repr. in: *Sämtliche Werke* [Anm. 71], Bd. 5, 35f.). Deshalb hat er, neben der gerade erörterten, auch noch eine ganz anders geartete religiöse Ursprungstheorie entwickelt (dazu S. 88f.) und mitunter sogar vom eigentlich antireligiösen Charakter der Theorie vom „freien Willen" gesprochen (vgl. Fragment 14 [126], 1888, in: *Sämtliche Werke*, Bd. 13, 308). Die Uneinheitlichkeit und z.T. offene Widersprüchlichkeit von Nietzsches Diagnosen zeigen, wie sehr diese vom übergeordneten Interesse diktiert sind, Willensfreiheit und Verantwortlichkeit ideologiekritisch zu unterminieren, gleichgültig auf welchem speziellen Weg.

76 Vgl. F. M. Dostojewski: *„Die Brüder Karamasoff"*, Buch V, Kap. 5. – Bezogen auf (unterstellte) analoge Herrschafts- und Täuschungsabsichten in der altindischen Priesterschaft hat Nietzsche tatsächlich behauptet, religiöse Weltanschauungen wie die von ihnen entwickelten stellten „durchdachte Systeme der Unterdrückung" dar, deren „heilige Lügen" mit „kaltblütigster Besonnenheit" ausgearbeitet worden seien (vgl. *Sämtliche Werke* [Anm. 71], Bd. 13, 433ff., speziell 440).

77 Vgl. F. Nietzsche *Zur Genealogie der Moral*, Zweite Abhandlung, Nr. 7, a.a.O. [Anm. 73], Bd. 5, 302–305. Aus diesem Abschnitt sind alle nachfolgenden Zitate im Text. Der Gedanke vom Leiden der Menschheit als Schauspiel für Götter, die sich sadistisch daran ergötzen, ist direkt antizipiert in Georg Büchners Drama *„Dantons Tod"* (Akt IV, Szene 5) und in einem Brief Büchners an Minna Jaegle vom Frühjahr 1834 (vgl. *Sämtliche Werke*, Bd. II, Hamburg 1971, 426). Auch hier wird das Bild vom „göttlichen Schauspiel" nur aufgegriffen, um *religionskritisch* bzw. nihilistisch gewendet zu werden, nicht anders als später bei Nietzsche.

Im 18. Jh. hatte man umgekehrt argumentiert. Aus der *Undenkbarkeit* einer derart negativen Gottesvorstellung wurde geschlossen, daß die Menschheit sich *nicht* in einer Situation ausweglosen, tragischen Leidens befinden *kann.* Eine einschlägige Äußerung des damals berühmten frz. Predigers und Bischofs J. B. Massillon (1663–1742) wird z.B. zustimmend zitiert von A. Smith: *The Theory of Moral Sentiments*, London 1759, III, 5, zit. nach der dt. Übersetzung [W. Eckstein]: *Theorie der ethischen Gefühle*, Hamburg 1977, 256f. Ein noch prominenteres Beispiel ist I. Kants Argumentation gegen Moses Mendelssohn in seiner Streitschrift *Über den Gemeinspruch: Das mag in der Theorie richtig sein, taugt aber nicht für die Praxis*, Berlin 1793, zit. nach: [ders.:] *Gesammelte Schriften*, Berlin 1902ff. Bd. VIII, 308. Kant antizipiert hier auch Nietzsches Motiv der göttlichen Langeweile, verwendet es aber gerade nicht, um die Indeterminiertheit einer anhaltend qualvoll verlaufenden Weltgeschichte damit zu begründen, sondern den Glauben an eine Determination der Geschichte zum Guten (vgl. Anm. 126).

All diese Vergleiche wurzeln in der noch älteren, bis in die Antike zurückreichenden Vorstellung vom „Welttheater" bzw. der Welt als „Bühne" für einen göttlichen Zuschauer oder Regisseur. Philosophische Aussagen, die Nietzsches historischer Darstellung einigermaßen nahekommen, finden sich etwa bei den jüngeren Stoikern. Gott als wohlgefälligen Betrachter des *erfolgreichen* moralischen Ringens von Menschen gibt es z.B. bei Seneca: *De providentia [= Über die Vorsehung]* (~62–65) II, 11–12, zit. nach der zweispr. Ausgabe [M. Rosenbach]: L. A. Seneca: *Philosophische Schriften*, Darmstadt [5]1995, Bd. I, 10f. Die Vorstellung von einem göttlichen Lenker der Welt, der auch am *Leiden* von Menschen Gefallen hat, klingt an bei Mark Aurel: *Tōn eis heautōn biblia [= Selbstbetrachtungen]* (168–180) [abgek. *H*], V, 8. Das Bild vom „göttlichen Schauspiel" („Komödie") selbst geht aber möglicherweise schon auf die ältere Stoa zurück, belegt durch das einschlägige Referat und die Kritik von Plutarchos von Chaironeia: *Peri tōn koinōn ennoiōn pros tūs Stoikūs [= Über die Gemeinvorstellungen, gegen die Stoiker]*, cap. 14, 1065d–1066a, zit. nach der zweispr. Ausgabe von H. Cherniss: *Plutarch: Moralia*, vol. XIII, pt. II, Cambridge/Mass. 1976 [abgek. *KE*], 708–713.

78 Das prominenteste Beispiel neben dem Prometheus-Mythos ist das berühmte erste „Stasimon" (= Standlied) des Chores in Sophokles' „*Antigone*" (V. 332–375), auch wenn die Rolle des Menschen als selbständiger, rationaler Beherrscher von Natur und Gesellschaft hier keineswegs nur positiv, sondern als intrinsisch ambivalent dagestellt wird. Diverse weitere Textbelege und eine kritische Diskussion findet man in Seebaß 2006 [Anm. 1], Aufsatz 1, Abschn. 2–3 (zur Interpretation der Antigone-Stelle speziell S. 7f. und S. 276–278, A. 40–45). Die Vorstellung von einem „absolut spontanen" indeterministisch freien Willen, die Nietzsche unterstellt und die später auch in der Philosophie auftritt (vgl. Anm. 48 und unten S. 126f.), war der älteren griechischen Literatur allerdings fremd. Eingehender dazu Abschnitt 5.

79 Dieser Gedanke durchzieht die gesamte Bibel, einschließlich der jüdisch-hellenistischen Weisheitsliteratur. Explizit artikuliert ist er z.B. in *Judith* 9/4f.; *Hiob* 9/12; *Psalm* 33/8ff., 44/3f., 62/12, 104, 107, 135/6; *Sprüche* 16/9. 33, 19/21, 20/24, 21/1; *Weisheit* 14/3; *Jesaja* 26/12, 45/1–7; *Jeremia* 10/23; *Matthäus* 10/29f. parr.; *Apostelgeschichte* 2/23, 4/27f., 14/16; *Römer* 9/19; *1. Korinther* 12/6 und *Epheser* 1/11. Den schärfsten Ausdruck hat er im Bild vom Menschen als „Ton in der Hand des Töpfers" gefunden, das öfter verwendet wird, z.B. in *Jesaja* 45/9, *Jeremia* 18/6 und vor allem *Römer* 9/20ff. (diverse Quellenangaben bei U. Wilckens: *Der Brief an die Römer*, Bd. II, Neukirchen-Vluyn 1980, 202 A. 900). Andere Aussagen klingen milder. Zudem hat man schon relativ früh versucht, auch *Römer* 9/20ff. in einem Sinne zu interpretieren, der die Eigenständigkeit des menschlichen Wollens unangetastet läßt (Belege bei K. H. Schelkle: *Paulus Lehrer der Väter*, Düsseldorf 1956, 347–353). Dennoch ist die Lehre von der umfassenden Herrschaft Gottes immer ein Kernstück des Christentums wie des Judentums geblieben, das in den zentralen Texten vielfältig artikuliert wird.

80 Vgl. in der Bibel vor allem *Hiob* 1/6–12 und *Matthäus* 4/1–11 parr. Nur diese kontrollierte Auffassung vom Wirken böser Geister ist mit dem *Monotheismus* vereinbar. *Dualistische Konzeptionen* dagegen (Gnostizismus, Marcionismus, Manichäismus u.a.) wurden von der christlichen Theologie stets als häretisch (= ketzerisch) ausgegrenzt. Wie selbstverständlich die Vorstellung von einer interimistischen Erlaubnis des Bösen durch Gott im jüdisch-christlichen Kontext ist, belegt noch Goethes *„Faust"* (vgl. Teil I, V. 312–316, 323, 336ff.), in dem die Konstellation der Hiob-Geschichte direkt aufgegriffen wird.

81 Das gilt speziell im Blick auf *TH* [Anm. 65], wo der Ausdruck im Titel erscheint. Zugleich enthalten die *Essais de Theodicée* von 1710 Leibniz' detaillierteste und vor allem historisch materialreichste Erörterung des Problems. Die Hauptgedanken aber finden sich schon in der 1673 verfaßten *Confessio philosophi* [Anm. 65], sowie in einem brillanten deutschsprachigen Aufsatz von 1670–71: *Von der Allmacht und Allwissenheit Gottes und der Freiheit des Menschen*, zit. nach: G. W. Leibniz: *Schöpferische Vernunft. Schriften aus den Jahren 1668–1686*, ed. W. v. Engelhardt, Marburg 1951, 55–72.

82 *TH* §§ 21ff. 241. 251. Anh. [Anm. 65], 106ff. 271. 276f. 425ff. Ein dritter Typ rechtfertigungsbedürftiger Übel, den Leibniz als den der *„metaphysischen Übel"* bezeichnet und auf die *nicht leidgebundenen* Unvollkommenheiten der Welt bezieht, kann leicht mit den „physischen Übeln" zusammengefaßt werden, wenn man sich auf das zentrale Kriterium der „Natürlichkeit" oder „fehlenden Menschengemachtheit" konzentriert, durch das beide sich von den „moralischen Übeln" abheben.

83 Die genaue Datierung des Buchs und sein Ursprung sind unklar, zumal es in der altorientalischen Literatur nicht allein steht (vgl. dazu H.-P. Müller: *Das Hiobproblem*, Darmstadt 1978, Kapp. I–II). Auch gibt es biblische Parallelen (z.B. *Habakuk* 1/2ff. und *Römer* 9/14ff., vgl. auch unten Anm. 123) und korrespondierende Äußerungen in der griechischen Literatur, wie im folgenden noch verdeutlicht wird (vgl. S. 119 Anm. 198). Doch ist das Buch *Hiob* im europäischen Traditionszusammenhang zweifellos der gewichtigste und einflußreichste Text.

Die lange Vorgeschichte zeigt, daß nur die griffigen Leibnizianischen Termini, keineswegs aber die Sache jüngeren Datums sind. Es ist deshalb vollkommen abwegig, wenn manche Interpreten des 20. Jhs. das Theodizeeproblem als ein typisch neuzeitliches hinstellen (Belege dazu bei A. Kreiner: *Gott im Leid. Zur Stichhaltigkeit der Theodizee-Argumente*, Freiburg 1997, 41 A. 52).

84 Einen religionsgeschichtlichen Überblick über vorliegende Konzeptionen und Lösungstypen findet man bei Weber [5]1972 [Anm. 29], Teil II, Kap. V, § 8. Zwei philosophische Arbeiten, die das Problem systematisch aufschlüsseln und verschiedene Lösungsvorschläge eingehend kritisieren, sind I. Kants Aufsatz *Über das Mißlingen aller philosophischen Versuche in der Theodicee* von 1791, zit. nach: [ders.:] *Gesammelte Schriften*, Berlin 1902ff., Bd. VIII, 255–271 [abgek. *TH*], und J. L. Mackie: *The Miracle of Theism*, Oxford 1982, ch. 9, zit. nach der dt. Übersetzung [R. Ginters]: *Das Wunder des Theismus*, Stuttgart 1985, Kap. 9. Leicht lesbar, wenn auch weniger systematisch und detailliert, ist die kritische Diskussion des Problems bei D. Hume: *Dialogues Concerning Natural Religion*, pts. 9–10, zit. nach der dt. Übersetzung [N. Hoerster]: *Dialoge über natürliche Religion*, Stuttgart 1994 [abgek. *D*], Teil 9–10. Ebenfalls leicht zu lesen und materialreich, z.T. allerdings etwas langatmig und argumentativ schlicht, ist die kritische Gesamtdarstellung aus katholisch-theologischer Sicht von Kreiner 1997 [Anm. 83].

85 Vgl. z.B. Schopenhauer: *FW* [Anm. 59], 105. 112–114; H. Gomperz: *Das Problem der Willensfreiheit*, Jena 1907, Kap. III; N. Hoerster: *Zur Unlösbarkeit des Theodizee-Problems*, in: *Theologie und Philosophie* 60 (1985), 407f.; ders.: *Die Frage nach Gott*, München 2005, 103; G. Streminger: *Gottes Güte und die Übel der Welt. Das Theodizeeproblem*, Tübingen 1992, 134. Auch Mackie 1985 [Anm. 84], 257ff., und Kreiner 1997 [Anm. 83], Kapp. 9–11, haben den Rekurs auf die Willensfreiheit als einzigen ernst zu nehmenden theologischen Lösungsversuch aufgefaßt, Kreiner auch als einen im Kern erfolgreichen (vgl. Anm. 112). Die beiden bedeutendsten neueren Versuche, das Theodizeeproblem religionsphilosophisch mit Hilfe der (indeterministisch konzipierten) Willensfreiheit zu lösen, stammen von Alvin Plantinga (vgl. *The Nature of Necessity*, Oxford 1974, ch. IX; *God, Freedom and Evil*, London 1975, pt. I) und Richard Swinburne (vgl. *The Existence of God*, Oxford 1979, [2]1991, chs. 9–11; *The Free Will Defence*, in: M.M Olivetti et

al. (edd.): *Theodicea Oggi?*, Rom 1988, 585–595). Ihre Ansätze sind auch in der Theologie vielfältig aufgegriffen worden, vgl. außer dem schon zitierten Kreiner z.B. G. v. d. Brink: *Almighty God. A Study of the Doctrine of Divine Omnipotence*, Kampen 1993, ch. 4 (zu Plantinga direkt 246f.).

86 Eingehender dazu unten S. 97 Anm. 98 und S. 106f., Anm. 132–146.

87 Vgl. Philon von Alexandrien: *Peri tū to cheiron tōi kreittoni philein epitithesthai [= Über die Neigung des Schlechteren, das Bessere anzugreifen]*, XXXII, 121–123, zit. nach der zweispr. Ausgabe von F. H. Colson / G. H. Whitaker: *Philon*, London & Cambridge/Mass., vol. II, 1929, 282ff., und ders.: *Hoti atrepton to theion [= Daß Gott unwandelbar ist]*, X, 45ff, zit. nach: a.a.O., vol. III, 1930, 32ff.

88 Methodios von Olympus: *Symposion tōn deka parthénōn [= Gespräch der zehn Jungfrauen]* VIII, 16; Repr. in: *Patrologia Graeca*, ed. J. P. Migne, vol. XVIII, Paris 1857, 167–174, zit. nach der dt. Übersetzung in: A. Heilmann (ed.): *Texte der Kirchenväter*, München 1963–66, Bd. III, 178–180.

89 Q. S. F. Tertullianus: *Adversus Marcionem [= Gegen Marcion]* (207–208) II, 5–9, zit. nach der dt. Übersetzung [H. Kellner] in: *Tertullians sämtliche Schriften*, Bd. II, Köln 1882, 177–185; ders.: *De exhortatione castitatis [= Über die Ermunterung zur Keuschheit]*, cap. 2, zit. nach a.a.O., Bd. I, 317f.; Origenes: *Peri archōn tomoi delta [= Vier Bücher von den Prinzipien]* (~220–230) III, 1, 9–10, zit. nach der dreispr. Ausgabe von H. Görgemanns / H. Karpp, Darmstadt 1976 [abgek. *A*], 488ff.

Diese Texte sind die frühesten mir bekannten Versuche christlicher Theologen, die Güte und Gerechtigkeit Gottes explizit mit Hilfe der „Willensfreiheit" („autexūsion" bzw. „liberum arbitrium"/„libertas arbitrii", vgl. S. 82f.) zu retten. Einzelne Aussagen, die Gottes Urheberschaft für das Böse negieren und in diesem Zusammenhang auf die freie Entscheidung des Menschen verweisen, gibt es aber schon früher. Ein Beispiel ist Irenäus von Lyon: *Adversus heareses [= Gegen die Häresien]* (180–185) IV, 37–39, zit. nach der zweispr. Ausgabe von N. Brox, Freiburg 1993ff. [abgek. *AH*], Bd. IV, 318–349. Einschlägig sind zudem die philosophisch gebildeten christlichen „Apologeten" Athenagoras, Tatian und Clemens Alexandrinus (vgl. etwa Athenagoras: *Presbeia peri christianōn [= Bittschrift für die Christen]*, cap. 24, in: *Athenagoras*, trl./ann. J. H. Crehan, London 1956, 61–63, sowie das einschlägige Zitat aus Clemens Alexandrinus bei Schopenhauer: *FW* [Anm. 59], 105). Weitere Belege bietet L. Scheffczyk: *Urstand, Fall und Erbsünde. Von der Schrift bis Augustinus*, Freiburg 1981, 50f. 70.

Im 4. Jh. sind die Belege häufiger. Einschlägig ist hier z.B. Nemesios v. Emesa: *Peri physeōs anthrōpū [= Über die Natur des Menschen]*, capp. 32–41, bes. cap. 39f., zit. nach der engl. Übersetzung [W. Telfer] in: *The Library of Christian Classics*, vol. IV, Philadelphia 1955, 389–431, vgl. bes. 39f. 410–412. 414f. 419f. 421.

Relevante Passagen aus Texten von Basilius dem Großen, Gregor von Nyssa und Johannes Chrysostomus sind bei Heilmann abgedruckt (1963–1966 [Anm. 88], Bd. I, 271f. 578. 580. 583. 585). Diverse, mehr oder weniger prägnante patristische Belege für eine Verbindung der Willensfreiheit mit der Frage der Theodizee findet man bei Schelkle 1956 [Anm. 79], 67–69. 106f. 340–342. 347–353. 381f. 399. 436–440.

90 A. Augustinus: *De libero arbitrio [= Vom freien Willen]*, zit. nach der zweispr. Ausgabe von W. Thimme: [ders.:] *Theologische Frühschriften*, Zürich 1962 [abgek. *LA*], 30–363. Das Theodizeeproblem eröffnet die Diskussion (*LA*, 30f. 36f.) und wird mehrfach reformuliert, besonders nachdrücklich in III, 2 (*LA*, 226f.).

Die Betonung der Willensfreiheit beim frühen Augustin steht in scheinbarem Widerspruch zu seiner berühmt-berüchtigten Erbsünden- und Gnadenlehre, die er ab 395 entwickelt und später (vor allem in der Auseinandersetzung mit dem Pelagianismus, Anm. 153) zunehmend radikalisiert hat. Hier insistiert Augustin auf der Unterworfenheit jeden menschlichen Wollens unter Gott, und zwar nicht nur für das theologisch zentrale Wollen des Guten, das der göttlichen Gnade bedarf, sondern ausdrücklich auch für das theologisch indifferente alltägliche Wollen, nachzulesen in A. Augustinus: *De gratia et libero arbitrio [= Über die Gnade und den freien Willen]* (426–427) XX, 41–XXI, 43, zit. nach der zweispr. Ausgabe von S. Kopp / A. Zumkeller: [ders.:] *Schriften gegen die Semipelagianer*, Bd. VII, Würzburg ²1987 [abgek. *GLA*], 143–151. Ähnlich prononciert ist die universale göttliche Willenskontrolle in ders.: *De correptione et gratia [= Über Zurechtweisung und Gnade]* (426–427) XIV, 45, zit. nach Kopp/Zumkeller ²1987, 230–233. In diese Zeit fällt auch die explizite Charakterisierung des Willens als „unfrei" bzw. „versklavt" („servum arbitrium"), belegt in ders.: *Contra Iulianum [= Gegen Julian]* (421) II, 8, 23, Repr. in: *Patrologia Latina*, ed. J. P. Migne, vol. XIV, Turnholt o.J., 689. Es ist deshalb nicht verwunderlich, daß Augustin von vielen Kommentatoren nicht etwa als theologischer Kronzeuge *für*, sondern *gegen* die Willensfreiheit zitiert wird (vgl. dazu S. 109f., bes. Anm. 161. 164. 169).

Die unterschiedliche Akzentuierung ist oft als Wandel, wenn nicht als Bruch in Augustins Denken aufgefaßt worden, z.B. von K. Flasch: *Augustin. Einführung in sein Denken*, Stuttgart ²1992, 99–117. 172–226. Doch ist sich die Forschung darin nicht einig. Wer die Kontinuität in Augustins Haltung zur Willensfreiheit betont, kann sich sogar auf dessen eigene Aussage stützen, belegt bei McSorley 1967 [Anm. 67], Kap. 4, vgl. bes. 65 A. 7. Tatsächlich hatte er zu einer Änderung seiner Position sachlich keinerlei Anlaß. Denn trotz der Rede vom „freien Willen", die er auch später nicht fallen gelassen hat, ist Augustin von Beginn an kein Vertreter, sondern ein entschiedener Gegner der Willensfreiheit in einem starken Sinn, der das menschliche Wollen der Kontrolle Gottes entzieht (vgl. Seebaß 2006 [Anm. 1], 175f.; 221ff. A. 75–79).

91 Johannes Damascenus: *Ekdosis [*auch: *Ekthesis] akribēs tēs orthodoxū pisteōs [= Genaue Darlegung des orthodoxen Glaubens]* (742ff.) II, 29 [nach anderen Zählungen II, 30 bzw. cap. 43], zit. nach der dreispr. Ausgabe von L. Sandrik, Freiburg 1981 [abgek. *E*], Bd. II, 117–127; dt. Übersetzung des hier referierten Kapitels auch bei Heilmann 1963–66 [Anm. 88], Bd. I, 185–188.

92 So z.B. schon Cicero: *De divinatione [= Über die Wahrsagung]* (44 v. Chr.), II, 15–18, zit. nach der zweispr. Ausgabe von Ch. Schäublin, München/Zürich 1991, [abgek. *D*], 146–151. Etwas später scheinen auch Teile der sogen. „Mittelplatoniker" ähnlich argumentiert zu haben, belegt bei H. S. Benjamins: *Eingeordnete Freiheit. Freiheit und Vorsehung bei Origenes*, Leiden 1994, 43f. 47. 92. 98. Explizit findet der Gedanke sich am Beginn des 3. Jhs. bei Alexander von Aphrodisias: *H* cap. 30 [Anm. 12], 80f./203f. Beispiele aus jüngerer Zeit liefern u.a. Leibniz: *TH* [Anm. 65], § 362; W. James: *The Dilemma of Determinism* [orig. 1884], Repr. in: [ders.:] *The Will to Believe*, New York 1897, Repr. 1956, 180ff.; A. N. Prior: *The Formalities of Omniscience*, in: *Philosophy* 37 (1962), 117f.; J. R. Lucas: *The Freedom of the Will*, Oxford 1970, § 14, sowie P. T. Geach: *Providence and Evil*, Cambridge 1977, ch. 3.

93 Dafür sprechen zumindest die auf S. 93f. referierten negativen Aussagen des Damaszeners zur göttlichen „Vorsehung", die anschließend allerdings substantiell eingeschränkt werden. Bei anderen Theologen ist die Zurückweisung der Allwissenheit deutlicher. Aus dem 16./17. Jh. hat Leibniz (*TH* [Anm. 65], 14. 350) die Sekte der *„Sozinianer"* und zwei weitere Theologen als Beispiele angeführt. Ein Beispiel aus jüngster Zeit liefert Kreiner 1997 [Anm. 83], Kap. 11. Im übrigen ist auch die Bibel in der Frage der Allwissenheit Gottes nicht immer eindeutig und konsequent, kritisch herausgearbeitet bereits bei B. Spinoza: *Tractatus theologico-politicus [= Theologisch-politischer Traktat]*, Amsterdam 1670, cap. II, zit. nach der zweispr. Ausgabe von G. Gawlick / F. Niewöhner, Darmstadt 1979 [abgek. *TTP*], 83f.

94 Johannes Damascenus: *E* II, 30 (bzw. II, 31 oder cap. 44) [Anm. 91], Bd. II, 127–138.

95 Daß all diese Versuche – einschließlich der drei bedeutendsten von Boethius, Ockham (S. 109 Anm. 159) und Molina (S. 109f. Anm. 167) – scheitern müssen, weil auch das bloße Wissen des Geschehensablaufs impliziert, daß dieser irreversibel *fixiert* und somit *determiniert* ist, wird im zweiten Band, Kap. IV, 2 eingehend dargelegt (vgl. auch Seebaß 2006 [Anm. 1], 131 A. 3–5, 140 A. 32). Außerdem zieht das Wissen komplexer Optionen, das bei Gott ex hypothesi lückenlos ist, zwar nicht das unbedingte, wohl aber das bedingte und letztlich handlungsleitende Wollen *rational* nach sich (Kap. II, 2.4), wie zahlreiche Theologen, anders

als Johannes Damascenus, auch anerkannt haben (vgl. unten S. 97, Anm. 98–100; S. 101f., Anm. 116–118). Und was die *Lösung* des Theodizeeproblems selbst betrifft, wird eine solche schon deshalb nicht erreicht, weil auch die Einführung prinzipiell unkontrollierter, indeterministisch freier Willensentscheidungen letztlich nichts nützt, um die Verantwortung Gottes entscheidend zu mindern (dazu unten Abschnitt 3.5).

96 Zitiert nach dem Referat des christlich-apologetischen Schriftstellers L. C. F. Lactantius (Anfang 4. Jh.): *De ira Dei [= Vom Zorn Gottes]*, cap. 13, Repr. in: *Patrologia Latina*, ed. J. P. Migne, vol. VII, Paris 1844, 121, und H. Usener (ed.): *Epicurea*, Rom 1963, 253 (dt. Überetzung und Hervorhebungen G. S.). Ähnlich argumentiert auch Sextus Empiricus: *Pyrrōneiōn Hypotypōseōn [= Grundzüge des Pyrrhonismus]* (ca. 180–200 n.Chr.) III: 3, 10–12. Negativalternativen, wie die von Epikur formulierten, sind in der Diskussion des Theodizeeproblems – sei es in kritischer oder apologetischer Absicht – oft aufgegriffen worden, prominent z.B. von Thomas von Aquin (vgl. *STh* I q.22 a.2: 2./ad 2. [Anm. 29], Bd. II, 218/221f.) und Hume (*D* [Anm. 84], 99). Manche Kritiker haben sogar gemeint, daraus einen direkten Beweis gegen die *Existenz* Gottes gewinnen zu können (vgl. S. 94), gestützt auf die Zusatzannahme, daß die gleichzeitige Behauptung der (unbestreitbaren) Existenz innerweltlicher Übel und der uneingeschränkten Güte und Macht eines (allwissenden) Schöpfergottes selbstwidersprüchlich sei. Doch das ist kurzschlüssig, da ein solcher Widerspruch keineswegs auftreten *muß* (eingehend demonstriert z.B. von Plantinga 1975 [Anm. 85], 7–29; vgl. auch unten S. 98 Anm. 104–105 und S. 100 Anm. 111–112). Und auch die Herausforderung durch Epikurs Argument selbst ist, wiewohl gewichtig, sachlich durchaus begrenzt:

Symbolisiert man „Gott will die Übel beseitigen" mit „*p*" und „Gott kann die Übel beseitigen" mit „*q*", ergeben sich in der Reihenfolge des zitierten Textes formal folgende Alternativen: (1) „$p \land \neg q$", (2) „$\neg p \land q$", (3) „$\neg p \land \neg q$", (4) „$p \land q$". Diese vier Alternativen sind logisch erschöpfend, also konzeptionell unausweichlich, so daß man eine von ihnen wählen *muß*. Allerdings lassen sie unterschiedliche *Deutungen* zu, von denen nicht alle kritisch sind. Epikur geht davon aus, daß das Nichtkönnen von etwas „*Machtlosigkeit*" ihm gegenüber beweist, und zwar nicht nur für den Fall, daß es – wie in Alternative (1) – *gewollt* wird, sondern auch dann, wenn das nicht Gekonnte – wie in Alternative (3) – *nicht* gewollt wird, so daß konkrete Ohnmachtserfahrungen ausbleiben und das Geschehen zwar nicht länger willensabhängig, aber noch immer willensbestimmt sein kann (vgl. S. 54, Anm. 25). In diesem Fall könnte die Machtlosigkeitsthese zweifelhaft sein. Doch ist Epikurs Argument darauf nicht angewiesen, da Alternative (3) in jedem Fall – wegen des ersten Konjunkts „$\neg p$" – theologisch inakzeptabel erscheint. Problematisch allerdings ist Epikurs Unterstellung, daß der fehlende Wille zur Übelbeseitigung „*Bosheit*" bedeutet. Dies jedenfalls kann von Verteidigern der Theodizee mit Grund bestritten werden, und zwar nicht nur im Blick auf die Tatsache, daß das bloße Nichtwollen von etwas (= „¬[x will, daß y]") kein Beweis für das Wollen des Gegenteils (= „x will, daß ¬y") ist, sondern auch und vor allem (wie gleich noch verdeutlicht wird, S. 97, Anm. 98–100) im Hinblick darauf, daß nicht jedes Wollen von Übeln boshaft sein muß, wie z.B. der Einsatz schmerzhafter Therapien durch einen Arzt (vgl. S. 66, 67).

97 Der oben zitierte Johannes Damascenus (S. 93f.) ist dafür nur eines von vielen Beispielen. Schon Gregor v. Nyssa (S. 93 Anm. 89) hat ähnlich argumentiert, zit. bei J. B. Schoemann: *Gregors von Nyssa theologische Anthropologie als Bildtheologie*, in: *Scholastik* 18 (1943), 184. Ein anderes prominentes Beispiel ist Anselm v. Canterbury: *De concordia praescientiae et praedestinationis et gratiae Dei cum libero arbitrio [= Über die Vereinbarkeit des Vorherwissens, der Vorherbestimmung und der Gnade Gottes mit dem freien Willen]* (1107–1108) II, 3; III, 14, zit. nach der zweispr. Ausgabe von H. Verweyen: [ders.:] *Freiheitsschriften*, Freiburg 1994 [abgek. *CPP*], 292f. 356–359. An herausragender Stelle findet sich der Asymmetriegedanke zudem in dem einflußreichsten theologischen Lehrbuch des Mittelalters, das von späteren Theologen immer wieder kommentiert wurde und bis zum Ende des 17. Jhs. gebräuchlich war, nämlich Petrus Lombardus: *Sententiae [= Sentenzen]* (1158), II: d.24 c.3.

98 Daß dies in der Konsequenz des Allmachtsgedankens liegt, zeigt sich schon in der Bibel. Gott läßt die Übel hier nämlich keineswegs nur (wie bei Hiob, S. 90f. Anm. 80. 83) als Folge fremder Aktivitäten zu, sondern schickt sie auch selbst oder läßt sie enden, wenn es ihm richtig erscheint. Belegstellen hierfür sind (u.a., vgl. ergänzend auch S. 106 Anm. 135–137) *Exodus* 32/14; *1. Samuel* 6/9, 26/19; *2. Samuel* 12/11, 24/1. 12–17; *1. Könige* 9/9, 14/10, 21/21; *2. Könige* 6/33, 21/12; *1. Chronik* 21/15; *Nehemia* 13/18; *Sprüche* 16/4; *Jesaja* 45/7; *Jeremia* 11/11, 18/8. 11, 19/3, 26/3. 13. 19, 42/10; *Klagelieder* 3/38; *Daniel* 9/12. 14; *Amos* 3/6, 9/4; *Jona* 3/10, 4/2; *Micha* 1/12. Daher ist es auch nicht verwunderlich, wenn die offizielle lat. Bibelübersetzung „*Vulgata*" bei der Wiedergabe von *Hiob* 23/13 und noch deutlicher bei ihrer (dem hebräischen Urtext allerdings nicht entsprechenden) Übersetzung von *Psalm* 111/2 pauschal davon spricht, daß *alles* weltliche Geschehen ein Werk des Willens Gottes ist.

In Anerkennung der Tatsache, daß dies konsequenterweise auch die Negativseiten der Welt einschließen muß, haben sogar die bedeutendsten Theologen mitunter Formulierungen gewählt, die den Eindruck erwecken können, als wollten sie – fern jeden Gedankens an eine rationale Theodizee – Gott selbst zum *Urheber* der Übel machen. Für Thomas von Aquin und Luther etwa hat das McSorley (1967 [Anm. 67], 245f. 316) aufgezeigt, für Augustin bereits Calvin, der diverse Textstellen zustimmend zitiert und einschlägig interpretiert hat (vgl. J. Calvin: *Christianae religionis institutio*, Genf 1559, II: 4, 3, zit. nach der dt. Übersetzung [O. Weber]: *Unterricht in der christlichen Religion*, Neukirchen-Vluyn 1955 [abgek. *CRI*], 179; ders.: *De aeterna Dei praedestinatione*, Genf 1552, zit. nach der dt. Übersetzung [W. H. Neuser]: *Von der ewigen Vorherbestimmung Gottes*, Düsseldorf 1998 [abgek. *ADP*], 18f. 115. 122. 125f.). Hinweise auf vergleichbare Äußerungen bei weniger prominenten Autoren des Mittelalters gibt J. B. Korolec: *Free Will and Free Choice*, in: *The Cambridge History of Later Medieval Philosophy*, edd. N. Kretzmann / A. Kenny / J. Pinborg, Cambridge 1982, 640. Prominente Beispiele aus neuerer Zeit sind F. D. E. Schleiermacher: *Der christliche Glaube*, Berlin ^{1}1821/22, §§ 101–102, zit. nach Repr. [ed. H. Peiter] Berlin 1984 [abgek. *CG-1*], Bd. I, 324–331; Berlin ^{2}1830/31, §§ 79–80, zit. nach Repr. [ed. M. Redeker] Berlin 1999 [abgek. *CG-2*], Bd. I, 424–430, und K. Barth: *Die kirchliche Dogmatik*, Zürich 1932ff. [abgek. *KD*], Bd. III/3, ^{2}1961, § 50, vgl. bes. 405f.

Keiner dieser Autoren hat die Urheberschaftsthese ernsthaft *vertreten* wollen, wie direkte Gegenbehauptungen und differenzierende Zusätze zeigen, insbesondere zum „nachfolgenden" (vgl. Anm. 100) bzw. bloß „zulassenden" (Anm. 115) Charakter der negativen Aspekte des göttlichen Willens. Die kritische *Nähe* auch und gerade der angesehensten Kirchenlehrer zu Positionen, die theologisch offenbar unvertretbar sind, macht aber besonders deutlich, wie problematisch (und letztlich hoffnungslos, S. 103f.) alle Versuche sind, uneingeschränkte Güte und Allmacht Gottes rational zusammenzudenken. Vor der Urheberschaftsthese als solcher allerdings schrecken christliche Theologen in der Regel zurück. Das gilt auch für solche, die ansonsten (wie vor allem Calvin) die universale Prädestination Gottes radikal vertreten und den Rekurs auf den „nachfolgenden" oder „zulassenden" Willen Gottes verwerfen (vgl. Anm. 100 und 115). Zeitweise waren solche Gedanken auch lebensgefährlich. Der studierte Theologe und ehemalige Karmelitermönch Lucilio Vanini (geb. 1584), der (u.a.) unter Berufung auf *Hiob* 23/13 die Urheberschaft Gottes für die Übel der Welt uneingeschränkt behauptet hatte (einschlägige Zitate bei Schopenhauer *FW* [Anm. 59], 108–110), wurde 1619 von der Inquisition wegen Atheismus und Gotteslästerei verurteilt, gefoltert und verbrannt.

99 So emphatisch und prototypisch für die gesamte Theologie z.B. schon Tertullian (*De exhortatione castitatis* [Anm. 89], 317f.), trotz seiner Vertrautheit mit den gegenläufigen Bibelstellen (Anm. 98). Tertullian ist vielleicht der erste christliche Theologe gewesen, der den daraus resultierenden Widerspruch als theoretisches Problem erkannt und sich um eine Lösung bemüht hat (vgl. Anm. 100). Anlaß dazu könnte Plutarch gegeben haben, der denselben Widerspruch bei den Stoikern konstatiert und triumphierend gegen sie gewendet hatte (vgl. *Peri Stoikōn enantiōmatōn [= Über die Widersprüche der Stoiker*, abgek. *SE]*, cap. 35, zit. nach Cherniss 1976 [Anm. 77], 552–555).

100 Frühe Beispiele liefern Tertullian: *Adversus Marcionem* II, 7 [Anm. 89], 181f. (anders jedoch *De exhortatione castitatis*, Anm. 99), und Augustin: *Enchiridion de*

fide, spe et caritate [= Handbüchlein über Glaube, Hoffnung und Liebe] (421–423) XXVI, 100–101, XXVIII, 107, zit. nach der dt. Übersetzung [P. Simon]: *Das Handbüchlein*, Paderborn ²1962 [abgek. *E*], 82f. 87. Die terminologische Unterscheidung zwischen „vorangehendem" und „nachfolgendem" Willen Gottes geht wohl auf Johannes Damascenus zurück (vgl. S. 93). Über ihn jedenfalls ist sie in die scholastische Theologie eingegangen, explizit z.B. bei Thomas von Aquin: *Quaestiones disputatae de veritate* (1256–1259) q.23 a.2, zit. nach der dt. Übersetzung [E. Stein]: *Des heiligen Thomas von Aquino Untersuchungen über die Wahrheit*, Louvain/Freiburg 1952/55 [abgek. *V*], Bd. II, 217–220; *STh* I q.19 a.6 ad 1; q.23 a.4 ad 3 [Anm. 29], Bd. II, 159f. 245. Bei Thomas findet man auch die Rede vom geoffenbarten „Willen des Zeichens", den er in fünf verschiedene Arten unterteilt und dem offenbarungsunabhängigen „Willen des göttlichen Wohlgefallens" gegenüberstellt (*V* q.23 a.3, Bd. II, 220–223; *STh* I q.19 a.11–12, Bd. II, 174–180). Daneben kennt er die Unterscheidung zwischen „absolutem" und „auf Voraussetzung beruhendem" Willen Gottes, vgl. Thomas von Aquin: *Summa contra gentiles [= Summe gegen die Heiden]* (1258–1264) I, 83, zit. nach der zweispr. Ausgabe von K. Albert / P. Engelhardt, Darmstadt 1974ff. (div. Repr.) [abgek. *SG*], Bd. I, 310–313.

Die Konzeptionen und Terminologien schwanken. Vielfach werden nur zwei Begriffe kontrastiv nebeneinander gestellt, wenngleich auf unterschiedliche Weise. Eine Zweiteilung in den „vorangehenden Willen" Gottes und den „Willen des Wohlgefallens" findet sich z.B. bei Johannes Duns Scotus: *Questiones in Primum Librum Sententiarum [= Fragen zum ersten Buch der Sentenzen* (des Petrus Lombardus, Anm. 97)*]*, d.46 a.1. Fünf gebräuchliche Begriffspaare sind parataktisch aufgelistet in *Wetzer und Welte's Kirchenlexikon*, 2. Aufl., Bd. V, Freiburg 1888, 882f. Teilweise ist die Begrifflichkeit aber auch weiter verzweigt. Anselm von Canterbury etwa hat vier skalierte Formen des göttlichen (und menschlichen) Willensengagements unterschieden (vgl. Saarinen 1994 [Anm. 43], 49f.). Ein relativ einfaches Schema, das den „Willen des Zeichens" mit dem „vorangehenden" oder „nachfolgenden" „Willen des Wohlgefallens" kontrastiert, findet sich bei Wilhelm von Ockham: *Ordinatio [= Autorisierte Ausgabe*, nämlich des Kommentars zu Buch I der „Sentenzen" des Petrus Lombardus, vgl. Anm. 97*]*, q.46. In dieser Form ist die Unterscheidung Gemeingut der katholischen Theologie geworden, dokumentiert für Deutschland etwa in: J. Altenstaig / J. Tytz: *Lexicon Theologicum*, Köln 1619, Repr. Hildesheim 1974, 974–977.

Der Protestanismus, und hier vor allem der Calvinismus, stand solchen Differenzierungen zunächst reserviert gegenüber und hat die Differenzierung des göttlichen Willens z.T. ausdrücklich abgelehnt (vgl. z.B. Calvin: *ADP* [Anm. 98], 55. 66f. 127–129, sowie die ausführliche Darstellung bei Th. Mahlmann: *Prädestination V: Reformation bis Neuzeit*, in: *Theologische Realenzyklopädie*, ed. G. Müller, Bd. XXVII, Berlin 1997, 118–156, vgl. bes. 129). Doch hat sich dies relativ bald geändert. Auch die Trennung zwischen „vorangehendem" und „nachfolgendem" Willen Gottes wurde aufgegriffen (vgl. Mahlmann 1997, 134). Leibniz hat sie bei seiner Erörterung des Theodizeeproblems herangezogen (vgl. *TH* §§ 21–25. 80. 119. 282 [Anm. 65], 106–108. 140. 167–170. 298f.). Andere sind ihm gefolgt. Diverse historische Belege und ein eigenes Konzept desselben Typs findet man im 20. Jh. bei Barth: *KD* [Anm. 98], Bd. II/1, [4]1958, 583–587. 666–673; Bd. III/3, [2]1961, 186–188. 402–425.

101 Vor allem dieser Einwand ist von jeher als besonders beunruhigend empfunden worden (vgl. z.B. Augustin: *LA* III, 23, 66–70 [Anm. 90], 342–351, und Calvin: *ADP* [Anm. 98], 64f.). Seine literarisch eindrucksvollste Formulierung hat er in der *„Empörung"* des Iwan in Dostojewskis Roman *„Die Brüder Karamasoff"*, Buch V, Kap. 4, gefunden.

102 Vgl. *Hiob* 4/7ff., 5/6ff., 11/11ff., 15/14ff., 22/5ff., 25/2ff., 34/9–12, 36/5–18, sowie außerhalb dieses Schlüsseltextes in der Bibel auch *Genesis* 6–9 und 19; *Exodus* 7–13, 32/35; *1. Könige* 8/33–39; *2. Chronik* 21/12–19; *Klagelieder* 3/37–47; *Ezechiel* 4–7 und *Amos* 1–4. Weitere Belege für religiöse Versuche, menschliches Leiden als Sühne für begangene Übeltaten zu deuten, findet man bei Kreiner 1997 [Anm. 83], 143ff. Auch manche Philosophen haben sich diesen Gedanken zu eigen gemacht, z.B. Platon (vgl. unten S. 123f.) und Schelling (*WF* [Anm. 15], 80f. 92ff.).

Teilweise wird der Gedanke sogar dahingehend radikalisiert, daß spätere Generationen *kollektiv* für die Übeltaten ihrer Vorfahren haften müssen. In der jüdisch-christlichen Tradition ist die Lehre vom Sündenfall (*Genesis* 3) und von der dadurch begründeten „Erbsünde" z.T. in diesem Sinne gedeutet worden (vgl. Kreiner 1997, 151ff.). Explizite Aussagen über eine so begründete nachwirkende Rache Gottes finden sich z.B. *Exodus* 20/6, 34/7; *Numeri* 14/18 und *Jeremia* 32/18. Diese Vorstellung war im älteren Judentum offenbar zeitweilig so selbstverständlich, daß sie sprichwörtlich wurde. In dieser Form wird sie später jedoch ausdrücklich abgelehnt und die individuelle Verantwortlichkeit anstelle der kollektiven betont (vgl. schon *Jeremia* 31/29f. und vor allem *Ezechiel* 18). Das war theologisch unumgänglich. Denn die nachwirkende Kollektivhaftung mag zwar als Denkfigur prima facie attraktiv erscheinen, weil sie *überhaupt* eine Erklärung für das empörende Leiden Unschuldiger und Schuldunfähiger (Anm. 101, vgl. Anm. 110) zu geben verspricht, löst das Theodizeeproblem jedoch nicht wirklich, sondern verschärft es nur noch durch den ausdrücklichen Hinweis darauf, daß *andere Personen* als die Bestraften die eigentlich moralisch Verantwortlichen sind.

103 Hiob beharrt ihnen gegenüber auf der moralischen Unverdientheit seiner Plagen (*Hiob* 6/29f., 9/21f., 10/7. 15, 12/2–13, 13/18. 23, 19/4–7. 22–29, 21/27–34, 23/3–12, 27/2–6, 31/1ff., 32/1–3) und wird am Ende durch Gott be-

stätigt (42/7f.). Ähnliche Aussagen findet man in der Bibel auch in *Psalm* 44/9–23, *Lukas* 13/1–5 und *Johannes* 9/1–3.

104 Deutungen wie diese sind nicht auf den jüdisch-christlichen Kontext beschränkt. Einschlägige Belege finden sich in der griechischen Tradition auch bei Platon (vgl. *Politeia [= Der Staat]*, 380a–b) und im späteren Platonismus, z.B. bei Plotin: *Peri pronoias A [= Über die Vorsehung I]*, 5, 45–51, zit. nach der zweispr. Ausgabe von R. Beutler / W. Theiler: *Plotins Schriften*, Hamburg 1956–1971, Bd. V. 54–57. Ebenso finden sie sich bei den Stoischen Philosophen Chrysipp (referiert bei Plutarch: *SE* cap. 15: 1040c [Anm. 99], 468–471) und Seneca: *De providentia* [Anm. 77], passim. Beispiele aus dem Judentum sind Bibelstellen wie *Deuteronomium* 8/5; *2. Samuel* 7/14 und *Sprüche* 3/12, sowie in hellenistischer Zeit Philon: *Peri pronoias [= Über die Vorsehung]*, II, 37–41. 55–58. 61, zit. nach Colson/Whitaker [Anm. 87], vol. IX, 1941, 484ff. 494ff. 498f.

Belege aus der christlichen Patristik liefern neben Methodios von Olympus und Johannes Damascenus (S. 92ff.) auch Irenäus: *AH* IV, 37,7–39,1 [Anm. 89], Bd. IV, 328–345; Origenes: *A* III, 1 [Anm. 89], 498ff. 522ff., vgl. Schelkle 1956 [Anm. 79], 68; Lactantius: *De ira Dei*, cap. 13 [Anm. 96]; Johannes Chrysostomos, vgl. Schelkle, a.a.O., 351f., und vor allem Augustin: *LA* III, 15 [Anm. 90], 303f.; ders.: *De diversis quaestionibus ad Simplicianum [= Über verschiedene Fragen, für Simplicianus]* (396–397) I, 2,18, zit. nach der zweispr. Auswahl-Ausgabe von K. Flasch: *Logik des Schreckens* [abgek. *DS*], Mainz 1990, 215f.; ders.: *Confessiones [= Bekenntnisse]* (396–398), VII, 3, zit. nach der zweispr. Ausgabe von J. Bernhart, München [3]1966 [abgek. *C*], 306ff.; ders.: *De genesi ad litteram [= Über den Wortlaut der Genesis]* (401–414), XI, 4ff. [abgek. *GL*]. Prominente Beispiele aus späterer Zeit sind Thomas von Aquin: *STh* I q. 22 a.2, q. 23 a.5 [Anm. 29], Bd. II, 217ff. 245ff.; Leibniz: *TH* §§ 23–25. 119 [Anm. 65], 107f. 167–170, sowie Schleiermacher: *CG-1* [Anm. 98] § 102.2, § 103.4, § 104.2, einschränkend § 103 Z.1, § 106.3.

105 Belege für diese in vielen Varianten, ebenfalls nicht nur im jüdisch-christlichen Kontext, vertretene These liefern in der antiken Philosophie z.B. Platon: *Timaios*, 29e–30b, 48a, *Nomoi [= Die Gesetze]*, 903b–d; Plotin: *Peri pronoias A*, 11, 95–101 [Anm. 104], Bd. V, 70–73; Chrysipp nach Plutarch, ed. Cherniss [Anm. 77], vol. XIII, pt. II, 552–559. 702–705; Mark Aurel: *H* [Anm. 77], V, 8; X, 6f., und Kelsos nach der Kritik von Origenes: *Kata Kelsu [= Gegen Kelsos]* IV, 99, zit. nach der engl. Übersetzung [H. Chadwick], Cambridge 1965, 262f. Weitere Quellennachweise bei W. Theiler: *Tacitus und die antike Schicksalslehre*, in: [ders.:] *Forschungen zum Neuplatonismus*, Berlin 1966, 66f.; W. Beierwaltes: *Pronoia und Freiheit in der Philosophie des Proklos*, in: *Freiburger Zeitschrift für Philosophie und Theologie* 24 (1977), 103f., und A. A. Long: *Hellenistic Philosophy*, London [2]1986, 169f. 181f.

Beispiele aus der Patristik sind Irenäus: *AH* V, 38, 1 [Anm. 89], Bd. V, 332–335 und Augustin: *LA* III, 9 [Anm. 90], 267ff.; ders.: *De genesi ad litteram imperfectus liber [= Über den Wortlaut der Genesis, unvollständiges Buch]* (393), cap. 7; ders.: *C* VII, 13 [Anm. 104], 340f.; ders.: *GL* [Anm. 104], XI, 7–10; ders.: *De civitate Dei [= Über den Gottesstaat]* (413–426), XI, 18. 22–23; XII, 4–5 [abgek. *CD*]; ders.: *E* III, 10–11, XXIV, 96 [Anm. 100], 16f. 77. Repräsentativ für die Scholastik und einen Hauptstrang des Katholizismus ist Thomas von Aquin: *V* q.5 a.4 ad 4–5 [Anm. 100], Bd. I, 133f.; *SG* II, 41 und II, 71, [Anm. 100] Bd. II, 156f. und Bd. III/1, 306–309 und *STh* I q.19 a.9, q.22 a.2, q.23 a.5 ad 3, q.47–49 [Anm. 29], Bd. II, 172. 221f. 250f., Bd. IV, 71–122. Zwei Beispiele aus der protestantischen Theologie sind der lutherisch-orthodoxe Theologe Abraham Calov, referiert bei Barth: *KD* [Anm. 98], Bd. III/3, 184f., und der pietistische Theologe F. C. Oetinger: *Theologia ex idea vitae deducta [= Theologie aus der Idee des Lebens abgeleitet]* (1765) I, 41, zit. nach der Neuausgabe von K. Ohly, Berlin 1979, Bd. I, 105.

Ein Beispiel aus der Philosophie der Renaissance liefert Pietro Pomponazzi (1462–1525), referiert bei E. Maier: *Die Willensfreiheit bei Laurentius Valla und bei Petrus Pomponatius*, Bonn 1914, 45f. 61. 66f. 76. 91. Auch in der Philosophie des 17. und 18. Jhs. kehrt der Gedanke häufig wieder, wie etwa bei R. Descartes: *Meditationes de prima philosophia [= Meditationen über die Erste Philosophie]*, Paris 1641, IV, 7. 15, zit. nach der zweispr. Ausg. von G. Schmidt, Stuttgart 1999 [abgek. *M*], 144f. 156f.; Leibniz: *CP* und *TH* [Anm. 65], passim; Ch. Wolff: *Vernünftige Gedanken von Gott, der Welt und der Seele des Menschen, auch allen Dingen überhaupt, den Liebhabern der Wahrheit mitgeteilt*, Halle 1720, §§ 701ff. 980f. 1058ff., sowie bei I. Kant: *Principiorum primorum cognitionis metaphysicae nova dilucidatio [= Neue Beleuchtung der ersten Prinzipien der metaphysischen Erkenntnis]*, Königsberg 1755, sect. II, prop. IX, confutatio, zit. nach der zweispr. Ausgabe von W. Weischedel [übers. M. Bock / N. Hinske]: *Werke*, Darmstadt 1960, Bd. I, 466ff.

106 Vgl. Schelling: *WF* [Anm. 15], 118–124. Die nachfolgenden Zitate finden sich auf den Seiten 122 und 123.

107 Ein frühes Beispiel aus der Patristik findet sich bei Irenäus: *AH* IV, 37,6; 39,1 [Anm. 89], Bd. IV, 328f. 342–345. Doch schon Chrysipp und die stoische Schule haben sich (nach dem Referat des röm. Schriftstellers Gellius) des Argumentes bedient, dokumentiert in: A. A. Long / D. N. Sedley: *The Hellenistic Philosophers*, Cambridge 1987, vol. I, 329f. / vol. II, 330f. Auch alle drei erwähnten Fehlschlüsse Schellings sind ansatzweise schon in der Kritik erkennbar, die Plutarch an Chrysipp geübt hat, vgl. *KE* 1065b–d, 1066e, 1067c–f [Anm. 77], 704ff. Daß solche Fehler aber bis heute begangen werden, belegen Kreiner 1997 [Anm. 83], 219–222, und W. Jaeschke: *Freiheit um Gottes Willen*, in: H. M. Baumgartner / W. G. Jacobs (edd.): *Schellings Weg zur Freiheitsschrift*, Stuttgart 1996, 207. 222.

108 Leibniz' Argument für die These, daß unsere Welt die „beste aller möglichen Welten" sei, wird in Voltaires *Candide* [Anm. 20] geistvoll ironisiert. Verschiedene, mehr oder weniger differenzierte Einwände gegen Rettungsversuche dieses Typs findet man bei Hume: *D* [Anm. 84], 109–117; Mackie 1985 [Anm. 84], 241–253. 261–264. 275–277; Hoerster 1985 [Anm. 85], 403ff.; v. d. Brink 1993 [Anm. 85], ch. 4.4.2, und Hoerster 2005 [Anm. 85], 91ff. Auch in der Bibel wird nicht durchgängig unterstellt, daß Gott seiner Schöpfung ein umfassendes Optimierungskalkül vorausschickte, vgl. etwa *Genesis* 1/31 neben *Genesis* 6/5–7. Sarkastische Kritik an analogen Optimalitätsüberlegungen in der stoischen Tradition hat schon Plutarch geübt (vgl. die Stellenangaben in Anm. 104–105).

109 So z.B. der Einwand von Thomas Reid: *Essays on the Active Powers of the Human Mind*, Edinburgh 1788, IV, 11, zit. nach der Ausgabe von B. A. Brody, Cambridge/Mass. 1969 [abgek. *AP*], 352. Sachlich wurde er ebenfalls schon von Plutarch antizipiert (*SE* 1051d [Anm. 99], 558f.). Der Allmachtsverlust würde sich hier (anders als in einer später erörterten Variante, S. 100, Anm. 113–114) nicht erst *als Folge* der Erschaffung der Welt und einer mit ihr verbundenen partiellen Machtabtretung für die Zeit ihres Bestehens ergeben, sondern den Spielraum des Schöpfers *von vornherein* (schon auf der Stufe der „potentia absoluta", Anm. 113) empfindlich einschränken.

110 Vgl. S. 97 Anm. 101 und zur Kritik z.B. D. Hume: *An Enquiry Concerning Human Understanding*, London 1748, VIII/2, zit. nach der dt. Übersetzung [H. Herring]: *Eine Untersuchung über den menschlichen Verstand*, Stuttgart 1967 [abgek. *EU*], 131f. 132f. Im Buddhismus und Hinduismus wird der Einwand etwas entschärft durch die Annahme, daß scheinbar Unschuldige in Wahrheit für Übeltaten in einem *früheren Leben* leiden, und auch im Christentum ist der Erbsündenlehre z.T. eine ähnliche Rolle zugefallen (vgl. zu beidem Schopenhauer: *Parerga und Paralipomena*, Berlin 1851, zit. nach der *Zürcher Ausgabe* [Anm. 59], Bd. VII–X [abgek. *PP*], Bd. IX, 326ff., sowie Flasch ²1992 [Anm. 90], 196f. und Kreiner 1997 [Anm. 83], Kap. 6). Eine wirkliche Lösung liegt darin natürlich nicht. Die Schwierigkeiten sind nur verschoben und die Erbsündenlehre wirft sogar zusätzliche, massive Gerechtigkeitsprobleme auf (vgl. Anm. 102). Nur wenn man extensiven Gebrauch von der Annahme machen würde, daß irdische Ungerechtigkeiten im *Jenseits* kompensiert werden, könnte dieser Aspekt des Theodizeeproblems partiell entschärft werden (vgl. jedoch auch Streminger 1992 [Anm. 85], 298ff.).

111 In diesem letzteren Fall, der formal in Rechnung zu stellen ist (vgl. auch Mackie 1985 [Anm. 84], 247), könnte die Willensfreiheit selbst als etwas *Indifferentes* oder sogar als ein *Übel* aufgefaßt werden, das um eines höheren Gutes willen in Kauf zu nehmen ist (vgl. S. 98, Anm. 104–105). Allerdings ist es nicht

leicht, ein Gut zu benennen, dessen hohe Wertschätzung nicht *ihrerseits* vom vorausgesetzten überragenden Wert der Willensfreiheit abhängt. So hat man z.B. daran gedacht, das Verhältnis zwangfreier wechselseitiger Liebe als übergeordnetes Gut in Anspruch zu nehmen, das die Inkaufnahme des Mißbrauchs der damit gewährten unkontrollierten Entscheidungsfreiheit rechtfertigen kann (vgl. J. Bishop: *Compatibilism and the Free Will Defence*, in: *Australasian Journal of Philosophy* 71, 1993, 115ff.). Doch abgesehen davon, daß der positive Ausgang eines umfassenden Gütekalküls, das darauf Bezug nimmt, alles andere als sicher ist, hängt die Auszeichnung *dieser* Form personaler Liebe ganz von der wertmäßigen Auszeichnung der Freiheit *selbst* ab, die in sie eingeht. Entsprechendes dürfte für alle freiheitsabhängigen Güter gelten, die man mit ähnlicher Zielsetzung anführen kann: freiwillige Hilfe, Selbstaufopferung, personaler Respekt u.a. Deshalb wird sich die folgende Diskussion auf die Frage beschränken, ob sich die menschliche Willensfreiheit selbst als ein Gut verstehen läßt, das alle weltlichen Übel aufwiegt.

112 Nur mit *beiden* Zusatzannahmen lassen sich Fehlschlüsse vermeiden, wie sie von Schelling und anderen Autoren begangen wurden (S. 98f., Anm. 107). Von den Anhängern dieser Lösung wird die zweite Prämisse allerdings gern unterschlagen. Aus gutem Grund. Denn auch wenn man die theologische Asymmetrie beim willentlichen *Bewirken* des Guten und Schlechten anerkennt (S. 96, Anm. 97), erscheint die Annahme, daß der freie Wille *nur* für das mögliche Wählen des Schlechten da ist, „äußerst absurd", wie schon Anselm v. Canterbury pointiert festgestellt hat (*CPP* II, 1 [Anm. 97], 288f.). Deshalb möchten die meisten Autoren nur allgemein sagen, daß eine Welt mit Wesen, die frei zwischen Gut und Böse wählen können, besser sei als eine Welt mit ausnahmslos gut, aber unfrei agierenden Wesen. Frühe Beispiele dafür liefern Tertullian: *Adversus Marcionem* II, 6 [Anm. 89], 179f., Gregor von Nyssa (vgl. Heilmann 1963–66 [Anm. 88], Bd. I, 272) und Augustin: *LA* III, 5, 14–16 [Anm. 90], 246–253. Ein prominentes literarisches Dokument für dieses Denken im 18. Jh. (das auch Kant mehrfach zitiert hat, z.B. *R* [Anm. 15], Bd. VI, 65) ist Albrecht von Hallers Lehrgedicht *„Über den Ursprung des Übels"* (1734), vgl. bes. II, 33–68. Daß es nicht um die Freiheit als solche geht, sondern speziell um die Freiheit zum Schlechten, wird jeweils geflissentlich übergangen.

Ähnlich verschleiernd findet das Argument sich auch bei J.-J. Rousseau: *Emile ou de l'Education*, La Haye 1762, zit. nach der dt. Übersetzung [L. Schmidts]: *Emil oder Über die Erziehung*, Paderborn [11]1993, 293f. Doch klingt hier immerhin eine theoretische Möglichkeit an, die befremdliche Bindung ans Schlechte plausibler zu machen: Man verlegt das Gute der Willensfreiheit *ausschließlich* in die bewußte, freie Entscheidung *gegen* das Schlechte und veranschlagt seinen Wert *so hoch*, daß es alle anderen Übel der Welt überwiegt. Darauf laufen auch die Lösungen von Plantinga und Swinburne (Anm. 85), sowie diverse andere neuere

Lösungsvorschläge hinaus, die von Kreiner (1997 [Anm. 83], Kapp. 9–10) zustimmend diskutiert werden. Verzichtet man jedoch auf Hilfspostulate, die (wie bei Rousseau, a.a.O.) das *Ausmaß* der Übel prinzipiell *eingrenzen*, verliert auch dieses Modell jede Plausibilität. Der Formalwert der „freien Entscheidung gegen das Schlechte" müßte dann schon *extreme*, prinzipiell inkommensurable Größenordnungen annehmen, um ein positives Ergebnis sicherzustellen, was mehr als implausibel erscheint (vgl. auch Hoerster 2005 [Anm. 85], 105f.). Millionenfacher Völkermord z.B. könnte dann theoretisch sogar durch einen einzigen guten Vorsatz aufgewogen werden, den einer der Haupttäter in einer momentanen Anwandlung von „menschlicher Ausnahmeschwäche" (H. Himmler) kurzzeitig faßt, um gleich darauf ungeniert in seiner Mordaktion fortzufahren!

Im übrigen ist der Gedanke, daß sich das *Gute* speziell aus Entscheidungen gegen das Schlechte ergibt, auch unabhängig von Quantitätsüberlegungen äußerst fragwürdig. Artikuliert sich in ihm doch eine moralisch wenig honorige einseitige Fixierung aufs Negative (vgl. auch Anm. 118 und Kap. II, 1.3). Konsequent durchgeführt läuft er auf eine komplette Ersetzung nicht nur des kontradiktorischen Begriffspaares „gut – nicht gut", sondern auch der gewöhnlichen Dreiteilung des Wertespielraumes in „gut – indifferent – schlecht" durch das kontradiktorische Begriffspaar „schlecht – nicht schlecht" hinaus. Das Konzept des moralisch Guten, das dem so explizierten Gedanken entspricht, hat Wilhelm Busch am Ende seiner Bildergeschichte *„Die fromme Helene"* (1872) mit unüberbietbarem ironischen Sarkasmus so formuliert: „Das Gute – dieser Satz steht fest – ist stets das Böse, was man läßt!"

113 Gewisse Beschränkungen sind ohnehin unumgänglich, um prinzipielle Bedenken auszuräumen, die den Begriff der Allmacht betreffen (vgl. dazu z.B. A. Kenny: *The God of the Philosophers*, Oxford 1979, ch. 7, dt. Übers. [Ch. Stein] in: Ch. Jäger, ed.: *Analytische Religionsphilosophie*, Paderborn 1998, 218–226, und v. d. Brink 1993 [Anm. 85], ch. 3, bes. 3.3. und 3.5.). Zunächst anerkennen fast alle Theologen, daß die göttliche Macht nicht so weit reichen kann, auch *logisch* Unmögliches (d.h. in sich Widersprüchliches) zu verwirklichen oder bereits Geschehenes *ungeschehen* zu machen. Viele gehen aber noch weiter und unterstellen einerseits, daß bestimmte Optionen, insbesondere moralisch schlechte, für Gott schon vor Erschaffung der Welt *absolut* ausgeschlossen sind, da sie dem göttlichen Wesen widersprechen, sowie andererseits, daß Gott auch seinen *konkreten* Handlungsspielraum weiter eingeschränkt hat, indem er sich mit der Entscheidung, diese Welt zu erschaffen, auf bestimmte Ordnungsprinzipien für sie festgelegt hat. Die scholastische Theologie hat dem in verschiedenen Varianten durch die terminologische Unterscheidung zwischen der *„absoluten Macht"* Gottes („potentia absoluta") und seiner *„geordneten Macht"* („potentia ordinata") konzeptionell Rechnung zu tragen versucht,

instruktiv zusammengefaßt z.B. bei W. J. Courtenay: *The Dialectic of Omnipotence in the High and Late Middle Ages,* in: T. Rudavsky (ed.): *Divine Omniscience and Omnipotence in Medieval Philosophy*, Dordrecht 1985, 243–269; v. d. Brink 1993, ch. 2, bes. 2.3, und M. Sudduth: *Calvin and the Medieval Dialectic of Omnipotence*, Internet-Publ. http://www.homestead.com/philofreligion/files/Calvin_Distinction_FD.htm. Doch blieben solche Versuche, den Allmachtsgedanken zu präzisieren, theologisch immer umstritten, weil der Verdacht besteht, daß sie nicht nur zu einer dogmatisch inakzeptablen Subordination Gottes unter *fremde* Prinzipien führen (vgl. S. 99 Anm. 109), sondern auch zum Verlust seiner Fähigkeit, den Weltlauf als *Lenker* kontinuierlich zu begleiten und gegebenenfalls aktuell einzugreifen (vgl. S. 102f., 106 Anm. 129).

Restriktionen der göttlichen Macht (im „absoluten" wie im „geordneten" Sinne) schließen als solche nicht aus, daß innerhalb des damit gegebenen Rahmens alles Geschehen vollständig von Gott *kontrolliert* wird, sei es bereits im vorhinein oder durch kontinuierliche Lenkung. Partiell *unkontrollierte* Geschehensabläufe kommen erst dann ins Spiel, wenn Gott einen Teil seiner Macht auch an *eigenständige* innerweltliche Machtzentren abtritt, wie etwa (in einem entsprechend starken Sinn) „willensfrei" agierende Menschen. Vorstellbar ist das durchaus. Unterstellt man etwa eine freiwillige göttliche Selbstbindung dieser Art nur für die Zeit, in der die Welt existiert, kann man notorische Vexierfragen wie die, ob Gott einen Stein schaffen kann, der so schwer ist, daß er ihn selbst nicht heben kann, im Prinzip genauso bejahen wie Gottes interimistische Unfähigkeit zur Kontrolle des freien Willens. Beliebig weit läßt sich dies allerdings nicht treiben. Die absolute Obergrenze wird durch die *Existenz* Gottes gebildet, in der jüdisch-christlichen Tradition darüber hinaus auch durch Gottes Stellung als *Schöpfer* und permanenter *Erhalter* der Welt, wenn vielleicht auch nicht als ihr durchgängiger oder partieller Lenker. Kein solcher Gott kann in seiner Selbstbescheidung jedenfalls so weit gehen wie der große Zauberer im Märchen vom gestiefelten Kater.

114 So hat Hans Jonas (*Der Gottesbegriff nach Auschwitz*, in: [ders.:] *Philosophische Untersuchungen und metaphysische Vermutungen*, Frankfurt 1994, 207) anknüpfend an ältere jüdische Vorstellungen angeregt, das Attribut der göttlichen Allmacht zugunsten partieller menschlicher Eigenaktivität und der, wie er meint, nur dadurch zu rettenden göttlichen Güte fallenzulassen. Die von Jonas behauptete logische Notwendigkeit eines solchen Schritts (a.a.O., 201f., 205) ist zweifelhaft. Seine theologischen Gründe aber (202ff.) sind im Kontext der jüdisch-christlichen Tradition bedenkenswert (wenngleich nicht unproblematisch, Anm. 113 und 129).

Aus ähnlichen Gründen haben auch andere Autoren für einen beschränkten Begriff der göttlichen Macht plädiert, z.B. S. Kierkegaard: *Eine literarische Anzeige*, Düsseldorf 1954, 124f.; James 1897 [Anm. 92], 180ff.; Lucas 1970 [Anm.

92], 75f.; v. d. Brink 1993 [Anm. 85], 221–225. 254ff.; Kreiner 1997 [Anm. 83], 277f., und P. Rohs: *Die Stimmigkeit des Gottesbegriffes in der Theodizeefrage*, in: *Berliner Theologische Zeitschrift* 18 (2001), 118ff. Schon Haller (Anm. 112, vgl. II, 65–68) hatte die Allmacht Gottes faktisch auf seine Verfügungsgewalt über die Existenz der Welt reduziert, wenn er dichtete: „Drum überließ auch Gott die Geister ihrem Willen / Und dem Zusammenhang, woraus die Taten quillen. / Doch so, daß seine Hand der Welten Steur behielt, / Und der Natur ihr Rad muß stehn, wann er befiehlt."

115 Vgl. Kap. II, 2.4, bes. S. 65ff. Kritik an Versuchen, die Unterscheidung zwischen bedingtem und unbedingtem Wollen bzw. zwischen „Wollen" im engeren Sinn und bloßem „Zulassen" oder „Inkaufnehmen" zur Lösung des Theodizeeproblems heranzuziehen, ist vor allem von philosophischer Seite oft geübt worden, z.B. von Hobbes: *The Questions Concerning Liberty, Necessity, and Chance*, London 1656, zit. nach: [ders.:] *The English Works of Thomas Hobbes*, ed. W. Molesworth, vol. V, London 1841, Repr. Aalen 1966 [abgek. *LNC*], 10–13; Kant: *TH* [Anm. 84], 259; Gomperz 1907 [Anm. 85], 20f., und Mackie 1985 [Anm. 84], 256f.

Theologische Beispiele für Entlastungsversuche im Rekurs auf die bloße „Zulassung" des Übels sind allenthalben zu finden, in den Ostkirchen genauso wie in den katholischen und protestantischen Kirchen des Westens, z.B. bei Johannes Damascenus (S. 93f.), Thomas von Aquin: *V* q.5 a.4 ad 3–4; q.23 a. 2–3 [Anm. 100], Bd. I, 133f.; Bd. II, 217–223; *STh* I q.19 a.9 ad3; q.23 a.3 [Anm. 29], Bd. II, 172. 239–242, und bei dem reformierten Dogmatiker J. Wolleb: *Compendium Christianae theologiae [= Kompendium der christlichen Theologie]*, Amsterdam 1626, p. 17ff., dt. Übersetzung in E. Hirsch: *Hilfsbuch zum Studium der Dogmatik*, Berlin [4]1964, 398. Ein prominentes Beispiel aus neuerer Zeit ist Barth: *KD* [Anm. 98], Bd. II/1, 671ff.; Bd. III/3, 424f. Doch auch manche Philosophen haben sich den Gedanken zu eigen gemacht, wie etwa Leibniz: *CP* [Anm. 65], 56f. 72ff.; *TH* §§ 22–25. 158 [Anm. 65], 107f. 207; Wolff: *Vernünftige Gedanken* … [Anm. 105], §§ 1056f., und Reid: *AP* IV, 11, vgl. IV, 5 [Anm. 109], 353f., vgl. 302. 349.

Umgekehrt haben keineswegs alle Theologen Entlastungsversuche wie diese anerkannt. Gegenbeispiele liefern Augustin (*E* XXIV, 96, XXVI, 100 [Anm. 100], 77. 81), Luther (vgl. McSorley 1967 [Anm. 67], 315 A. 213) und besonders prononciert Calvin (vgl. *CRI* I: 18, 1–4; II: 4, 3; III: 23, 8, [Anm. 98], 125–130. 179. 641; *ADP* [Anm. 98], 41. 121f., sowie ders.: *Articuli de praedestinatione*, in: *Ioannis Calvini opera quae supersunt omnia*, edd. G. Baum et al., vol. IX, Braunschweig 1870, 714). Calvins Distanzierung von der Figur des „bloßen Zulassens" ist, wenngleich weniger prononciert, auch im späteren Calvinismus mehrfach erneuert worden, dokumentiert bei Mahlmann 1997 [Anm. 100], 131, sowie E. F. K. Müller (ed.): *Die Bekenntnisschriften der reformierten Kirche*, Leipzig 1903, Repr. Zürich 1987, 555. 556f. 754f.

116 Philosophen haben das seit langem kritisch angemerkt, wie z.B. Cicero: *De natura deorum [= Über das Wesen der Götter]* (45 v. Chr.), III, 70–71. 76–78, zit. nach der zweispr. Ausgabe von U. Blank-Sangmeister, Stuttgart 1995 [abgek. *ND*], 340–343. 348–351; Leibniz: *TH* § 363 [Anm. 65], 350; Schelling: *WF* [Anm. 15], 66f.; Schopenhauer: *FW* [Anm. 59], 112f.; *PP* §§ 118. 156 [Anm. 110], Bd. IX, 256f. 327; ders.: *Die Welt als Wille und Vorstellung*, Leipzig 1819, Bd. I, § 70 Anm., zit. nach der *Zürcher Ausgabe* [Anm. 59] Bd. I–IV [abgek. *WW*], Bd. II, 501f., und Gomperz 1907 [Anm. 85], 19ff.

Auch in der Theologie ist das Problem zwar oft, aber keineswegs immer unbemerkt geblieben. Einen Beleg aus der neueren Literatur liefert z.B. v. d. Brink 1993 [Anm. 85], 264. 266f., einen aus der Patristik bereits Nemesios: *Peri physeōs anthrōpū*, cap. 41 [Anm. 89], 420–422. Nemesios hat die Verantwortung Gottes für das *Vermögen* des Menschen zum Bösen jedenfalls ausdrücklich anerkannt. Rechtfertigen sollte ihn erst die Erklärung, daß nicht die bloße Fähigkeit, sondern der durch ihren Gebrauch entstandene *Habitus* wirklich böse sei. Sachlich bringt diese Variante nichts. Sie zeigt jedoch, daß Nemesios sehr wohl erkannt hatte, daß die Verantwortung des Schöpfers nicht vor dem Negativpotential halt macht, das in seiner Schöpfung steckt.

117 So z.B. der Einwand von S. E. Boer: *The Irrelevance of the Free Will Defence*, in: *Analysis* 38 (1978), 110–112; vgl. auch Bishop 1993 [Anm. 111], 117; D. Lewis: *Übel um der Freiheit willen?*, in: Jäger 1998 [Anm. 113], 279f., und Hoerster 2005 [Anm. 85], 106f.

118 Natürlich ist Gott nicht *allein* verantwortlich, da mindestens eine gravierende Teilbedingung im freien Willen des Menschen liegt, der (ex hypothesi) nicht von Gott kontrolliert wird. Die Verantwortung des göttlichen Lenkers der Welt ist deshalb prinzipiell, nicht anders als die des Schöpfers, keine vollständige, sondern nur eine *partielle* (vgl. S. 51, 53f., 72f.). Diese freilich ist kaum zu bestreiten.

Manche Theologen versuchen es dennoch. Ein Ansatz dazu, der oft verfolgt wird, ist der Gedanke, *Unterlassungen* seien per se „weniger handlungshaft" als aktive Interventionen. Doch das ist, wie oben dargelegt, handlungstheoretisch verfehlt (vgl. S. 56, Anm. 29). Prinzipiell denkbar, aber für Gott als Lenker ebenfalls inakzeptabel, wäre die Annahme, daß er deshalb nicht mehr verantwortlich ist, weil er mit der Überantwortung gewisser Teile der Welt an den freien Willen des Menschen auch seine *„Garantenstellung"* (vgl. S. 67, 74) ihnen gegenüber verloren hat. Manche Autoren haben darüber hinaus argumentiert, Gott *müsse* untätig bleiben, weil ein freier Wille, der aufgrund von göttlichen Korrekturmaßnahmen negativ folgenlos bliebe, keine *moralische Relevanz* mehr besäße und seinen hohen Wert (S. 100, Anm. 111–112) damit einbüßen würde (vgl. v. d. Brink 1993 [Anm. 85], 251–253; Kreiner 1997 [Anm. 83], 254f. mit Anmerkungen). Sonderlich überzeugend ist das nicht. Denn abgesehen davon, daß folgenlos gebliebene schlechte *Absichten*, auch wenn das irdische Strafrecht sich für sie nicht interessiert, moralisch und aus der Perspektive Gottes sehr wohl bedeutsam sein können (vgl. auch Boer 1978 [Anm. 117], 110f.), bleibt unverständlich, warum die moralische Relevanz des freien Willens nicht auch durch *gute* oder *indifferente* Entscheidungen samt deren Folgen allein demonstriert werden kann (vgl. S. 98f., S. 100 Anm. 112). Doch selbst wenn man zugestehen würde, daß das Irrelevanzargument auf *völlig* folgenloses Wollen von Schlechtem zutrifft, hieße das keineswegs, daß *alle* willensabhängigen Negativfolgen korrekturlos zu akzeptieren wären, einschließlich von z.B. Massenmorden und sadistischen Quälereien von Unschuldigen. Und *wenn* Gott (aus welchen Gründen auch immer) pauschal auf jede Intervention im Interesse des Guten verzichten müßte, würde er auch seine *Rolle* als guter Lenker der Welt definitiv einbüßen.

119 Diese Analogie hat eine lange, schon in der Bibel beginnende Tradition. In der Theologie wurde sie öfter zur Charakterisierung einer nur zulassenden Lenkung der Welt durch Gott herangezogen, wie z.B. bei Thomas v. Aquin: *STh* I q.104 a.1 corp., a.2 corp. [Anm. 29], VIII, 31ff., 37. Neuere Beispiele für den Versuch, das Theodizeeproblem mit seiner Hilfe zu lösen, liefern Dreher 1987 [Anm. 15], 170–175 und Swinburne 1988 [Anm. 85], 589ff.

120 So das dogmatische Standardwerk von M. Schmaus: *Katholische Dogmatik*, Bd. I, München ^{6}1960, 600, vgl. Bd. II/1, München ^{6}1962, 177f. und Bd. III/2, München 1956, 351–357. Einschlägige Beispiele aus dem katholischen Bereich liefern aus der jüngeren Literatur auch K. Rahner / H. Vorgrimler: *Kleines Theologisches Wörterbuch*, Freiburg ^{9}1973, 141f., und J. Auer / J. Ratzinger: *Kleine katholische Dogmatik*, Bd. II, Regensburg 1978, 573ff. Für den protestantischen Bereich vgl. etwa Barth *KD* [Anm. 98], Bd. III/1, 299–304. 430ff.; Bd. III/3, 213f. 332ff.; H. Thielicke: *Gespräche über Himmel und Erde*, Stuttgart 1964, 149. 170, und G. Ebeling: *Luther. Einführung in sein Denken*, Tübingen 1964, 256f. Weitere Nachweise findet man bei Kreiner 1997 [Anm. 83], Kap. 2, und Mahlmann 1997 [Anm. 100], 138. Ein relevantes Zitat aus der jüdischen Theologie des 14. Jhs. bietet W. Ehrenberg: *Dice of the Gods*, London 1977, 15.

Auch Philosophen haben im übrigen wiederholt auf diese Auskunft zurückgegriffen. Prominente Beispiele dafür sind Kant (vgl. unten Anm. 126) und Descartes: *Principia philosophiae*, Amsterdam 1644, I, 40–41, zit. nach der dt. Übersetzung [A. Buchenau]: *Die Prinzipien der Philosophie*, Hamburg ^{8}1992 [abgek. *PP*], 13f. In sublimer, doppelbödiger Form findet sich diese Antwort sogar bei Hume: *EU* [Anm. 110], 133f.

121 Beide Gedanken finden sich schon bei Philon: *Peri pronoias* II, 35f. 54 [Anm. 104], 482ff. 494f. Als Rettungsversuche taugen sie kaum, zumal der zweite.

Denn diese Überlegung, die Hume später auch den Skeptiker in seinen *Dialogues* aufgreifen läßt (*D* [Anm. 84], 98f. 103f. 109. 117f. 119f.), ist offenkundig unvereinbar mit der Annahme, daß die zentralen Werte (als „Wille des Zeichens", S. 97 Anm. 100) göttlich geoffenbart sind. Zur Kritik vgl. auch Mackie 1985 [Anm. 84], 248f. und Kreiner 1997 [Anm. 83], 74.

122 Dreher 1987 [Anm. 15], 157.

123 *Hiob* 38–42, vgl. 9/2ff. Der gleiche Gedanke wird in der Bibel öfter artikuliert, z.B. *Genesis* 22/1–18; *Jesaja* 40/12ff., 45/9ff.; *Jeremia* 23/18; *Weisheit* 12/12; *Matthäus* 20/15; *Johannes* 9/1–3; *Römer* 9/14–21, 11/33ff.; *1. Korinther* 2/16. Belege für sein Fortwirken findet man vor allem bei Augustin: *DS* I, 2,16ff. [Anm. 104], 203. 205. 209. 215; *GL* [Anm. 104], XI, 4. 10; *E* XXV, 99 [Anm. 100], 81; *GLA* XXII, 44–XIII, 45 [Anm. 90], 153–155. Sie finden sich aber auch bei zahlreichen anderen Kirchenvätern, einschließlich solcher, die wie Origenes (Anm. 89) das Theodizeeproblem *zugleich* mit Hilfe der Willensfreiheit zu lösen versuchen (Nachweise bei Schelkle 1956 [Anm. 79], 346–353. 438). Belege aus der Scholastik bietet H. Köster: *Urstand, Fall und Erbsünde. In der Scholastik*, Freiburg 1979, 120. 180f. 183f. Selbst der als eher „rationalistisch" geltenden Literatur des Humanismus war der Gedanke nicht fremd (vgl. z.B. Valla: *LA* [Anm. 65], 125ff. 139ff.). Besonders markante Belege finden sich bei den Reformatoren Luther (*SA* [Anm. 13], passim, vgl. bes. 282ff., 404ff., 652ff.) und Calvin (*CRI* III: 23; 2–5. 8 [Anm. 98], 636–639. 641f.; *ADP* [Anm. 98], 10f. 44f. 72f. 123), verbunden hier mit einer entschiedenen *Ablehnung* aller stärkeren, zumal indeterministischen Formen der Willensfreiheit (vgl. unten S. 109). Daß jedoch auch Autoren, die sie *vertreten*, beim Theodizeeproblem auf die klassische Antwort an Hiob zurückkommen, belegen Descartes: *M*, IV, 6. 13. 15 [Anm. 105], 142–145. 152f. 156f.; *PP* I, 38 [Anm. 120], 13; Reid: *AP* IV, 11 [Anm. 109], 353, und Kant: *TH* [Anm. 84], 264–267, vgl. auch Anm. 126.

124 In der Theologie wird dies nicht selten auch implizit (Anm. 120) oder explizit anerkannt, insbesondere von den Reformatoren (Anm. 123), aber keineswegs nur von diesen. Duns Scotus z.B. hat sogar, gestützt auf die klassische Antwort an Hiob, die These vertreten, daß Gott eine *bessere* Welt als die wirkliche hätte erschaffen können, wenn er gewollt hätte, zit./ref. bei J. R. Söder: *Kontingenz und Wissen. Die Lehre von den* futura contingentia *bei Johannes Duns Scotus*, Münster 1999, 210f.

Die Philosophie hat den Verzicht auf rationale Lösungen dagegen meist als Defekt verstanden, prominent artikuliert z.B. als Kritik an Descartes (Anm. 120) bei Leibniz: *HS* [Anm. 65], T. I, 226. Mit direktem Bezug auf *Römer* 9/18 hat Kant (*R* [Anm. 15], 121) sogar von einem „*salto mortale* der menschlichen Vernunft" gesprochen. Doch hat auch er die Lösung des Theodizeeproblems, obwohl eine solche prinzipiell „denkbar" sei, faktisch für ein „alle menschlichen Begriffe übersteigendes Geheimnis" gehalten (vgl. *R*, 142–144, sowie *TH* [Anm. 84], 263f. und *KpV* [Anm. 15], 100–103).

125 Ehe man moralische Forderungen oder Empfehlungen dazu aufstellen kann, *wie* man mit anderen Menschen umgehen oder sein eigenes Leben gestalten sollte und welchen Interessen dabei in welchem Umfang Rechnung zu tragen ist, muß man erst einmal affirmativ zu der Frage Stellung beziehen, *ob* die Betroffenen überhaupt leben und eigene Interessen verfolgen sollen. Daß dies oft nicht geschieht, sondern als Selbstverständlichkeit unterstellt wird, ändert an der grundlegenden Bedeutung der Frage nichts. Bei *Tieren, Fremdgruppen* (möglichen extraterrestrischen Wesen z.B.) oder *ungeborenen Menschen* (lebenden Föten oder ungezeugten Mitgliedern künftiger Generationen) springt die Vorfrage des Ob ihrer Existenz eher ins Auge als bei *geborenen Menschen*, deren Lebensrecht prima facie selbstverständlich erscheint. Aber auch hier liegen wertende Stellungnahmen zugrunde, wie sich spätestens dann zeigt, wenn man Grenzbereiche der Medizin oder auch nur das allgegenwärtige Risiko nuklearer oder ökologischer Katastrophen in seine Überlegungen einbezieht. Streng genommen setzt jedes *unbedingte* Tötungsverbot, das also nicht mehr an schon vorausgesetzte *andere* Zwecke (wie Glücksmehrung, Leidensverringerung oder soziale Nützlichkeit) gebunden ist, eine Grundsatzentscheidung für den Wert des betreffenden Lebens voraus.

126 Leibniz hat sich anhaltend mit dem Problem befaßt (Anm. 81). In einer vielzitierten Passage der Vorrede zu seinen *Essais* (*TH* [Anm. 65], 8f. 51; ähnlich *HS* [Anm. 65], T. II, 655f.) hat er von zwei „berühmten Labyrinthen" gesprochen, die „fast das ganze Menschengeschlecht in Verwirrung" stürzen, nämlich das *theoretische* Labyrinth des Unendlichen bzw. des Kontinuums und das *praktische* Labyrinth, das die „große Frage der Freiheit und Notwendigkeit, besonders bei der Erzeugung und dem Ursprunge des Bösen" betrifft. Leibniz hat die theistische Version des Problems zugrunde gelegt, doch zeigt seine Charakterisierung, daß er der Theodizeefrage grundlegende Bedeutung für die praktische Philosophie insgesamt beimaß.

Noch deutlicher ist das bei Kant. Sein Interesse am Theodizeeproblem ist von Beginn an ein moralphilosophisches, kein religionsphilosophisches oder theologisches. Denn Kant möchte die Überzeugung legitimieren, daß das, was die „reine praktische Vernunft" kategorisch (= unbedingt und unabhängig von aller Erfahrung) gebietet, *auch* empirisch realisierbar ist, und zwar ungeachtet des unbestreitbaren und prinzipiell unüberwindlichen Faktums, daß Menschen keine Wesen sind, die *nur* von Vernunft bestimmt werden. In dieser Absicht hat er in seinen Schriften zur politischen Philosophie und Geschichtsphilosophie (abgedruckt in den Bänden VII und VIII der *Gesammelten Schriften*, Berlin 1902ff.)

das Konzept eines universalen Fortschritts der Menschheit entworfen, das alle Merkmale einer säkularisierten Theodizee besitzt und von Kant auch als solche kenntlich gemacht wird (vgl. Bd. VII, 83f. 93 und Bd. VIII, 21f. 30. 115f. 120. 123. 308).

127 H. Jonas: *Das Prinzip Verantwortung*, Frankfurt 1979. In Analogie zu Kants „kategorischem Imperativ" hat Jonas versucht, einen generellen „Imperativ des Daseins" zu begründen, der allen spezielleren Moralprinzipien, einschließlich des „kategorischen Imperativs" selbst, vorausliegt und der besagt, daß „überhaupt etwas im Vorrang zum Nichts sein soll, was immer die Ursache sei, daß es wird" (a.a.O., 99).

128 Zu Parallelen in der griechischen Tradition vgl. unten S. 118f., bes. Anm. 198. Einschlägige Belege aus dem Islam gibt G. Gerlitz: *Prädestination I: Religionsgeschichtlich*, in: *Theologische Realenzyklopädie*, ed. G. Müller, Bd. XXVII, Berlin 1997, 101.

129 Der Gedanke der *Präsenz* Gottes in der Geschichte, die er kontinuierlich begleitet und lenkt, ist zentraler Bestandteil zumindest der biblischen Gottesvorstellung, ganz besonders im jüdischen Alten Testament (vgl. schon S. 90, Anm. 79–80 und unten S. 106f.). Ohne Substanzverlust kann die jüdisch-christliche Theologie sich also nicht auf die Annahme einlassen, Gott überlasse die Welt, solange sie existiert, vollständig oder partiell *sich selbst* (S. 100, Anm. 113–114). Unter dem Einfluß philosophischer Vorstellungen von der göttlichen Unveränderlichkeit und Ewigkeit, aber auch des stoischen (vgl. S. 126f.) und später mechanistischen Kausaldeterminismus (S. 81) hat sich im christlichen Denken allerdings die Tendenz entwickelt, die „Vorsehung" Gottes (S. 95) ihrer Geschichtlichkeit zu berauben und die reale Welt als in sich *abgeschlossen* und unabänderlich *fixiert* zu begreifen, wenn auch in metaphysischer Abhängigkeit vom („nachfolgenden", S. 97) Willen Gottes. Mit dieser Prämisse wird es natürlich noch schwieriger und (wie im zweiten Band, Kap. IV, 2, gezeigt wird) letztlich unmöglich, eine stärkere oder gar rein indeterministische Form der menschlichen Willensfreiheit zu vertreten. Deshalb soll sie hier argumentativ außer Betracht bleiben.

130 Die Abgelöstheit ist der entscheidende Punkt. Ein Hund an der Leine mag sich *innerhalb* des ihm gewährten Freiraums partiell indeterminiert durch seinen Herrn bewegen können. Dennoch behält dieser die *Gesamtkontrolle*, da es nur von seinem temporären und jederzeit widerrufbaren Willen abhängt, ob und welchen Bewegungsspielraum der Hund behält. Analoges gilt für den jüdisch-christlichen Gott, zumindest wenn dessen Lenkung der Welt die Form der *präsenten Begleitung* hat (Anm. 129, vgl. S. 102, Anm. 118).

131 Christoph Friedrich Ammon (1766–1850), mehrfach zustimmend zitiert bei F. D. E. Schleiermacher: *Über die Lehre von der Erwählung* (1819), zit. nach: [ders.:] *Kritische Gesamtausgabe,* Bd. 10, Berlin 1990 [abgek. *LE*], 160. 183. 199.

132 Vgl. *Deuteronomium* 31/21; *Psalm* 7/10, 44/21f., 94/11, 139/1–4. 14–16; *Sprüche* 15/11; *Jesaja* 29/15f.; *Jeremia* 17/9f.; *Sirach* 23/19f. bzw. 28f.; *Markus* 2/8 parr.; *Johannes* 2/24f., 6/64, 13/11, 16/30; *Apostelgeschichte* 1/24, 15/8; *Römer* 8/27.

133 *Deuteronomium* 28/28; *2. Chronik* 10/15; *Psalm* 94/10. 12f.; *Jesaja* 19/14, 29/10; *Ezechiel* 14/9; *Daniel* 2/21ff.; *Matthäus* 11/25–27 parr., 13/11 parr., 16/16f.; *2. Thessalonicher* 2/11f.

134 *Exodus* 4/11f.; *1. Könige* 22/23f.; *Sprüche* 16/1; *Jeremia* 1/6–9; *Ezechiel* 2–3; *Matthäus* 10/19f. parr.; *Apostelgeschichte* 28/25; *Römer* 8/26f.; *2. Korinther* 3/5; *2. Petrus* 1/21.

135 *Exodus* 4/21; *Exodus* 7–14 passim; *Deuteronomium* 2/30; *Josua* 11/20; *1. Könige* 12/15, 22/20ff.; *Psalm* 81/13; *Sprüche* 16/4f.; *Jesaja* 6/9f., 10/5ff., 63/17; *Jeremia* 20/7; *Habakuk* 1/5ff.; *Markus* 4/12 parr.; *Johannes* 12/37ff.; *Apostelgeschichte* 28/26f.; *Römer* 1/28, 9/18, 11/7–10; *2. Korinther* 4/4.

136 So explizit z.B. *Deuteronomium* 29/3f. und *Ezechiel* 11/19, 36/26f. – Ein schöner Beleg für die spätere Selbstverständlichkeit der Auffassung, daß Gottes korrigierende Eingriffe gegenüber verstockten Widersachern nicht erst bei deren Taten ansetzen, sondern schon bei ihren Gedanken, findet sich, bezogen auf die Herodes-Geschichte nach *Matthäus* 2/1ff., in J. S. Bachs *„Weihnachtsoratorium"*, wo es in Nr. 57 heißt: „Spricht der Höchste nur ein Wort, / seiner Feinde Stolz zu enden, / o, so müssen sich sofort / Sterblicher Gedanken wenden."

137 *Johannes* 8/31–36; *Römer* 6/16–22, 7/14ff., 8/2.

138 *Psalm* 51/12. 14; *Ezechiel* 11/19f., 36/26f.; *Philipper* 2/13.

139 Vgl. am ehesten *1. Korinther* 7/37, doch ist auch hier im griech. Original nur von der fehlenden „Nötigung" („anángkē") und korrespondierenden „Vollmacht" („exūsia", vgl. S. 83) des Willens die Rede, nicht von seiner Entscheidungsfreiheit unabhängig von Gott.

140 So z.B. *Exodus* 8/15. 28 bzw. 32, 9/34; *1. Samuel* 6/6; *Psalm* 95/8; *Sprüche* 28/14; *Sacharja* 7/11f.; *Hebräer* 3/8. 15, 4/7. Auch die positive Variante, wonach der

Mensch nicht nur bestehende Hindernisse beseitigen, sondern sich die richtige Einstellung – im Gegensatz zu der ansonsten dominierenden Asymmetrie (vgl. S. 96 Anm. 97; S. 106f. Anm. 133. 138. 141) – schaffen könne, kommt gelegentlich vor, z.B. *Ezechiel* 18/31.

141 Vgl. etwa *Psalm* 79/8; 85/5–7; *Jeremia* 31/18; *Klagelieder* 5/21; *Ezechiel* 11/19; *Johannes* 6/65.

142 Vgl. *Psalm* 22/27; *Jeremia* 29/13f.; *Sacharja* 1/3; *Jakobus* 4/8; *Offenbarung* 3/20f.

143 *Deuteronomium* 30/15ff.; *Josua* 24/15; *2. Samuel* 24/12–15; *Sirach* 15/14ff., 31/10; *Jesaja* 1/19f., 7/15f.; *Jeremia* 21/8f.; *Ezechiel* 2/7, 3/11. 27; *Matthäus* 23/37 parr.; *Lukas* 10/42, 14/7.

144 Die Texte der Bibel, ganz besonders des Alten Testaments (vgl. aber auch Anm. 171), sind durchzogen von Geboten, Ratschlägen, Mahnungen, Drohungen und Verheißungen. Auch wo sie scheinbar nur berichten, ist ihr Inhalt oft nicht rein deskriptiv, sondern *präskriptiv* (vgl. S. 39f.). Präskriptionen aber haben nur bei Personen Sinn, die sie befolgen oder mißachten können. Doch *wie* es jeweils zur Befolgung oder Mißachtung kommt, wird in der Bibel selten gefragt. Es gibt Passagen, die auch diesen Schritt der Kontrolle Gottes zuweisen (vgl. Anm. 132–138). Zugleich aber finden sich Stellen, an denen es scheint, als werde Gott vom Verhalten des Menschen überrascht und reagiere erst nachträglich, z.B. wenn er angesichts des Lebenswandels seiner Geschöpfe eine bislang eingenommene Haltung ihnen gegenüber „bereut" und danach ändert (vgl. *Genesis* 6/5–7; *1. Samuel* 15/11, anders 15/29; *Jeremia* 18/7–10, 26/3 und *Jona* 3/10). Viele Interpreten gehen deshalb davon aus, daß die Frage des Wie der Gebotsbefolgung oder Mißachtung hier nur im Sinne von freien, unbeeinflußten Willensentscheidungen zu beantworten ist.

Dieses Interpretationsverfahren haben schon die Kirchenväter Irenäus (*AH* IV, 37,1–4, [Anm. 89], Bd. IV, 318–327), Tertullian (*Adversus Marcionem* II, 5–6. 8 [Anm. 89], 177ff. 182f.) und Origenes angewandt (vgl. Anm. 89 und 151). Andere sind ihnen gefolgt. Ein Beispiel dafür ist Anselm von Canterbury (*CPP* III, 1 [Anm. 97], 296f.). Auch Erasmus hat seine Verteidigung des „liberum arbitrium" gegen Luther großenteils mit dem Argument bestritten, daß die biblischen Gebote ohne sie sinnlos wären (vgl. *LA* [Anm. 13], 36ff. 72ff. 116–121. 142–147). Ähnliches gilt für den anglikanischen Bischof John Bramhall (1594–1663), Hobbes' theologischen Kontrahenten im Streit um die Willensfreiheit (vgl. *LNC* [Anm. 115], 114ff.). Dabei ist allerdings keineswegs immer klar, daß ein starker Begriff der Willensfreiheit gemeint ist (dazu unten Abschnitt 4.2). Zudem gibt es alternative Deutungsmöglichkeiten für die betreffenden Bibelstellen. So könnte man z.B. mit Spinoza (*TTP* [Anm. 93], 95f. 147f.) die Willensfreiheit zwar *sachlich* und *theologisch* bestreiten, aber *interpretativ* dennoch die These vertreten, daß die biblischen Gebote sie unterstellen, weil sie, um für gewöhnliche Menschen verständlich zu sein, auch auf deren irrige Meinungen Rücksicht nehmen.

145 Vgl. etwa *Genesis* 3/12ff. und *Apostelgeschichte* 5/3ff., wo zugleich deutlich wird, daß auch externer diabolischer Einfluß die Verantwortlichkeit nicht mindert.

146 Einen Überblick über die komplexe biblische Textlage, die einen solchen Eindruck partiell tatsächlich vermitteln kann, gibt McSorley 1967 [Anm. 67], Kap. 2.

147 Justinus: *Apologia prōtē hyper Christianōn [= Erste Verteidigung des Christentums]*, capp. 43–44, Repr. in: *Patrologia Graeca*, ed. J. P. Migne, vol. VI, Turnholt o.J., 391–396.

148 Irenäus: *AH* IV, 37,5; 39,3 [Anm. 89], Bd. IV, 326f. 346f.

149 Vgl. *AH* IV, 29, 2; 39, 4; V, 28, 2 [Anm. 89], Bd. IV, 234–237. 348f.; Bd. V, 210–215. Offenbar war Irenäus einer der ersten christlichen Theologen, der das harmonisierende „Sowohl-als-auch" positiv vertrat (vgl. dazu auch R. Noormann: *Irenäus als Paulusinterpret*, Tübingen 1994, 479f.).

150 Obwohl Origenes das Theodizeeproblem später ebenfalls anspricht (Anm. 89), spielt es bei seiner Einführung der Willensfreiheit keine Rolle, sondern Überlegungen anderer Art, die an die griechische Philosophie anknüpfen (vgl. *A* III, 1, 1–5 [Anm. 89], 462ff.). Auf Origenes' Versuch, sein Willensfreiheitskonzept mit der göttlichen Vorsehung in Einklang zu bringen, der in wesentlichen Hinsichten die Ansätze von Molina (S. 109f. Anm. 167) und neuerlich H. Frankfurt (*The Importance of What We Care about*, Cambridge 1988, ch. 1) antizipiert, wird im zweiten Band (Kap. IV, 2) näher eingegangen (vgl. auch Seebaß 2006 [Anm. 1], 217 A. 71–72).

151 Philon von Alexandrien: *Peri tū to cheiron* ..., XXXII, 121ff. [Anm. 87], 282ff.; *Hoti atrepton to theion*, X, 50 [Anm. 87], 34ff.; ders.: *Peri tū theopemptūs einai tūs oneirūs [= Über die Gottgesandtheit der Träume]*, II: XXVI, 172ff., zit. nach Colson / Whitaker [Anm. 87], vol. V, 1934, 520ff.; Origenes: *A* III, 1, 7–24 [Anm. 89], 480–561. Obwohl Origenes (a.a.O., 481) beteuert, daß „zahllose" Bibelstellen die Willensfreiheit positiv unter Beweis stellten, kommt er auf sie nur äußerst kurz zu sprechen (*A* III, 1, 6 [Anm. 89], 474–479). Angeführt werden Passagen

zum möglichen Gehorsam oder Ungehorsam gegen Gottes Gebote, ausgehend von der Vorausetzung, daß diese nur mit Bezug auf Menschen sinnvoll sind, die sich selbständig für oder gegen sie entscheiden können (vgl. S. 107, Anm. 144). Auch hier also ist es kein spezifisch theologischer, sondern ein philosophischer bzw. genereller normentheoretischer Grund, der die Beweislast trägt. Zudem kann Origenes die widersprechenden Bibelstellen nur deshalb in seinem Sinne deuten, weil er extensiven Gebrauch vom Verfahren der „Allegorese" macht, bei der Texte nicht wörtlich genommen, sondern (nach einem bestimmten Schema) in einem übertragenen Sinne gelesen werden.

152 Vgl. dazu, außer den in Anm. 88–89 zitierten Quellen und einem einschlägigen dogmengeschichtlichen Hinweis schon bei Calvin (*CRI* II: 2, 4 [Anm. 98], 145), vor allem die Belege bei Schelkle 1956 [Anm. 79], 251ff. 308ff. 436ff., sowie ergänzend O. Michel: *Der Brief an die Römer*, Göttingen [13]1966, 306, und W. Warnach: Artikel *Freiheit II*, in: *Historisches Wörterbuch der Philosophie*, edd. J. Ritter / K. Gründer, Bd. II, Basel 1972, 1078ff. Die ethische Bedeutung der Willensfreiheit wird dabei z.T. so hoch veranschlagt, daß die Autoren wie Vorläufer des späteren Pelagianismus oder Semipelagianismus (Anm. 153) erscheinen, belegt z.B. für Gregor v. Nyssa bei Schoemann 1943 [Anm. 97], 183ff. und J. T. Muckle: *The Doctrine of St. Gregory of Nyssa on Man as the Image of God*, in: *Mediaeval Studies* 7 (1945), 66–69.

153 Zu Augustin vgl. Anm. 90 sowie unten Anm. 169. Unter *Pelagianismus*, benannt nach dem britischen Mönch Pelagius (~350–420), wird die Lehre verstanden, daß der Mensch auch nach dem Fall Adams *nicht* der „Erbsünde" unterliegt und deshalb aus freiem Willen *allein*, *ohne* aktuelle Intervention der göttlichen Gnade, Gottes Gebote erfüllen und Gerechtigkeit vor ihm erlangen kann. Der historische Streit dauerte von 411 bis 431, wobei Pelagius selbst und ab 418 vor allem Julian von Aeclanum (gest. 454) als Verteidiger auftraten. Die Gegenpartei wurde von Augustin angeführt, der den Pelagianismus in zahlreichen Schriften vehement angriff und auch seinen politischen Einfluß gegen ihn geltend machte. Es kam zu diversen kirchenoffiziellen Verurteilungen und 418 sogar zu einem antipelagianischen kaiserlichen Gesetz. Die definitive Verwerfung erfolgte 431 auf dem Konzil von Ephesos.

Semipelagianismus (= „halber Pelagianismus") ist seit ca. 1600 (vgl. Mahlmann 1997 [Anm. 100], 133) die Bezeichnung für Positionen, die zwar im Gegensatz zu Pelagius an der Erbsünde und der Heilsnotwendigkeit der göttlichen Gnade festhalten, gleichzeitig aber der freien Willensentscheidung des Menschen den Status einer *zweiten*, *notwendigen* Bedingung zur Erlangung des Heils einräumen, wenn auch einer von weit *geringerem* Gewicht als die der Gnade. Historisch sind sie im 5. Jh. als Reaktion auf den strengen Augustinismus entstanden. Vor allem in Südgallien (zentral in Massilia, dem heutigen Marseille) haben sie zeitweilig großen Einfluß gehabt, ehe auch sie 529 auf der Synode von Orange förmlich verurteilt wurden.

Vor allem in der katholischen Theologie (vgl. Anm. 168–169, exemplarisch auch McSorley 1967 [Anm. 67], 183 A. 40, 184f., 192ff.), partiell aber auch in der protestantischen (vgl. Anm. 162), wird mitunter versucht, die Position des Semipelagianismus auf die Behauptung einzugrenzen, daß der Mensch stets den *ersten Schritt* zur Erlangung der göttlichen Gnade tun müsse. Abgesetzt wird dies einerseits gegen die These, daß der erste Schritt zwar immer von Gott aus erfolgt, der Mensch aber die Möglichkeit behält, die ihm angebotene Gnade in freier Willensentscheidung *abzulehnen*, andererseits und ganz besonders gegen die (dogmatisch vermeintlich unverfänglichere) Behauptung, daß Gott den menschlichen Willen selbst bereits *angestoßen* haben muß, ehe sich für diesen die Frage stellt, ob er sich durch die auf ihn einwirkende göttliche Gnade definitiv bestimmen läßt oder nicht. Sachlich liegt darin allerdings kein bedeutender Unterschied. Denn der entscheidende Punkt ist ja nicht, *wann* genau oder *wo*, sondern *ob* der Mensch überhaupt eine von Gott prinzipiell unkontrollierte, freie Verfügungsgewalt über eine Bedingung hat, die zur Erlangung des Heils notwendig ist, mag sie für sich auch noch so geringfügig oder nachrangig sein. Auch ein quantitativ verschwindend geringer Beitrag kann ja, wie wir früher gesehen haben (S. 53f.), signifikant und gegebenenfalls allein handlungsentscheidend sein, wenn es unter den gegebenen Zusatzbedingungen *nur* noch von ihm abhängt, ob die Handlung zustande kommt oder nicht. Die protestantische Theologie (soweit sie konsequent verfuhr, anders als z.B. v. d. Brink 1993 [Anm. 85], 237–240), hat solche Differenzierungen denn auch als dogmatisch intolerablen Versuch, das semipelagianische Grundkonzept zu verschleiern, abgelehnt, besonders prononciert – gestützt auf einschlägige Äußerungen von Augustin – Calvin: *CRI* II: 3, 10 [Anm. 98], 173f., und *ADP* [Anm. 98], 34. 45. 57. 91.

154 Einschlägige Originaltexte sind zweisprachig abgedruckt bei H. Denzinger: *Kompendium der Glaubensbekenntnisse und kirchlichen Lehrentscheidungen*, Freiburg [37]1991, Rn. 209. 298. 353. 403ff.

155 Gottschalk der Sachse (~803–869) vertrat eine kompromißlose Lehre von der Vorherbestimmung Gottes, die zwar im Kern rein Augustinisch war (vgl. Anm. 90), von seinen Zeitgenossen aber als neu und provozierend empfunden wurde. Dies machte ihn nicht nur persönlich zum Outcast, sondern rief auch zahlreiche Verteidiger des „liberum arbitrium“ auf den Plan. Nachgezeichnet ist diese Entwicklung bei J. Groß: *Die Erbsünde in der Theologie Gottschalks des Sachsen*, in: *Zeitschrift für systematische Theologie* 22 (1953), 352–361; McSorley 1967 [Anm. 67], Kap. 5, sowie K. Flasch: *Freiheit des Willens: 850–1150*, in: J. Fried (ed.): *Die abendländische Freiheit vom 10. zum 14. Jahrhundert*, Sigmaringen 1991, 17–47.

Die Reaktion auf Gottschalk zeigt, daß die Augustinische Position allmählich aufgeweicht worden war. Die Ironie der Geschichte hat es sogar gewollt, daß ein Glaubensbekenntnis des Pelagius (Anm. 153), das unter falschem Namen überliefert wurde und die Willensfreiheit mit relativ starken Worten bekräftigte, schon Ende des 8. Jhs. durch Karl den Großen zu einem offiziellen Dokument gemacht wurde (vgl. Groß 1953, 360f.; Flasch 1991, 38). Vor diesem Hintergrund ist es kaum überraschend, wenn auch bei führenden Theologen Formulierungen auftauchen, die bei Anselm (vgl. *CPP* III, 5 [Anm. 97], 308–313) semipelagianisch, bei Abaelard sogar offen pelagianisch klingen (vgl. Flasch 1991, 42f.).

156 Die Kirche hat auch formell reagiert, als die pelagianisierenden Tendenzen deutlicher wurden. Neunzehn Thesen von Abaelard, darunter die pelagianisch klingende These über das alleinige Hinreichen des freien Willens zum Guten, wurden 1140 auf der Synode von Sens und kurz darauf auch vom Papst verurteilt (vgl. Denzinger [37]1991 [Anm. 154], Rn. 721–739). Außerdem läßt sich die Diagnose einer frühscholastischen Wendung zur „Willensfreiheit" nur mit zwei bedeutenden Einschränkungen stellen:

Erstens hat keiner der führenden Theologen sich selbst als Anhänger des Pelagianismus oder Semipelagianismus verstanden, auch nicht Anselm von Canterbury und Abaelard. Vielmehr haben sie alle die universale Herrschaft Gottes verbal ebenso entschieden betont wie die alleinige Wirksamkeit der göttlichen Gnade, ausführlich referiert z.B. bei R. Seeberg: *Lehrbuch der Dogmengeschichte*, Bd. III, Leipzig [4]1930, Repr. Darmstadt 1974, 218–243.

Zweitens kann das von ihnen verteidigte „liberum arbitrium" („libertas arbitrii" u.ä.) keineswegs mit einer starken, indeterministischen Form der Willensfreiheit gleichgesetzt werden. Für Anselm, der an Augustins Willensfreiheitskonzept anknüpft (Anm. 90), läßt sich dies sogar mit Sicherheit ausschließen (vgl. Seebaß 2006 [Anm. 1], 175f.; 221 A. 76). Und auch für Abaelard ist eine solche Annahme mehr als zweifelhaft. Denn seine reflexive Willenstheorie enthält sich nicht nur jeder positiven Aussage über die etwaige Indeterminiertheit des entscheidenden Aktes der „Zustimmung" („consensus"), sondern bezieht ausdrücklich Fälle ein, in denen die Zustimmung den Charakter des widerwillig erlittenen („passio") inneren Zwangs hat (vgl. speziell *E* [Anm. 44], 274f.; Saarinen 1994 [Anm. 43], 54–57). Wirklich ausdiskutiert und geklärt wurden die Dinge allerdings nicht, wie z.B. die explizite Urteilsenthaltung des prominenten Theologen Robert Grosseteste (~1168–1253) in der Frage des semipelagianischen Synergismus zeigt (zit. bei Seeberg [4]1930, 393f. A. 2).

157 Thomas von Aquin: *SG* III, 67. 88–92 [Anm. 100], Bd. III/1, 278–281 und Bd. III/2, 32–57, bes. 34–37. 48f.; *STh* I q.23 a.5 corp., q.103 a.5 ad 2 [Anm. 29], Bd. II, 247ff., Bd. VIII, 18; *STh* 1–II: q.6 a.1 ad 3, a.4 ad 1. Was an

diesen Stellen vom Wollen im allgemeinen gesagt wird, gilt natürlich erst recht für den rechtfertigenden Willen zum Guten, der von der göttlichen Gnade bewegt werden muß. Vgl. dazu *V* q.24 a.14–15 [Anm. 100], Bd. II, 286–289, *SG* III, 149 [Anm. 100], Bd. III/2, 322–327, und *STh* 1–II q.109 a.2 und a.6, q.112 a.2–3, q.113 a.3 [Anm. 29], Bd. XIV, 75–79. 89–93. 152–158. 175–179. Weiteres Material bietet Seeberg [4]1930 [Anm. 156], 402–404. 460f. 474–476. 483.

158 Vgl. Seeberg [4]1930 [Anm. 156], 643–646. 653f.; W. Pannenberg: *Die Prädestinationslehre des Duns Scotus*, Göttingen 1954, Kap. IV; L. D. Roberts: *John Duns Scotus and the Concept of Human Freedom*, in: *Deus et Homo ad Mentem I. Duns Scoti*, Rom 1972, 317–325; D. C. Langston: *God's Willing Knowledge. The Influence of Scotus' Analysis of Omniscience*, University Park 1986, ch. 2–3; M. Sylwanowicz: *Contingent Causality and the Foundations of Duns Scotus' Metaphysics*, Leiden 1996, ch. 7. Sylwanowicz und vor allem Langston haben diverse Stellen benannt, aus denen hervorgeht, daß Duns Scotus nur die „nezessitierende Determinierung" des Wollens ausschließt, während er eine „kontingente Determination" durch Gottes („nachfolgenden", S. 97 Anm. 100) Willen vertritt. Das ist theologisch keineswegs revolutionär, zumal Duns Scotus eine Handlung hier offenbar genau dann *„frei"* nennt, wenn der Handelnde (a) zwar die generelle *Fähigkeit*, aber nicht unbedingt auch die konkrete *Gelegenheit* hat, sie auszuführen oder zu unterlassen, und (b) sein Wille *nicht gezwungen* wird, sondern im Einklang steht mit seiner von Gott geschaffenen *„Natur"* (vgl. Langston 1986, 40f. 49. 51, sowie E. Dekker: *Scotus's Freedom of the Will Revisited*, in: E. P. Bos (ed): *John Duns Scotus. Renewal of Philosophy*, Amsterdam 1998, 114f.). Auf dieser Basis wird es möglich, auch ein Wollen und Handeln, das („nachfolgend") vollständig unter der Kontrolle Gottes steht, ohne Widerspruch als „frei", „kontingent", „selbstbestimmt" oder „indeterminiert" durch Gottes („vorangehenden") Willen zu bezeichnen.

In der Literatur werden Passagen wie die letzteren allerdings oft isoliert und begrifflich undifferenziert zitiert, wie z.B. bei J. Auer: *Die menschliche Willensfreiheit im Lehrsystem des Thomas von Aquin und Johannes Duns Scotus*, München 1938, 169f. A. 15, oder bei Arendt 1979 [Anm. 67], 124ff., und J. M. Incandela: *Duns Scotus and the Experience of Human Freedom*, in: *The Thomist* 56 (1992), 231ff. Dadurch kann leicht der Eindruck entstehen, als wäre Duns Scotus in der Frage der Willensfreiheit ein direkter Nachfahre des Origenes oder Pelagius, der wie diese dem Menschen prinzipielle Eigenständigkeit Gott gegenüber zubilligt und deshalb eigentlich hätte verurteilt werden müssen. Auch wenn die Interpreten gewöhnlich betonen, daß die „Selbstbestimmtheit" des menschlichen Willens bei Duns Scotus immer nur eine *partielle* und regional *eingeschränkte* ist, kommt man, faßt man sie indeterministisch auf, nicht umhin, ihm wenigstens eine semipelagianische Position (Anm. 153) zu unterstellen, belegt z.B. durch die einschlägige, ganz auf eine (für diese Deutung offene) Pariser Vorlesungsnachschrift von 1302/03 gestützte Interpretation von A. B. Wolter: *The Philosophical*

Theology of John Duns Scotus, Ithaca/N.Y. 1990, 323–333 (ähnlich auch E. Dekker: *Does Duns Scotus Need Molina? On Divine Foreknowledge and Co-causality*, in: Bos 1998, 106ff.). Wie abwegig das jedoch wäre, hat nicht erst die neuere Forschung aufgedeckt (zum scheinbaren Indeterminismus bei Duns Scotus speziell etwa Sylwanowicz 1996, 193f. 200). Es wurde auch früher schon klar gesehen, prominent z.B. in Luis de Molinas unten (S. 109f., Anm. 167) referierter harscher Kritik an Duns Scotus als theologischem Deterministen, sowie bei F. Suarez: *Disputationes metaphysicae [= Metaphysische Disputationen]*, Salamanca 1597, d.19: 3. 19. In dieser Pauschalität sind solche Kritiken freilich ihrerseits dazu angetan, Mißverständnisse in der entgegengesetzten Richtung heraufzubeschwören.

Daß die grundsätzliche *Unterordnung* auch des „selbstbestimmt freien" menschlichen Wollens unter den alles umfassenden Willen Gottes bei Duns Scotus leicht übersehen wird, liegt nicht nur daran, daß vor allem außenstehende Rezipienten (was oft geschieht, vgl. unten S. 112ff.) sich um den genauen Sinn und den Kontext der theologischen Rede vom „freien Willen" (u.ä.) generell wenig kümmern, sondern auch am verlorenen Bewußtsein vieler Leser für zwei speziellere Interpretationsprobleme, die ein adäquates Verständnis erschweren:

Zum einen wirft *jede* Rede von einem „selbstbestimmten Wollen", gleichgültig wie beschränkt sie ist, die kritische Anschlußfrage auf, wie sie sich mit der (theologisch unbezweifelbaren und auch von Duns Scotus nicht angezweifelten) Annahme eines umfassend weltbestimmenden Willens Gottes *vereinbaren* läßt. Eine *Tendenz*, diese Frage *nicht* konsequent zu verfolgen, gibt es schon bei Duns Scotus selbst (vgl. Wolter 1990, 330. 333; Sylwanowicz 1996, 195. 199. 203. 211f.) und trägt gewiß nicht zur Klarheit seiner Position bei. Ignoriert man sie *völlig* (wie manifest z.B. Söder 1999 [Anm. 124], 85ff. 107. 111–114. 124. 175. 208f.), werden starke Freiheitsdeutungen zwar erleichtert, führen aber zu keiner schlüssigen Interpretation, da das Konsistenzproblem ungelöst bleibt. Und daß dieses Problem ohne gravierende Beschränkungen des Schöpfungs- und Allmachtsgedankens auf indeterministischer Basis lösbar sein könnte, ist kaum zu sehen (vgl. S. 99ff., 106, Anm. 129–130).

Zum anderen ergeben sich Mißverständnisse, wenn man die *Pluralität* der relevanten Begriffe von „Notwendigkeit" oder „Möglichkeit" bzw. „Können" außer Betracht läßt (dazu im zweiten Band, Kap. I, 3; vgl. auch Seebaß 2006 [Anm. 1], 131 A. 5, 169f.). Wenn Duns Scotus sagt, daß der menschliche Wille sich ebenso wie der göttliche nicht nur zu verschiedenen Zeiten, sondern im selben Moment, in dem er sich auf ein bestimmtes Wollen festlegt, auch auf das gegenteilige Wollen festlegen könnte (vgl. Söder 1999, 92ff. 101f. 116–121. 124), kann das leicht so verstanden werden, als gelte der Wille als momentan absolut indeterminiert. Macht man sich jedoch klar, daß er hier (ähnlich wie später Leibniz) mit „können" nicht mehr meint als die *logische* Möglichkeit, die schon dann gesichert ist, wenn sich das Gegenteil widerspruchsfrei denken läßt (Söder, a.a.O.; Incandela 1992, 248f., vgl. auch Seebaß 2006, 152f. 219f.), erweist sich die scheinbar starke Behauptung als äußerst schwach und ziemlich trivial. Logisch notwendig ist in der raumzeitlichen Welt eben so gut wie nichts, was praktisch oder volitiv von Bedeutung wäre. Aber natürlich heißt das nicht, daß das logisch Mögliche in einem *anderen* Sinne nicht sehr wohl *notwendig* sein kann. Und das könnte zweifellos auch auf das menschliche Wollen zutreffen, wenn es sich so vollzieht, wie es der („nachfolgende") Wille Gottes bestimmt.

159 Vgl. H. A. Oberman: *Spätscholastik und Reformation*, Bd. I, Zürich 1965, Kap. 3–I, 5–II, 6–II, 7–I, und McSorley 1967 [Anm. 67], 192–206. Der kritische Punkt ist auch hier, daß der Schöpfungsgedanke und das Wissen Gottes um die noch ausstehenden freien Entscheidungen des Menschen aufrechterhalten bleiben. Nach Biel gibt es keine menschliche Handlung, an der Gott nicht mitwirken müßte, auch wenn sie auf einer indeterminierten Willensentscheidung beruht (vgl. Oberman 1967, 166 A. 97). Von einer *direkten* Kontrolle nach dem „Verwirklichungsmodell", das viele Theologen beim guten Handeln heranziehen (S. 96 Anm. 97), kann man nur deshalb nicht sprechen, weil sich Gott bei der Schöpfung ein für allemal darauf festgelegt hat, seine Mitwirkung nicht zu versagen (a.a.O., 64 A. 24). Doch geschah auch dies, wie der gesamte Schöpfungsakt, in voller Kenntnis der Weltentwicklung, einschließlich der nicht determinierten, freien Entscheidungen des Menschen (a.a.O., 165. 180ff.). *Indirekt* also scheint sich der Wille auch hier als göttlich kontrolliert zu erweisen. Bei der Diskussion von Ockhams eigener Position und der Position Molinas im zweiten Band wird das noch deutlicher werden (vgl. Anm. 95).

160 Vgl. dazu McSorley 1967 [Anm. 67], 177–184. 186–192, und Korolec 1982 [Anm. 98], 640, der auch die positive Überzeugung mancher Theologen (Thomas Bradwardine, Robert Holkot, Thomas Buckingham) belegt, daß die Willenskontrolle durch Gott umfassend ist (zu Bradwardine detaillierter auch Sylwanowicz 1996 [Anm. 158], 210–219).

161 Bibliographische Daten in Anm. 13. Die Charakterisierung des menschlichen Willens als „servum arbitrium" fand Luther schon bei Augustin (Anm. 90), den er deshalb auch immer wieder als Kronzeugen anführt. Er selbst verneint nicht nur die Willensfreiheit im allgemeinen, sondern auch die menschliche Fähigkeit zu eigenständigem Überlegen und Entscheiden, wobei er auch nicht vor einer positiven Charakterisierung des Wollens als „notwendig" zurückschreckt. Auch außerhalb seiner Hauptschrift hat Luther diese Lehre immer wieder vertreten. Sie findet sich an diversen und theologisch z.T. ebenfalls besonders exponierten Stellen, von der *Römerbriefvorlesung* von 1515/16 an (zit. nach der dt. Übersetzung in: *Luther deutsch*, ed. K. Aland, Bd. I, Stuttgart/Göttingen 1969, 107–262, vgl. bes. 199f., 206ff.) über die diversen nachfolgenden Streitschriften und Disputationen (vgl. z.B. *Studienausgabe* [Anm. 13], Bd. I, 8f.

20f. 46f. 64f. 194–211) bis hin zur *Disputatio de homine* von 1536, zit. nach der zweispr. kommentierten Edition von G. Ebeling: *Lutherstudien*, Bd. II/1, Tübingen 1977, 15–24, vgl. bes. die Thesen 18, 29 und 30. Weitere Belege findet man bei Ebeling, a.a.O., Bd. I (1971), 315. 318–322; Bd. II/3 (1989), 352; Ebeling 1964 [Anm. 120], 245ff., und McSorley 1967 [Anm. 67], Kapp. 8 und 10. Im Kontext der *Heidelberger Disputation* von 1518 hat Luther erstmals auch die Formeln vom freien Willen als „bloßem Wort" und „Fiktion" („res de solo titulo", „titulus sine re", „figmentum") verwendet (vgl. *Werke*, Weimar 1883ff., Bd. VII, 146/3–8; *Studienausgabe* [Anm. 13], Bd. I, 46f. 64f. 194f. 200–203), die 1520 von Papst Leo X. und 1547 vom Trienter Konzil förmlich verurteilt wurden (vgl. Denzinger [37]1991 [Anm. 154], Rn. 1486. 1555).

Luthers Rede von der „Versklavung" des Willens ist teilweise wörtlich gemeint. So wandelt er Platons (*Phaidros* 246a–b, 253cff.) bekannten Vergleich der Seele mit einem Pferdegespann, dessen *zwei* Rosse nach gegensätzlichen Seiten (zum Guten und Schlechten) streben und das von *einem* Lenker (der Vernunft) gebändigt werden muß, dahingehend ab, daß der Wille des Menschen einem *einzelnen* Pferde gleiche, das von *zwei* Reitern (Gott und Teufel) gegensätzlich gelenkt werden kann: „Und es liegt nicht an seinem Willensvermögen zu einem von beiden Reitern zu laufen oder ihn zu suchen. Vielmehr streiten die Reiter selbst darum, es in Besitz zu nehmen und in Besitz zu behalten." (*SA* [Anm. 13], 290f.; vgl. 560–563). Nicht wesentlich anders wird das Reiterbild auch von Calvin verwendet (*CRI* II: 4, 1 [Anm. 98], 178), bei dem sich zugleich (in II: 2, 3, a.a.O., 143) ein Hinweis auf das Platonische Urbild findet. In der christlichen Theologie hat der Vergleich eine längere Tradition, meist allerdings in einer Form, in welcher der menschliche Wille nicht als unfrei, sondern als frei und relativ eigenständig gegenüber dem Willen des Reiters dargestellt wird (vgl. McSorley 1967 [Anm. 67], 309–313).

162 Verneint wird im Luthertum speziell die freie Entscheidung zu *geistlichen Taten*, die den Menschen vor Gott gerecht machen. *Alltagsentscheidungen* dagegen werden relativ unbekümmert als „frei" oder „willensfrei" eingestuft. Auch Luther selbst hat sich z.T. in diesem Sinne geäußert, allerdings nur in Nebenbemerkungen und unter sofortiger Hinzufügung, daß auch solche Entscheidungen letztlich durch Gottes Willen regiert werden (*SA* [Anm. 13], 296f. 566–569. 642–645). Die Lehrschriften der Lutherischen Kirchen dagegen, die nicht von Luther verfaßt sind, haben hier förmlich differenziert. Zwar wird die Willensfreiheit in geistlichen Dingen weiterhin abgelehnt, in weltlichen („äußerlichen", „der Vernunft unterworfenen") Dingen aber bejaht, nachzulesen in: *Die Bekenntnisschriften der evangelisch-lutherischen Kirche*, Göttingen [11]1992, 73f. 311f. 868f. 879. 882. 885f. 892. 902f.

Die Problematik einer solchen Differenzierung liegt auf der Hand. Sie wirft einmal mehr die Frage der göttlichen Allmacht auf und führt in unlösbare praktische Abgrenzungsprobleme. Das zeigt sich exemplarisch an einer Inkonsistenz der Texte selbst: Das „Hören des Wortes Gottes" *selbst* wird als notwendige Bedingung für den nicht willensfreien Empfang der göttlichen Gnade aufgefaßt (a.a.O., 777. 779. 891ff. 905 u.a.). Die *Kontaktaufnahme* mit diesem Wort, also Kirchenbesuch und Bibellektüre, werden jedoch dem freien Willen des Menschen zugeschrieben, der in „äußerlichen Dingen" anerkannt wird (a.a.O. 892–894. 901. 906). Aus beidem aber folgt logisch jener (semipelagianische, Anm. 153) geistliche Synergismus, der für das Luthertum, wie für die gesamte Kirche, eigentlich unannehmbar ist und der an anderen Stellen natürlich auch in den Lehrschriften ausdrücklich abgelehnt wird (a.a.O., 778f. 903f. u.ö.). Luthers Zurückhaltung in der Frage der „äußeren" Willensfreiheit war also theologisch wohlbegründet.

163 So hat Zwingli die Verteidigung des „liberum arbitrium", wie sie Erasmus (Anm. 13) unternommen hatte, einfach als „Halluzination" apostrophiert und dies an anderer Stelle ausdrücklich damit begründet, daß alles Sein, Leben, Tun, Verstehen und Überlegen nicht aus der freien Planung des Menschen („libera humana consultatio") entspringe, sondern allein aus der omnipräsenten Kraft Gottes (vgl. *Corpus Reformatorum*, Bd. 93, Teil 3, Zürich 1983, 154/16–19 und 164/11–14).

164 Vgl. schon oben Anm. 98, 100 und 115, sowie zur Kontrolle Gottes über den menschlichen Willen und zur entsprechenden Verneinung der Willensfreiheit *ADP* [Anm. 98], 24ff. 34. 57. 86. 117. 120–124, und ausführlich vor allem *CRI* I: 16–18; II: 1–5; III: 21–24 [Anm. 98], 104–199, 615–664. In konträrem Gegensatz zur Ursprungshypothese, die in diesem Kapitel zur Diskussion steht (S. 82ff., 89), vertritt Calvin die Auffassung, daß die patristische Theologie den Begriff der Willensfreiheit von der *Philosophie* übernommen hat, was zumindest im Blick auf Origenes durchaus einleuchtet (vgl. S. 108, Anm. 150–151). Als Gründe nennt Calvin teils die Furcht vor einem moralisch bedenklichen Quietismus, teils aber auch das Bestreben, „nur ja nicht etwa mit dem klaren Bekenntnis des gänzlichen menschlichen Unvermögens das Gelächter der Philosophen zu erregen" (*CRI*, 144). Calvin betrachtet dies, speziell im Blick auf Johannes Chrysostomus (vgl. S. 93 Anm. 89), als theologisch verhängnisvolle Nachgiebigkeit. Er hält schon den lateinischen Terminus „liberum arbitrium" und noch mehr den griechischen Terminus „autexūsion" (S. 83) für gefährlich, da sie den Gedanken an eine selbständige, nicht von Gott kontrollierte Entscheidung für Gut oder Böse nahelegen (*CRI*, 143f., 145–149). Dabei schließt er mit Augustin (Anm. 90) auch das theologisch indifferente *alltägliche Wollen* ein (*CRI*, 146, 181f.). Die hier differenzierende Tradition, die Calvin sogar bis auf den Augustinianer Prosper Aquitanus (~390–455, vgl. *De vocatione gentium [= Über die Berufung der Heiden]* I, 4–8) zurückführt, wird dementsprechend verworfen. Konsequenter also als Luther selbst und allemal als die Lutherischen Lehrschriften (Anm. 162) ist Calvin ein Verfechter des „servum arbitrium".

165 J. Edwards: *A Careful and Strict Enquiry into the Modern Prevailing Notions of that Freedom of Will, Which is Supposed to be Essential to Moral Agency, Vertue and Vice, Reward and Punishment, Praise and Blame*, Boston 1754, Repr. [ders.:] *Freedom of the Will*, ed. P. Ramsey, New Haven/London 1957. Leichter zugänglich als diese wissenschaftliche Standardausgabe ist die um einige philosophisch unwesentliche Passagen gekürzte Ausgabe von A. S. Kaufman und W. K. Frankena: [ders.:] *Freedom of the Will*, Indianapolis/New York 1969.

166 Ein Beispiel aus der Reformationszeit wurde schon in Anm. 162 benannt. Größeren Einfluß innerhalb der Reformierten Kirchen gewannen nach 1600 vor allem die sogenannten „*Remonstranten*" oder „*Arminianer*", benannt nach dem niederländischen Theologen Jacobus Arminius (1560–1609). Dieser vertrat eine semipelagianische Gnadentheorie (vgl. die Zitate bei Mahlmann 1997 [Anm. 100], 130f.), die programmatische Schrift „*Remonstratie*" von 1610 sogar (wie das gegenreformatorische Konzil von Trient, vgl. Anm. 168–169) die These von der freien Ablehnbarkeit der göttlichen Gnade. Der orthodoxe Calvinismus hat diese Position auf der Synode von Dordrecht (1618–1619) scharf verurteilt. Doch blieb die Bewegung besonders in Holland, England und Nordamerika anhaltend lebendig und war der theologische Hauptadressat von Jonathan Edwards' Kritik. In Deutschland hatten vergleichbare, offen synergistische und pelagianisierende Positionen vor allem im 19. Jh. Konjunktur, belegt z.B. bei Schleiermacher: *LE* [Anm. 131], 161f., und Mahlmann 1997, 144f.

167 L. de Molina: *Liberi arbitrii cum gratiae donis, divina praescientia, providentia, praedestinatione, et reprobatione, concordia [= Vereinbarkeit des freien Willens mit den Gnadengaben, dem göttlichen Vorauswissen, der Vorsehung, Prädestination und Verdammung]*, Lissabon 1588, 2. Aufl. Antwerpen 1595. Die für unsere Fragestellung besonders wichtigen *disputationes [= Auseinandersetzungen]* 47–53 werden im folgenden zit. nach der engl. Übersetzung [A. Freddoso]: *On Divine Foreknowledge*, Ithaca/N.Y. 1988. Die angeführte Kritik an Duns Scotus und Bañez findet sich in disp. 50 (bei Freddoso pp. 130–144). Auf Molinas Freiheitsbegriff und dessen beanspruchte Vereinbarkeit mit dem Vorauswissen und der universalen Vorsehung Gottes wird im zweiten Band näher eingegangen (vgl. Anm. 95 und 150).

168 Vgl. das Dekret Pauls V. vom 28. 1. 1607 und vor allem seine erläuternde Ansprache vom 26. 7. 1611, zit. bei Denzinger [37]1991 [Anm. 154], Rn. 1997–1997a. Die Distanzierung zumindest vom *Semipelagianismus* fällt sachlich allerdings nicht sonderlich überzeugend aus (vgl. Anm. 153). Denn die Texte des Konzils von Trient, auf die Paul V. sich hier beruft (vgl. Denzinger, Rn. 1520–1583, bes. 1525, 1554, 1559), legen denselben geistlichen Synergismus zugrunde, der ungewollt sogar in die Lutherischen Bekenntnisschriften eingedrungen ist (Anm. 162). Der Kurzschluß ist leicht erklärlich. Beidemal haben die Autoren eine ver-

gleichsweise unbedeutende, aber gleichwohl notwendige *Teilbedingung* auf seiten des Menschen, nämlich seine eigene freie Annahme oder Ablehnung der von Gott kommenden Gnade, großzügig zu einer *Nichtbedingung* gemacht (vgl. S. 53f.).

Derselbe Kurzschluß liegt auch vielen späteren Lösungsversuchen zugrunde, z.B. den ingeniösen Konstruktionen, mit denen Nicole Malebranche (1638–1715) versuchte, die Vorgaben des Tridentinums begrifflich nachvollziehbar zu machen, detailliert referiert in R. Sleigh / V. Chappell / M. della Rocca: *Determinism and Human Freedom*, in: *The Cambridge History of Seventeenth Century Philosophy*, edd. D. Garber / M. Ayers, vol. II, Cambridge 1998, 1236ff. Ein interessantes Beispiel aus jüngerer Zeit liefert E. Stump: *Sanctification, Hardening of the Heart, and Frankfurt's Concept of Free Will*, in: *The Journal of Philosophy* 85 (1988), 395–420. Die Autorin versucht, die theologische Rede von der „Heiligung" bzw. „Verhärtung" des menschlichen Willens durch Gott (vgl. S. 106 Anm. 135) dadurch zu entschärfen, daß sie sie auf den Prozeß der „höherstufigen" Willensbildung im Sinne von H. Frankfurt bezieht (1988 [Anm. 150], ch. 2; vgl. auch Seebaß 2006 [Anm. 1], 123–125, A. 30–35). Ihre Distanzierung vom kompletten *Pelagianismus* (a.a.O., 414) ist dabei ohne weiteres nachzuvollziehen. Sie übersieht bzw. übergeht jedoch vollständig, daß analoge *semipelagianische* Konsequenzen unausweichlich sind, wenn man den originären Willen des Menschen, sei es auch nur auf einer nicht unmittelbar handlungswirksamen höheren Stufe, als prinzipiell eigenständig gegenüber dem göttlichen Einfluß darstellt.

169 Mit Jansenismus wird eine innerkatholische, antijesuitische Reformbewegung in Belgien und Frankreich bezeichnet, die vor allem in der 2. Hälfte des 17. Jhs. einflußreich war. Namensgeber ist der Löwener Theologieprofessor und Bischof von Ypern Cornelius Jansen (1585–1638), dessen Hauptwerk: *Augustinus seu doctrina sancti Augustini de humanae naturae sanitate, aegritudine, medicina adversus Pelagianos et Massilienses [= Augustin oder Die Lehre des heiligen Augustin über Gesundheit, Krankheit und Heilung der menschlichen Natur, gegen die Pelagianer und Semipelagianer]*, Löwen 1640, 3 Bde., den theologischen Ausgangspunkt lieferte. Das geistige Zentrum der Bewegung bildete das Kloster Port Royal bei bzw. in Paris, das vor allem durch Antoine Arnauld (1612–1694) auch philosophisch einflußreich wurde. Die Jansenisten wurden ab 1642 kirchlich und später auch staatlich verfolgt, mit zunehmender Schärfe und Gewaltsamkeit. Arnauld emigrierte 1685, Port Royal wurde 1709/10 zwangsaufgelöst und zerstört.

Jansen (vgl. *Augustinus*, a.a.O., vol. III, capp. 1–6) folgt Augustin (Anm. 90) in der Annahme, daß die Rede vom „freien Willen" mit dessen vollständiger Kontrolle durch Gott vereinbar ist. Die Berufung auf Augustin spielt dabei eine ähnlich grundlegende, programmatische Rolle wie bei den Reformatoren (Anm. 161, 164). Deshalb wurden die Jansenisten vom orthodoxen Katholizismus nicht allein der häretischen Nähe zu diesen bzw. zu dem schon 1567 und 1578 aus ähnlichen Gründen verurteilten katholischen Theologen Michael Bajus (1513–

1598) verdächtigt. Vielmehr gehört zu den zahlreichen jansenistischen Sätzen, die förmlich verurteilt wurden, auch die These von der höheren theologischen Autorität Augustins gegenüber den päpstlichen Verlautbarungen (vgl. Denzinger [37]1991 [Anm. 154], Rn. 2330). Diese Frontstellung hat einen kirchenpolitischen, aber auch einen dogmatischen Hintergrund. Kontrovers war vor allem die Frage, ob der Mensch nach dem Sündenfall frei sei, die auf ihn einwirkende göttliche Gnade selbständig *abzulehnen* (vgl. Anm. 153). Die katholische Kirche hatte dies 1547 auf dem Konzil von Trient, im Gegenzug gegen die Reformation, ausdrücklich bejaht (Denzinger [37]1991, Rn. 1525. 1554. 1997a, vgl. Anm. 168). Entsprechend wurde die jansenistische Verneinung der Frage verurteilt (Denzinger, a.a.O., Rn. 1004. 2410–2421). Dabei erhob die Kirche den Anspruch der ungebrochenen Fortschreibung der Tradition, einschließlich des formell auch für sie unantastbaren Kirchenvaters Augustin.

Tatsächlich finden sich auch bei Augustin Aussagen der Art, daß die Zustimmung oder Ablehnung der Gnade „Sache des eigenen Willens" („in potestate propriae voluntatis" u.ä.) sei, so z.B. in *Expositio quarundam propositionum ex Epistola Apostoli ad Romanos [= Erläuterung einiger Sätze aus dem Brief des Apostels an die Römer]* (394–395), prop. 44, in: *Patrologia Latina*, ed. J. P. Migne, vol. XXXV, Paris 1841, 2071, sowie in *De spiritu et littera [= Über den Geist und den Buchstaben]* (412) XXXIV, 60, zit. nach der dt. Übersetzung [A. Forster] Paderborn 1968 [abgek. *SL*], 121f. Doch machen der Kontext (vgl. *SL* III, 5, a.a.O., 11) und vor allem Augustins positive Explikation seiner Rede von der „Macht des freien Willens" (vgl. Anm. 90, sowie Seebaß 2006 [Anm. 1], 175f.; 214 A. 60–61) unmißverständlich klar, daß damit keineswegs eine Fähigkeit zu Entscheidungen gemeint ist, die der göttlichen Kontrolle entzogen sind. Es ist deshalb nicht überraschend, daß die Lehre von der selbständigen Zustimmung zur Gnade an anderen Stellen von Augustin ausdrücklich verworfen wird, z.B. in *DS* I, 2,12, [Anm. 104], 187. Schließlich war Augustin der Stammvater der Rede vom „servum arbitrium" (Anm. 90, 161). Daß die offizielle katholische Lehre nicht nur mit dem reformatorischen oder jansenistischen Augustinismus, sondern mit Augustin selbst in Konflikt geriet, hat die Theologie zwar bemerkt, aber immer wieder verdrängt, bis hin zu Versuchen, dogmatisch unpassende Textstellen dieses Kirchenlehrers unter der Hand zu verändern (vgl. dazu Flasch 1991 [Anm. 155], 26f.).

170 Letzteres läßt sich, so plausibel es *vortheoretisch* zweifellos ist, an dieser Stelle nur mit Vorbehalt sagen, da sich *theoretisch* durchaus gravierende Einwände gegen die Haltbarkeit dieses Selbstverständnisses vorbringen lassen. Bei der systematischen Diskussion der Willensfreiheit (im dritten Band) wird diese hier ungeprüft zugrunde gelegte Auffassung deshalb weiter zu spezifizieren und eingehend zu prüfen sein (vgl. auch Seebaß 2006 [Anm. 1], Aufsatz 8, Abschnitte 4 und 13–17).

171 Trotz ihrer vehementen Distanzierung vom alttestamentlichen „Gesetz“ hat auch die christliche Theologie, beginnend schon im Neuen Testament selbst (z.B. in der „Bergpredigt“ *Matthäus* 5–7 parr. und in relevanten Passagen der Paulinischen Briefe, vgl. bes. *Römer* 12/1ff. und *Galater* 5/1ff.), keineswegs darauf verzichtet, Normen zu formulieren, an denen die Gläubigen ihr Verhalten ausrichten sollen. Zahllose moraltheologische Schriften und dogmatische Stellungnahmen dokumentieren das, nicht nur in der katholischen, sondern auch in den protestantischen Kirchen, die in puncto „Gesetzlichkeit“ besonders empfindlich sind (vgl. die relevanten Registereinträge bei Denzinger [37]1991 [Anm. 154], 1475ff., in den lutherischen *Bekenntnisschriften* [Anm. 162], 1160ff. und Müller 1987 [Anm. 115], 947ff.).

Normative Ansprüche setzen (wie früher dargelegt, S. 37f.) implizit oder explizit voraus, daß die Adressaten sich bis zum gewissen Grad frei für oder gegen die Normenbefolgung entscheiden können, lassen den Sinn des zugrunde liegenden Freiheitsbegriffs aber gewöhnlich unbestimmt. Ob stärkere oder gar indeterministische Willensfreiheitsvorstellungen mit ihnen verbunden sind, ist keineswegs sicher und oft genug mehr als zweifelhaft, teilweise sogar mit Sicherheit auszuschließen. Das gilt, wie wir sahen, schon für die biblischen Gebote selbst, auch wenn diese oft als Beleg für den „freien Willen“ des Menschen angeführt wurden (vgl. S. 107 Anm. 144, S. 108 Anm. 151). Und es gilt allemal dort, wo normative Passagen in theologischen Texten auftreten, die stärkere Willensfreiheitsannahmen an anderer Stelle ausdrücklich verwerfen, wie z.B. die *Canones* der Dordrechter Synode von 1619 (vgl. Müller, a.a.O., 845f., dt. Übers. bei Hirsch [4]1964 [Anm. 115], 376f.), deren Hauptanliegen es gerade war, die radikale Prädestinationslehre Calvins zu bekräftigen (S. 109 Anm. 166).

172 Letzteres gilt vor allem für die protestantische und hier speziell die reformierte Theologie, belegt z.B. durch J. Wolleb (vgl. Hirsch [4]1964 [Anm. 115], 398) und weitere relevante Dokumente aus diesem Kontext (vgl. Müller 1987 [Anm. 115], 380. 564. 917). So konnte Hobbes (*LNC* [Anm. 115], 298f.) seinem anglikanischen Kontrahenten Bramhall, neben dem obligatorischen Hinweis auf Augustin, eine ganze Liste von Aussagen prominenter protestantischer Theologen vorlegen, die die Notwendigkeit bzw. Determiniertheit allen Geschehens durch Gott genauso vertreten wie die „Freiheit des Willens“ beim Menschen. Eine ähnliche Liste findet sich auch bei Leibniz: *Elements de Reponse a Jablonski* (1698), zit. nach: G. Grua (ed.): *Textes Inédits*, Paris 1948, vol. I, 419f. [abgek. *ERJ*]. Weitere Belege und eine kritische Würdigung, die auch die Differenzen zwischen lutherischer und reformierter Theologie einbezieht, findet man bei Barth: *KD* [Anm. 98], Bd. III/3, [2]1961, 164f.

Noch bemerkenswerter ist die Position Gottschalks (S. 108, Anm. 155). Denn trotz seines kompromißlosen Prädestinationismus, hat auch er die verbale Rede vom „freien Willen“ („liberum arbitrium“) nicht aufgegeben. Nur versteht er darunter keine aktive Fähigkeit mehr, sondern das völlig passive Vermögen des Menschen, durch Gott auf der einen und schlechte menschliche Motive auf der anderen Seite (ähnlich wie später in Luthers und Calvins Bild vom Reiter, Anm. 161) in entgegengesetzte Richtungen, d.h. zum Heil oder Unheil, gelenkt zu werden, nachzulesen bei D. C. Lambot (ed.): *Oeuvres Théologiques et Grammaticales de Godescalc d'Orbais*, Louvain 1945, 146.

173 Das prominenteste Beispiel dafür ist Augustin, dessen scheinbar widersprüchliche Äußerungen zur „Willensfreiheit" viele Interpreten verwirrt haben (vgl. Anm. 90 und 169). Eine markante direkte Nebeneinanderstellung von Willensunfreiheit („voluntas serva") und Willensfreiheit („liberum arbitrium") findet sich auch in der reformierten *Confessio helvetica posterior* (1562), cap. IX (vgl. Müller 1987 [Anm. 115], 179).

174 Zwei prominente Beispiele hierfür sind einmal mehr Augustin (vgl. *GLA* II, 2. 4; IX, 21; XVIII, 37 [Anm. 90], 79f. 111. 137) sowie Thomas von Aquin: *V* q.24 a.14 ad 1 [Anm. 100], Bd. II, 287; *SG* III, 73 [Anm. 100], Bd. III/1, 312–317; *Quaestiones disputatae de malo [= Untersuchungen über das Übel]* (1269–1272) q.6, zit. nach der dt. Übersetzung [P. Wehbrink] in: [ders.:] *Die menschliche Willensfreiheit*, ed. G. Siewerth, Düsseldorf 1954, 146; *STh* I: q.22 a.2, q.83 a.1 [Anm. 29] Bd. II, 223f., Bd. VI, 236f.

175 Pelagianische bzw. semipelagianische Konsequenzen (Anm. 153) sind zumindest dann unausweichlich, wenn freie Willensentscheidungen, die der Kontrolle Gottes entzogen sind, nicht asymmetrisch auf solche Alternativen eingeschränkt werden, die *schlecht* oder moralisch *indifferent* sind, so daß persönliche Verdienste von vornherein ausscheiden. Theoretisch ist eine solche Einschränkung zwar denkbar und theologisch durchaus erwägenswert (vgl. S. 96 Anm. 97, S. 100 Anm. 112), praktisch aber kaum durchzuhalten, auch wenn dies oft übersehen wird (vgl. Anm. 153. 162. 168).

176 Vgl. zur Definition des „liberum arbitrium" *Sententiae* [Anm. 97], II: d.24 c.3, d.25 c.1, und zur nachfolgenden Einschränkung d.25 c.4 cc.8–9.

177 Für viele Theologen des Früh- und Hochmittelalters, die diese Frage erörtern, dürfte gelten, was Seeberg ([4]1930 [Anm. 156], 394) mit speziellem Bezug auf Alexander von Hales (~1185–1245) und Bonaventura (1221–1274) konstatiert, daß nämlich „das Verständnis der Gedanken oft sehr erschwert" wird, weil die Autoren „nicht immer deutlich" machen, daß es sich bei der von ihnen gemeinten Freiheit des Menschen „nur um ein psychologisches Faktum handelt", sondern sich im „Eifer der Rede" so ausdrücken, „als handelte es sich um eine objektive metaphysische Realität".

178 Vgl. Anm. 67, sowie zur Kritik V. I. Bourke: *Will in Western Thought*, New York 1964, chs. III–IV, und vor allem Saarinen 1994 [Anm. 43].

179 Eingehend dokumentiert ist dies z.B. bei Seeberg [4]1930 [Anm. 156], 461. 463. 467. 469. 481f. Zu Duns Scotus speziell vgl. oben S. 108 Anm. 158.

180 Vgl. *Chartularium Universitatis Parisiensis*, edd. H. Denifle / A. Chatelain, Bd. I, Paris 1899, Repr. Brüssel 1964, 544–553. Relevante Textauszüge dieser Verurteilung sind übersetzt bei Flasch 1994 [Anm. 44], 358–362.

181 Vgl. oben S. 109, Anm. 159. Der einschlägige historische Überblick von Korolec 1982 [Anm. 98] z.B. enthält jedoch bezeichnenderweise keinerlei Hinweise auf einen positiv vertretenen indeterministischen Begriff der Willensfreiheit.

182 Leibniz: *ERJ* [Anm. 172], 418ff.; *TH* [Anm. 65], Vorrede; ders.: Brief an P. Coste 19. 12. 1707, in: *Die philosophischen Schriften von Gottfried Wilhelm Leibniz*, ed. C. J. Gerhardt, Berlin 1887, Repr. Hildesheim 1978, Bd. III, 400; Schopenhauer: *WW* § 70 [Anm. 116], Bd. II, 500ff.; *FW* [Anm. 59], 102f. 105f. 107f. 114. Auch die Darstellung von Gomperz 1907 [Anm. 85], 21ff., zeichnet die Grundlinien richtig.

183 Zitate aus Hobbes: *LNC* [Anm. 115], 1f., Übersetzung G. S. Hobbes' Argumente für die Sinnlosigkeit der Rede vom „freien Willen", die sich z.T. mit ähnlichen Argumenten anderer Autoren decken, werden bei der systematischen Erörterung des Willensfreiheitsbegriffs (im dritten Band) kritisch geprüft und als sachlich unüberzeugend zurückgewiesen (vgl. auch Seebaß 2006 [Anm. 1], 123f. A. 33–34, 178 A. 26, 214f. A. 62).

184 Vgl. oben S. 106f., Anm. 132–146. Zur hebräischen Rede vom Willen in der Bibel vgl. H. W. Wolff: *Anthropologie des Alten Testaments*, München 1973, §§ 4.6, 5.5, zur griechischen die einschlägigen Artikel im *Theologischen Wörterbuch zum Neuen Testament*, edd. G. Kittel / G. Friedrich, Stuttgart 1933ff., Bd. I, 628ff; Bd. III, 43ff.

185 Vgl. oben S. 82–84, Anm. 66–70. Die Hinfälligkeit des Spracharguments, wird sich anschließend (Abschnitt 5) auch von der Seite der griechisch-römischen Literatur her bestätigen.

186 Näheres dazu in Abschnitt 5, bes. S. 123–127. Mißverständlich ist nur Hobbes' Wortwahl, speziell bei der Rede vom „Zufall". Denn das von ihm gebrauchte Wort „chance" läßt an „blinde Zufälligkeit" denken, wie sie durch Glücksspiele oder für uns noch deutlicher durch das Phänomen des Atomzer-

falls exemplifiziert wird. Doch diese Form der Zufälligkeit ist nicht erschöpfend und war auch nur ein Nebenaspekt der antiken Diskussion. Zentral ging es um einen wesentlich weiter gefaßten Zufallsbegriff, der auch Phänomene einschließt, wie das zufällige Zusammentreffen zweier Personen auf dem Markt oder den Zufallsfund eines vergrabenen Schatzes, belegt z.B. bei Aristoteles: *EN* [Anm. 11] III, 5: 1112a27, und ders.: *Physikē akróasis [= Physik,* abgek. *P]*, II, 4: 196a1ff. Dieser Begriff, den die philosophische Fachsprache als „Kontingenz" (lat. „contingentia", engl. „contingency") bezeichnet, wird zwar sehr oft, vor allem von Gegnern indeterministischer Freiheitskonzeptionen, mit der „blinden Zufälligkeit" gleichgesetzt, darf aber keinesfalls mit ihr verwechselt werden (vgl. Seebaß 2006 [Anm. 1], 245). Er wird im zweiten Band, Kap. I, 3, näher erläutert.

187 In der jüdischen Literatur kommt Philon als früheste Quelle in Betracht, in der christlichen erst die Kirchenväter des 2. Jhs. (vgl. S. 92f., 107f., mit Anmerkungen). Hier dürfte Tertullian (*De exhortatione castitatis* [Anm. 89], cap. 2) der erste lateinisch schreibende Autor gewesen sein, der explizit von der „Freiheit des Willens" („voluntatis libertas") redet. In der römischen Literatur dagegen ist die Rede vom „freien Willen" („libera voluntas") wesentlich früher belegt, nämlich schon im 1. Jh. v. Chr. bei Lukrez (97–55 v. Chr.): *De rerum natura [= Von der Natur der Dinge*, abgek. *RN]*, II, 256, und Cicero: *De fato [= Über das Fatum]* (44 v. Chr.) IX, 20, zit. nach der zweispr. Ausgabe von K. Bayer, München [2]1976 [abgek. *F*], 43, sowie bei dem bedeutenden Rechtsgelehrten M. Antistius Labeo (gest. 10/11 n. Chr.), zit. in den *Digesten Justinians* III: 5, 18, edd. P. Krüger / Th. Mommsen, Berlin [12]1911, Bd. I, 75. Der spätere philosophische Fachterminus „liberum arbitrium" (S. 82) ist seit Livius (gest. 17 n. Chr.) nachweisbar, vgl. *Thesaurus Linguae Latinae*, Leipzig 1900ff., Bd. II, 412f. In der griechischen Literatur kommen die Stoiker und Epikur, eventuell sogar schon Aristoteles als früheste Quellen in Betracht, jeweils weit vor jedem belegbaren Einfluß des Judentums oder Christentums (vgl. unten S. 126f. bzw. S. 126 Anm. 232).

188 Vgl. dazu Schmitt 1990 [Anm. 18], 117 und 272 A. 356, sowie das einschlägige Zitat des prominenten Altphilologen E. R. Dodds (zit. bei A. Lesky: *Göttliche und menschliche Motivation im homerischen Epos*, Heidelberg 1961, 9): „Homeric man does not possess the concept of will (which developed couriously late in Greece), and therefore cannot possess the concept of ‚free will'. That does not prevent him from distinguishing in practice between actions originated by the ego and those which he attributes to psychic intervention." Zur prinzipiellen Kritik an den zugrunde liegenden sprachtheoretischen Annahmen vgl. Seebaß 1981 [Anm. 26], bes. Kap. VIII.

189 Die griechische Mythologie liefert dafür zahllose Belege. Einschlägige Zitate aus Schriftstellern des 8.–5. Jhs. v. Chr. findet man übersetzt bei M. P. Nilsson:

Die Religion der Griechen [= *Religionsgeschichtliches Lesebuch*, ed. A. Bertholet, Bd. 4], Tübingen [2]1927, 31ff., 53ff.; E. Heitsch: *Wollen und Verwirklichen. Von Homer zu Paulus*, Mainz 1989, 5ff., und R. Garland: *Religion and the Greeks*, London 1994, 19ff.

190 Vgl. Heitsch 1989 [Anm. 189], 6. 8, und die Zitate aus Solon (~640–560) und Theognis (6. Jh. v. Chr.) bei Nilsson [2]1927 [Anm. 189], 54f. Euripides schreibt in den *Hiketides [= Die Schutzflehenden]* (424 v. Chr.), 734–736, Zeus sogar direkte Kontrolle über das menschliche Denken zu.

191 Vgl. etwa die einschlägigen Selbstbeschreibungen von David in *Psalm 139* und Odysseus bei Homer: *Ilias* X, 277–280. Eine Stelle bei Platon (*Nomoi [= Die Gesetze]*, 905a) liest sich sogar wie eine direkte Doublette zu *Psalm* 139/8–10.

192 Vgl. exemplarisch *Ilias* I, 194ff. und XXII, 214–303.

193 Vgl. etwa *Ilias* II, 5ff., VI, 234–236, IX, 17ff. 114ff., XVI, 688–691, XVII, 176–178, XVIII, 310–313; *Odyssee* II, 115ff., V, 424–437, VI, 139f., XIV, 273, XVIII, 158–162, XXI, 1ff. Weitere Stellen und Erläuterungen bei Lesky 1961 [Anm. 188], 11ff. und Schmitt 1990 [Anm. 18], 49. 72ff. Die Parallelen zu vergleichbaren Aussagen in der Bibel (S. 106, Anm. 133–136) sind unverkennbar und bemerkenswert, zumal die Homerischen Epen eine ähnlich große, vorbildhafte Bedeutung in der griechischen Kultur gewannen wie die Bibel in der jüdisch-christlichen. So ist es nicht überraschend, daß die Vorstellung von der göttlichen Kontrolle über die handlungsleitenden Gesinnungen auch bei den Tragödiendichtern des 5. Jhs. v. Chr. wiederkehrt, z.B. bei Sophokles: *Oidipūs epi Kolōnō [= Ödipus auf Kolonos]*, 371f. 421f.

194 Plutarchos von Chaironeia: *Bioi paralleloi [= Parallelbiographien]* (~105–115): *Gaios Markios [= Coriolanus]*, cap. 32, zit. nach der dt. Übers. [K. Ziegler / W. Wuhrmann]: *Von großen Griechen und Römern*, Zürich 1991, 422f.

195 Vgl. etwa die differenzierte Diskussion bei Lesky 1961 [Anm. 188], 18–44, sowie Pohlenz [5]1978/80 [Anm. 67], Bd. I, 103f., und Krämer 1977 [Anm. 66], 247. Eindringlicher noch als Lesky und in partiell kritischer Abgrenzung gegen ihn hat vor allem Schmitt (1990 [Anm. 18], 36ff., vgl. bes. 45f. und 100f.) für eine Konzeption des widerspruchsfreien, anteiligen Zusammenwirkens von Gott und Mensch bei Homer argumentiert. Schmitt zitiert Plutarch nicht, verweist aber auf eine Reihe anderer antiker Kommentatoren, die Homer ähnlich verstehen.

196 Vgl. oben Kap. II, 1.3. Die asymmetrische Zurechnungspraxis zeigt sich z.B. bei Helena in Homers *Odyssee* IV, 260–264. Weitere Belegstellen sind *Ilias*

III, 164f., XIX, 85ff. (anders IX, 109ff.), sowie bei den Tragikern Aischylos: *Hepta epi Thēbas [= Sieben gegen Theben]*, 718f.; *Agamemnōn*, 1497ff., und Euripides: *Hērakleidai [= Die Herakliden]*, 986–990; *Hippolytos stephanēphoros [= Der bekränzte Hippolytos]*, 1268ff., und *Trōades [= Die Troerinnen]*, 939ff. Wenn auch weniger klar als später bei Aristoteles (vgl. S. 42, Anm. 11), ist die Haltung der Dichter zur asymmetrischen Zurechnung ebenfalls keineswegs unkritisch.

197 Aischylos z.B. läßt in *Hepta epi Thēbas*, 1ff. den König Eteokles bittere Klage darüber führen, daß politische Mißerfolge ihm zugeschrieben werden, Erfolge dagegen den Göttern. Positiv vertreten wird die theologische Asymmetrie bei Platon: *Politeia [= Der Staat]*, 379c. Die christliche Theologie (S. 96 Anm. 97) konnte an solche Gedanken unmittelbar anknüpfen.

198 Auch in Griechenland wurde das göttliche Walten, bezogen auf die reale Verteilung der Übel in der Welt, als ungerecht empfunden, dokumentiert z.B. bei Euripides: *Hippolytos*, 1103–1109. Deshalb sollte die Güte der Götter, von der ihre moralisch-pädagogische Vorbildfunktion abhing, im Platonischen Staat (vgl. *Politeia*, 379c–380c) sogar durch ein förmliches Verbot der Lehre sichergestellt werden, daß sie „Ursache von allem" sind, einschließlich der innerweltlichen Übel. Platon, Epikur und vor allem die Stoiker haben das Theodizeeproblem relativ differenziert erörtert und eigene Lösungsvorschläge vorgelegt (vgl. S. 95f. und unten S. 123f. Anm. 216–217, S. 127 Anm. 241). Literarische Belege für die Zurückweisung menschlicher Selbstentschuldigungen findet man, korrespondierend zu den in Anm. 196 zitierten Textpassagen, bei Aischylos: *Agamemnōn*, 1505ff. und Euripides: *Trōades*, 969ff.

Die früheste und zugleich einflußreichste Quelle ist die Rede des Zeus am Anfang von Homers *Odyssee*, speziell I, 32–43. Dort wird tatsächlich (ganz im Gegensatz zur jüdischen Hiob-Geschichte, S. 97 Anm. 102–103) eine Lösung des Theodizeeproblems anvisiert, die ausschließlich auf das selbstverschuldete moralische Fehlverhalten des Menschen abstellt. Der Nachdruck, der dabei auf die Wissentlichkeit der Übeltaten gelegt wird, zeigt zugleich, daß das Verschulden des Täters offenbar schon mit den mentalen Aktivitäten beginnt, die den äußeren Handlungen vorausgehen. Eventuell läßt sich darin sogar der erste Schritt zu einer positiven Vorstellung von „freier Willensbildung" ausmachen, zumal diese Gedanken Homers in der griechischen Literatur traditionsbildend wurden (vgl. dazu W. Jaeger: *Solons Eunomie*, in: *Sitzungsberichte der preußischen Akademie der Wissenschaften*. XI, 1926, 73–77).

199 Exemplarisch dafür ist die Gestalt des Prometheus, dessen Selbstherrlichkeit gegenüber den Göttern in zeitgleichen Texten des Judentums völlig undenkbar wäre. Einschlägige Stellen aus Homer findet man (über *Odyssee* I, 32–43 hinaus, Anm. 198) bei Lesky 1961 [Anm. 188], 13–15, 33. B. Williams (*Shame*

and Necessity, Berkeley 1993, 31) hat zudem darauf aufmerksam gemacht, daß der Begriff der unbeeinflußten Entscheidung, selbst wenn er für den Homerischen Menschen unbelegt wäre, allemal in den Beschreibungen enthalten ist, die von den Entscheidungsprozessen der anthropomorphen Homerischen Götter gegeben werden. Beispiele für Entscheidungen von Individuen, die sich eigenmächtig von ihrem sozialen Kontext lösen, findet man bei Sophokles: *Antigonē*, 821f., und Euripides: *Hērakleidai*, 530f., 547–551. Weitere Belege bieten Pohlenz 1955 [Anm. 66], 59f., und Nestle 1967 [Anm. 66], 65.

200 Letzteres ist vor allem in der berühmten, traditionell dem Sophisten Kritias (gest. 404/403 v. Chr.) zugeschriebenen Erklärung enthalten, wonach die Götter als moralische Überwachungsinstanz in Situationen der Unkontrolliertheit durch andere Menschen erfunden worden seien, übersetzt bei Nilsson [2]1927 [Anm. 189], 76f., und zweispr. in: H. Diels / W. Kranz (edd.): *Die Fragmente der Vorsokratiker*, Repr. Zürich [6]1996, Bd. II, 386–388. Dieser Gedanke, der auch von Platon (*Politeia*, 365d–366b; *Nomoi*, 889d) aufgegriffen wurde, blieb in der antiken Diskussion offenbar anhaltend präsent, dokumentiert u.a. bei Cicero: *ND* I, 118 [Anm. 116], 106–109. Vgl. zum ganzen auch W. Schröder: *Moralischer Nihilismus*, 2002, 194f. und R. Müller: *Die Entdeckung der Kultur*, Düsseldorf/Zürich 2003, 97–102.

Prominentestes Beispiel für eine psychologisch begründete Entmythologisierung ist Euripides, vgl. erneut (Anm. 198) *Trōades*, 969ff., speziell 988–1009, sowie ähnlich *Hippolytos*, 373ff. im Kontrast mit 358–360 und 438ff. Vgl. dazu außerdem Theiler 1966 [Anm.105], 69, und Long [2]1986 [Anm. 105], 149f. Ob man gewisse Passagen schon bei Homer als mythologische Verkleidungen psychischer Phänomene verstehen kann, wie einige Interpreten – darunter Hegel – meinten, scheint allerdings eher zweifelhaft (vgl. Schmitt 1990 [Anm.18], 76ff. 112. 264 A. 300).

201 Vgl. Aischylos: *Choēphoroi [= Die Choephoren]*, 1009ff. und ders.: *Eumenides [= Die Eumeniden]*, 34ff., speziell 83. 175. 339f., wo Gewissensbisse explizit, wenngleich noch in mythologischer Form, als Erfahrungen verlorener Freiheit („eleutheria“, S. 82) interpretiert werden.

202 Prominente Belege dafür sind Sophokles: *Antigonē*, 821f.; Euripides: *Hekabē*, 864–867, und – schlagworthaft und besonders radikal – der Sophist Hippias bei Platon: *Protagoras*, 337c.

203 Angesprochen werden solche Situationen schon bei Homer, z.B. *Ilias* IV, 43 und I, 188ff. (vgl. dazu Schmitt 1990 [Anm. 18], 204f.), sowie Sappho (~600 v. Chr.), zit. bei Snell [6]1986 [Anm. 67], 78.

204 Die Hauptstelle aus der Tragödiendichtung, die schon im Altertum viel zitiert wurde, ist Euripides: *Mēdeia [= Medea]*, 1079f. Sie wirft spezielle philologische Probleme auf und ist vielleicht erst im 4. Jh. v. Chr. nachträglich interpoliert worden (vgl. Heitsch 1989 [Anm. 189], 16–22). Geistesgeschichtlich aber bleibt sie allemal signifikant, zumal vergleichbare andere Euripides-Stellen solche Probleme nicht aufwerfen (vgl. die Zitate in Anm. 200 und Heitsch 1989, 11 Abs. 1). Musterbeispiel ist meist die Überwältigung durch leidenschaftliche Liebe. Frühere Belege, die bis zu Homer zurückreichen, findet man bei Snell [6]1986 [Anm. 67], 59. 63f. Einen Überblick über die sehr ausgedehnte philosophische Diskussion des Problems vermittelt Pohlenz 1955 [Anm. 66], 64–112. 127–168.

205 Zahlreiche relevante Belege geben Snell [6]1986 [Anm. 67], 70. 153–158. 170–173, und Pohlenz 1955 [Anm. 66], 50ff. 127ff. Schon bei Homer werden Konflikte zwischen Vernunft und Leidenschaft und ihre prinzipiellen Lösungsmöglichkeiten – positive wie negative – deutlich angesprochen, was den antiken Interpreten (namentlich Platon und dem späteren Platonismus) im Gegensatz zu manchen neueren (darunter Snell) auch ganz geläufig war, belegt bei Schmitt 1990 [Anm. 18], 19f. 183–185. 188–191. 217–221. 223. 302 A. 615.

206 Von einer echten Schwäche des *Wollens* kann offenbar nur die Rede sein, wenn ein solches (auf welche Weise auch immer) bereits *gebildet* wurde und danach, obwohl die betreffende Person zu willensgemäßem Handeln objektiv und subjektiv *fähig* ist, auf defiziente Weise *nicht* zum Handeln führt, wozu es aus sehr verschiedenen Gründen und in vielfältigen Erscheinungsformen und Graduierungen kommen kann (vgl. Seebaß 1993 [Anm. 4], 58 A. 93, 159f. A. 220–230). Die „Akrasie“ aber betrifft solche Defekte nicht oder nur marginal, sondern rationale Defizienzen bei der *Bildung* des handlungsrelevanten Wollens. Einen gedrängten, historischen wie systematisch-kritischen Überblick über das Akrasieproblem in Abhebung gegen das Problem der (genuinen) Willensschwäche bietet G. Seebaß: Artikel *Akrasie*, in: *Enzyklopädie Philosophie und Wissenschaftstheorie*, ed. J. Mittelstraß, Stuttgart [2]2005, 59–63. Verschiedene Formen von (genuiner wie akratischer) Willensschwäche analysiert B. Guckes: *Willensschwäche und Zwang*, in: *Zeitschrift für philosophische Forschung* 58 (2004), 21–43.

207 Vgl. vor allem Euripides: *Hippolytos* 373–387, ergänzend *Mēdeia*, 1078f. (Anm. 204), sowie Fragmente aus *Chrysippos* und *Antiopē*, zit. bei B. Snell: *Szenen aus griechischen Dramen*, Berlin 1971, 68–70. Konkreter Bezugspunkt ist wieder die Überwältigung vernünftiger Einsicht durch leidenschaftliche Liebe, hier Phaidras zu Hippolytos. Die differenzierte psychologische Erklärung des Euripides wurde von Ovid (*Metamorphoseon libri [= Verwandlungen]*, VII, 20f.) später simplifiziert und der Medea in den Mund gelegt. In dieser Form ist sie zum geflügelten Wort geworden, an dem sich die philosophische Diskussion

des Akrasieproblems anhaltend abgearbeitet hat. Zur Interpretation der Euripides-Stelle vgl. insbesondere J. Holzhausen: *Eros und Aidos in Phädras Monolog*, in: *Abhandlungen der Akademie der Wissenschaften und der Literatur Mainz*, Stuttgart 1995, Nr. 1. Zu weiteren relevanten Belegen aus der griech. Dichtung vgl. auch Snell [6]1986 [Anm. 67], 78 und Schmitt 1990 [Anm. 18], 204f.

208 Vgl. speziell Aristoteles: *EN* [Anm. 11,] 1145b 22–27 (zu Sokrates) und Platon: *Protagoras*, 352b–359a (352b–c direkte Kritik an Euripides); *Gorgias*, 466d–469c; *Hippias Minor*, 376a–c; *Menon*, 77b–78b; *Timaios*, 86b–87b; *Nomoi [= Die Gesetze]*, 860d–861d. Schwächere Aussagen beziehen sich nur auf die Unmöglichkeit von Entscheidungen für das Schlechte, stärkere auch auf die Notwendigkeit, das erkannte Gute zu wollen und zu tun (vgl. Seebaß [2]2005 [Anm. 206], 59). Eine luzide philosophische Analyse der Platonischen Position, speziell der zentralen Passage aus dem *Protagoras*, findet man bei G. Vlastos: *Studies in Greek Philosophy*, vol. II, Princeton 1995, 43–59. Eine ausführliche Erörterung der Entwicklung von Platons Denken in der Auseinandersetzung mit dem Akrasieproblem enthält H.-U. Baumgarten: *Handlungstheorie bei Platon*, Stuttgart 1998, Kap. IIA.

209 Die prominenteste Äußerung dieser Art findet sich bei S. Kierkegaard: *Sygdommen til Doeden [= Die Krankheit zum Tode]*, Kopenhagen 1849, II, 2. Meist ist die Behauptung auch Teil der Gegenüberstellung von „Intellektualismus" und „Voluntarismus" (vgl. S. 113 und Anm. 67). Zur Kritik vgl. Seebaß [2]2005 [Anm. 206], 59f.

210 Kierkegaard [Anm. 209] hat zu Recht kritisiert, daß die Rückführung schlechter Entscheidungen auf mangelnde Kenntnis des Guten das Ursprungsproblem nur verschiebt. Denn nun stellt sich natürlich die Frage, wie man in *diesen* defizitären Zustand hineingerät und ob dies *seinerseits* frei und mit Willen erfolgt (etwa bei einem „Verbotsirrtum" aufgrund von Vorverschulden, S. 73). Kierkegaards Behauptung jedoch, die Griechen hätten das nicht erfaßt, ist unzutreffend. Sie ignoriert die Tatsache, daß einschlägige Äußerungen in der Literatur schon seit Homer belegbar sind (S. 118f., 120, sowie speziell Schmitt 1990 [Anm. 18], 101. 204. 205. 214f. 307 A.708). Vor allem aber ignoriert sie die Position von Aristoteles, der Wissensdefekten zwar ebenfalls zentrale Bedeutung für die „Akrasie" beimißt (vgl. *EN* [Anm. 11]: III, 6–7; V, 10–11; VII, 1–11; *EE* [Anm. 11]: II, 7–9; *EM* [Anm. 11]: I, 12–16; ders.: *Peri psychēs [= Über die Seele*, abgek. *PS]*, 433b5–10) und ihr Bestehen als Entschuldigungsgrund anerkennt, die Frage der Freiwilligkeit oder Unfreiwilligkeit ihres Eintretens jedoch nicht verkennt, sondern im Gegenteil für zentral hält (vgl. unten S. 124f.). Im übrigen gibt es Hinweise, daß auch Platon selbst für Rückfragen dieser Art prinzipiell offen war (vgl. S. 123f., Anm. 215–219).

211 So wird die Behauptung, daß man das (subjektiv) richtig erkannte Gute bzw. relativ Bessere oder Beste zwangsläufig wollen muß, *trivial wahr* und nichtssagend, wenn man (was oft geschieht) das „Gutsein" von etwas direkt oder indirekt auf das Wollen bzw. Wünschen der betreffenden Person selbst zurückführt. Umgekehrt wird sie *trivial falsch*, wenn es nur um das distanzierte Erfassen dessen geht, was eine fremde Autorität (Gott, der Staat, die Gemeinschaft o.a.) als ein Gut hinstellt. Rein theoretische Einsichten haben eben, auch wenn sie Werte zum Inhalt haben, als solche keinen Bezug aufs Wollen und Handeln, wie schon Aristoteles in einer einschlägigen Kritik an Platon betont hat (vgl. Seebaß 2006 [Anm. 1], 285f. A. 65). Interessant wird die These nur, wenn die Betreffenden *engagiert* sind, d.h. das „erkannte" Gute auch *anerkannt* und sich persönlich *zu eigen* gemacht haben. Dann aber stellt sich die Frage, ob dieses Engagement nicht immer *volitiv* qualifiziert sein muß, so daß der angeblich rein theoretische und epistemische Kern des Akrasieproblems in einem gewöhnlichen Willenskonflikt (S. 120, Anm. 201–205), in allgemeinen Problemen der optionalen Willensbildung (S. 64ff.) oder in Problemen der genuinen, nicht akratischen Willensschwäche (Anm. 206) aufgeht. Einen genaueren Überblick über diese Probleme und die philosophische Akrasiediskussion vermittelt Seebaß ^{2}2005 [Anm. 206], 60–62.

212 Die wichtigsten Textstücke sind Platon: *Protagoras*, 351b–357e und *Philebos*, 38a–42c. Platons Analyse des Konflikts bedient sich zweier Prämissen. Die erste besagt, daß jedes Begehren lustorientiert ist (vgl. dazu speziell *Philebos*, 34d–36c), die zweite, daß künftige Lust oder Unlust unterschätzt werden, und zwar aus rein epistemischen Gründen, analog zu optischen Täuschungen beim Sehen entfernter Objekte (*Protagoras*, 356c–357d; *Philebos*, 38b–42c). Das epistemische Deutungsmuster wirkt jedoch ziemlich gewaltsam und die hedonistische Theorie des Begehrens (auf die Platon sich vielleicht auch nur hypothetisch einläßt, vgl. Vlastos 1995 [Anm. 208], 47–50, 57–59) ist von der Sache her zweifelhaft. Außerdem berücksichtigt er nicht, daß eine Geringerbewertung der entfernteren Zukunft sehr wohl rational sein kann, wenn man ihre verringerte Eintrittswahrscheinlichkeit in die Überlegungen einbezieht, was angesichts der Begrenztheit unserer Lebenserwartung und der Wandelbarkeit unserer Interessen durchaus empfehlenswert ist (vgl. dazu auch Seebaß 2006 [Anm. 1], 11 A. 52–57). Doch wird der uns interessierende generelle Punkt seiner Konfliktbeschreibung von diesen Schwächen nicht berührt.

213 So hat der Stoiker Epiktet (~55–135 n.Chr.) sein berühmtes *Encheiridion [= Handbüchlein]* in cap. 53 wirkungsvoll mit zwei einschlägigen Platon-Zitaten (aus *Kriton*, 43d, und *Apologia Sokratūs [= Verteidigungsrede des Sokrates]*, 30c–d) schließen können. Zur Stoischen Freiheit siehe unten S. 126f.

214 Vgl. Platon: *Nomoi*, 860c–872cff., zum letztgenannten Punkt speziell 863e, wobei „būlēsis“ hier vereinfachend mit „Wille“ übersetzt ist (vgl. S. 82 Anm. 67). Platons Erörterung ist rechtstheoretisch erstaunlich differenziert, auch wenn er noch nicht (wie das moderne Strafrecht, S. 44f.) „Rechtswidrigkeit“ und „Schuld“ klar auseinanderhält.

215 Vgl. Platon: *Phaidros*, 245c–246a, sowie *Nomoi*, 894b–897b, wo die (längere, im Text nur auszugsweise referierte) Liste nachgeordneter seelischer Tätigkeiten in 896c–e zu finden ist. Eine ausführliche Erörterung beider Textstücke findet man bei Baumgarten 1998 [Anm. 208], Kap. IIB.

216 Platon: *Politeia*, 614b–621d. Die wesentlichen Punkte dieser Erzählung werden in modifizierter Form, wenn auch nicht mit derselben Ausführlichkeit und Vollständigkeit, in den anderen Mythen ebenfalls angesprochen, vgl. *Phaidon*, 80b–84b, 107c–108c, 113d–114e; *Phaidros*, 246a–249d; *Timaios*, 41e–42d, und *Nomoi*, 903e–905d.

217 Eine einschlägige Äußerung des spätantiken Kompilators Stobaios (~Anfang 5. Jh. n. Chr.) wird z.B. zustimmend zit. bei Schopenhauer: *FW* [Anm. 59], 219f. Ein neueres Beispiel für diese Deutung liefert U. Steinvorth: *Freiheitstheorien in der Philosophie der Neuzeit*, Darmstadt 1987, 1. 13f. Folgte man ihr, ließen sich Platon-Stellen wie *Politeia*, 617e, und *Timaios*, 42d, sogar als erste, weit vor der jüdisch-christlichen Überlieferung datierende (S. 92f., 107f.) Versuche interpretieren, das Theodizeeproblem mit Hilfe eines indeterministischen Begriffs der „Willensfreiheit“ zu lösen (vgl. auch Anm. 198).

218 Vgl. Theiler 1966 [Anm. 105], 69–71. 80–90 und Benjamins 1994 [Anm. 92], 44. 140. 143f.

219 Für die allegorische Deutung spricht die exhortative, rein innerweltliche Nutzanwendung in *Politeia*, 618c–619b und 621c–d, sowie die Version in den *Nomoi*, wo zwar die allgemeinen Gesetze des Weltbaus metaphysisch fixiert zu sein scheinen, die Einzelheiten jedoch der freien Entscheidung der Individuen überlassen sind, einschließlich ihrer Charakterbildung (vgl. 904b-c). Hier also gibt es offenbar einen Bereich des Lebens, der den präexistenten Fixierungen entzogen ist. Und im *Timaios*, 41e, wird zudem betont, daß die Seelen beim Eintritt ins erste Leben, noch nicht in moralisch relevanter Weise charakterlich vorbelastet sind.

220 Die zentralen Texte findet man ausführlich dargestellt und kritisch analysiert bei Kenny 1979 [Anm. 67] und R. Sorabji: *Necessity, Cause and Blame. Perspectives on Aristotle's Theory*, London 1980. Kenny legt den Hauptakzent auf

den Überlegungsprozeß und das freiwillige Handeln selbst, Sorabji auf die Beziehung zum Determinismus und zum Problem der Verantwortlichkeit.

221 Als Vertreter des Determinismus erscheint Aristoteles z.B. bei Cicero (vgl. *F* XVII, 39 [Anm. 187], 75), als dessen Gegner bei Alexander von Aphrodisias (*H* [Anm. 12], passim). Ein prominenter Anhänger der indeterministischen Deutung im 20. Jh. war R. Chisholm: *Human Freedom and the Self*, orig. 1964, zit. nach der dt. Übers. [Chr. Taul]: *Die menschliche Freiheit und das Selbst*, in: U. Pothast (ed.): *Seminar: Freies Handeln und Determinismus*, Frankfurt 1978, 71, 77, 86 A.1. Das ist zwar keine völlige Außenseiterposition (Belege bei Sorabji 1980 [Anm. 220], x und ch. 9), aber gewiß nicht mehr die herrschende Meinung. Im 19. Jh. dagegen war die indeterministische Auffassung dominant, dokumentiert bei R. Loening: *Die Zurechnungslehre des Aristoteles*, Jena 1903, Repr. Hildesheim 1967, 273–280, und M. Wittmann: *Aristoteles und die Willensfreiheit*, Fulda 1921, 4f. Loening hat seinerseits vehement gegen sie argumentiert (vgl. bes. Abschn. 8 und 18) und einen Umschwung in der Aristoteles-Rezeption eingeleitet (vgl. Wittmann, a.a.O., 51ff.). Ihm ist die Mehrheit der Interpreten gefolgt, darunter Krämer 1977 [Anm. 66], 246f.; D. J. Furley: *Aristotle and Epicurus on Voluntary Action*, in: [ders.:] *Two Studies in the Greek Atomists*, Princeton 1967, 184ff., 219–226, und diverse andere (vgl. Sorabji 1980, x und ch. 15). Sorabji wiederum, der die Frage in jüngerer Zeit am intensivsten erörtert hat, ist zur indeterministischen Deutung zurückgekehrt, gestützt allerdings auf die problematische These, daß Aristoteles einen prinzipiellen Unterschied zwischen Determiniertheit und vollständiger kausaler Erklärbarkeit mache. Den Versuch einer historischen Rekonstruktion der indeterministischen Aristoteles-Rezeption in der Antike findet man bei S. Bobzien: *The Inadvertent Conception and Late Birth of the Free-Will Problem*, in: *Phronesis* 43 (1998), 143ff.

222 Vgl. *EN* [Anm. 11] III, 1; *EE* [Anm. 11] II, 8: 1225a2–19; *EM* [Anm. 11] I, 15.

223 *EN* [Anm. 11] III, 2. 6–7; V, 10: 1135a27–31, 1135b11–1136a9; *EE* [Anm. 11] II, 9; *EM* [Anm. 11] I, 16.

224 *EN* [Anm. 11] III, 1: 1109b35–36, 1110a14–18, 1110b1–6; III, 3: 1111a21–23; V, 10: 1135a23–33; *EE* [Anm. 11] II, 9: 1225b7–11.

225 Vgl. Aristoteles: *PS* [Anm. 210], 433b27f.; *P* [Anm. 186] VIII, 2–6, bes. 252b17–28, 256a4–256b3, 259b1–5; *Peri zoiōn kinēseos [= Über die Bewegung der Tiere*, abgek. *ZK]*, 700a7–12. 26–34.

226 Vgl. dazu speziell *P* [Anm. 186], 1253a8–20, 259b2–20. Die bloße Tatsache, daß der „Anfang" („archē") der Bewegung in demjenigen liegt, das sich

bewegt, beweist für Aristoteles nicht, daß keine weiteren Ursachen vorausgehen, seien sie innere oder äußere. Deshalb kann eine „Selbstbewegung" prinzipiell nicht nur von Tieren und Menschen, sondern von beliebigen Naturdingen ausgesagt werden. Weiteres dazu bei Loening 1903 [Anm. 221], 132ff. und Sorabji 1980 [Anm. 220], 228ff.

227 So z.B. *EN* [Anm. 11], 1112b11–30, 1113b3–5 und *EE* [Anm. 11], 1226a7–17, 1226b9–30, detaillierte Erörterung bei Kenny 1979 [Anm. 67], pt. II. *Gegebene* und als solche *unhinterfragte* Zwecke, gleichgültig ob sie nur momentan bestehen oder charakterlich verfestigt sind, lassen die von ihnen abhängigen praktischen Überlegungen und Entscheidungen nur als reaktive Leistungen erscheinen, nicht als originäre. Lediglich bei der Wahl zwischen mehreren, in etwa *gleich* geeigneten Mitteln für einen gegebenen Zweck wäre ein wirklicher Neuanfang denkbar. Explizite Aussagen dazu gibt es allerdings nicht.

In der Regel geht Aristoteles von gegebenen Zwecken aus, bedingt durch sein eudaimonistisches Grundkonzept (vgl. Seebaß 2006 [Anm. 1], 13, 284f. A. 64, 292f. A. 90). Manchmal allerdings scheint er auch die *Zwecksetzung*, sofern diese nicht die höchsten Zwecke betrifft, als rationalen Wahlakt aufzufassen, so insbesondere *EN* [Anm. 11] VI, 2: 1139a31–1139b5. Doch bleibt dessen Originalität ebenfalls zweifelhaft, da die Rede vom Menschen als „Anfang" („archē", 1139b5) als solche nichts beweist (Anm. 226) und die Bindung an charakterliche Zielvorgaben ausdrücklich aufrechterhalten wird, von der Subordination aller Zwecksetzungen unter das letztlich leitende „Glück" („eudaimonia") ganz zu schweigen. Klar ist nur, daß Aristoteles mit der Möglichkeit einer selbständigen Stellungnahme zu äußeren, sinnlich vermittelten Anregungen zur Zwecksetzung rechnet (1139a19–22). Im übrigen ist zu beachten, daß der Aristotelische Terminus „telos", richtig verstanden, wesentlich weiter reicht als die gängige Rede von „Zwecken" und ihn keineswegs nur auf ein („poietisch") zweckrationales Handlungsmodell festlegt (vgl. dazu Seebaß 2006 [Anm. 1], 23–26).

228 So vor allem *ZK* [Anm. 225], capp. 6–8, nach deren Muster sich aber auch relevante Passagen in *P* [Anm. 186] VIII, 2–6 und *PS* [Anm. 210] III, 7–11 interpretieren lassen. Obwohl Aristoteles den Vergleich bis in die menschliche Physiologie hinein ausdehnt (vgl. *ZK*, 701b1–33), ist sein Gesamtmodell kein physiologistisch-reduktives. Denn der hier angesprochene Überlegungsprozeß selbst wird als zweckrationaler mentaler Prozeß charakterisiert, und die Zweckvorgaben enthalten den Bezug auf Güter, denen gegenüber es auch die Möglichkeit von subjektiven epistemischen Fehlern gibt (*ZK*, 700b15–35). Näheres dazu bei D. J. Furley: *Self-Movers*, in: A. O. Rorty (ed.): *Essays on Aristotle's Ethics*, Berkeley 1980, 55–67.

229 Die kausale Rückfrage nach dem Ursprung der „Selbstbewegung" mündet zuletzt in das Postulat eines außerweltlichen „unbewegten Bewegers", vgl. *P* [Anm. 186] VIII, 6 und *Ta meta ta physika [= Metaphysik*, abgek. *M]* XII, 6–7. Auf der Ebene des rationalen Handelns von Menschen endet sie z.T. aber auch schon mit dem lapidaren Hinweis auf die behauptete „Unbewegtheit" des erkannten bzw. vermeinten *Guten*, das den Inhalt oder Zweck des Begehrens darstellt (*M*, 1072a26–1072b4; *PS* [Anm. 210] III, 10; *ZK* [Anm. 225], cap. 6). Die Frage nach dessen korrekter Erkenntnis, die nach dem Wissenskriterium für die „Freiwilligkeit" des resultierenden Handelns entscheidend ist (S. 124, Anm. 223), wird in einem ersten Schritt auf die *charakterliche Verfassung* des Menschen zurückgeführt, in einem zweiten auf seine frühere *Lebensführung*, von der die Verfassung abhängt (vgl. *EN* [Anm. 11] III, 6–7). Die weitere Frage nach den Bedingungen, die über *deren* Freiwilligkeit entscheiden, wird nicht mehr gestellt, obwohl Aristoteles sich z.B. über die Bedeutung und individuelle Unverfügbarkeit von Erbanlagen und Erziehungseinflüssen sehr wohl im klaren war (vgl. *EN*, 1179b20–31).

230 Vgl. Aristoteles: *Peri hermeneias [= Über die Auslegung]*, cap. 9, und *M* [Anm. 229] VI, 3. Die zweite Passage bezieht sich auf den Kausaldeterminismus, die erste auf den Determinismus allgemein (eingehender hierzu im zweiten Band Kap. I, 3–4; vgl. auch Seebaß 2006 [Anm. 1], 131–136, 140 A. 32). Sorabji (1980 [Anm. 220], 7–9. 21–23, vgl. auch Anm. 221) hat *M* VI, 3 im Sinne einer Verneinung des Kausaldeterminismus zu interpretieren versucht. Die deterministische Deutung verteidigt dagegen G. Fine: *Aristotle on Determinism: A Review of Richard Sorabji's Necessity, Cause and Blame*, in: *The Philosophical Review* 90 (1981), 567–570.

231 Vgl. dazu vor allem *EE* [Anm. 11] VIII, 2, speziell 1248a16–23, sowie ergänzend *EM* [Anm. 11] II, 8. Ob Aristoteles hier allerdings tatsächlich eine ontologische und nicht nur epistemische Form der Indeterminiertheit im Auge hat (dazu im zweiten Band Kap. I, 5.2), ist nicht ganz klar, da sein Begriff der „Zufälligkeit" (ausführlich entwickelt in *P* [Anm. 186] II, 4–6) vorzüglich auf das unvorhersehbar kontingente (Anm. 186), situative Zusammentreffen von Faktoren abstellt, deren eigene Herkunft offen bleibt.

232 Vgl. dazu insbesondere *EM* [Anm. 11], 1188a30–35, wo der Begriff der „Freiwilligkeit" („hekūsion", S. 83) zweimal auch auf den „Willen" („būlēsis"; vgl. S. 82 Anm. 67 und Anm. 214) angewandt wird. Daß *EM* wahrscheinlich nicht authentisch Aristotelisch ist, sondern ein Werk von Schülern, ändert in der entscheidenden Hinsicht nichts, sondern führt nur zu einer etwas späteren Datierung der expliziten Rede vom „freien Willen".

233 Die wichtigsten Quellen sind Lukrez: *RN* [Anm. 187] II, 251–293, und Cicero: *F* IX, 18–20, X, 22 – XI, 25, XVI, 37, XX, 46–48 [Anm. 187], 38–51.

70–73. 86–91. Die wenigen relevanten Originaltexte, die von Epikur erhalten sind, sind weniger klar und sprechen vor allem nicht ausdrücklich vom „freien Willen". Deutlich ist allerdings auch hier Epikurs entschiedener, praktisch begründeter Antideterminismus, der sich mit späteren Berichten deckt, nachzulesen im griech. Original wie in engl. Übersetzung bei Long/Sedley 1987 [Anm. 107], vol. I, 102–104 / vol. II, 104–108.

Die problemgeschichtliche Stellung Epikurs ist umstritten. Möglicherweise war er der erste Autor, der die „philosophisch zentrale Stellung" des Problems der Willensfreiheit erkannte (so Long/Sedley 1987, vol. I, 107). Philosophisch reflektiert wurde es aber, wie dargelegt, auch schon vor Epikur. Und in keinem Fall „darf man ihn zu dem ersten Philosophen machen, der das Problem der Willensfreiheit erfaßt habe" (Pohlenz [5]1978/80 [Anm. 67], II, 60). Zur Stellung Epikurs als „Philosoph der Freiheit" in der Antike vgl. Nestle 1967 [Anm. 66], 112–119.

234 Lukrez: *RN* [Anm. 187] II, 216–250; Cicero: *F* X, 22f. [Anm. 187], 44–47.

235 Lukrez: *RN* [Anm. 187] II, 251–293; Cicero: *F* X, 23 [Anm. 187], 46f. Der genaue Sinn dieses Teils der Epikureischen Bahnabweichungstheorie wird bis heute kontrovers diskutiert. Manche Autoren (z.B. Furley 1967 [Anm. 221], 169–183. 227ff.) suchen ihre Bedeutung für das Willensfreiheitsproblem herunterzuspielen, doch kann eine so schwache Lesart insgesamt kaum überzeugen (vgl. auch Long [2]1986 [Anm. 105], 60).

236 Vgl. Cicero: *F* XX, 46–48 bzw. XI, 23 [Anm. 187], 86–91 bzw. 48f; *ND* I, 69f. [Anm. 116], 64f., sowie ders.: *De finibus bonorum et malorum [= Von den Grenzen der Güter und Übel]*, I, 18–20, zit. nach der zweispr. Ausgabe von H. Merklin, Stuttgart 1989, 68–73. Der von Cicero referierte Einwand des Karneades stellt allerdings (ähnlich wie manche Lösungsversuche der Stoiker, S. 127) nur auf den Ausschluß vorausgehender *äußerer* Ursachen als Kriterium für einen „freien Willen" ab, ohne sich eingehender mit dem Problem zu befassen.

237 Epikur: *Brief an Menoikeus* (Fragm.), zit. bei Long/Sedley [Anm. 107], vol. I, 102/vol. II, 104.

238 Vgl. das Referat bei Plutarch: *SE*, cap. 23 [Anm. 99], 509.

239 Über die stoische *Kausaltheorie* unterrichten S. Sambursky: *Physics of the Stoics*, London 1959, ch. III; Sorabji 1980 [Anm. 220], 64–69 und ch. 4, sowie M. Frede: *The Original Notion of Cause*, orig. 1980, Repr. in: [ders.:] *Essays in Ancient Philosophy*, Oxford 1987, 125–150. Vgl. außerdem A. A. Long: *Freedom and Determinism in the Stoic Theory of Human Action*, in [ders., ed.:] *Problems in*

Stoicism, London 1971, 173–199; Long [2]1986 [Anm. 105], 163–170; Long/Sedley 1987 [Anm. 107], vol. I, 340–343, sowie M. Forschner: *Die stoische Ethik*, Darmstadt [2]1995, 98–104. Übersetzungen einschlägiger Quellen bieten Sambursky 1959, 129–137, und Long/Sedley 1987, vol. I, 333ff. Eine relativ ausführliche Darstellung und kritische Diskussion findet man schon bei Alexander v. Aphrodisias: *H*, capp. 22–25 [Anm. 12], 70–75/197–201.

Zur stoischen Schicksalslehre und Theologie allgemein vgl. Pohlenz [5]1978/80 [Anm. 67], 93–110. Einschlägige Definitionen des „Schicksals" sind bei Long/Sedley 1987, vol. I, 336f. gesammelt. Besonders aufschlußreich ist die kommentierte, an den Stoiker Poseidonios (135–51/50 v. Chr.) anknüpfende Schicksalsdefinition bei Cicero: *D* I, 125–128 [Anm. 92], 122–127. Chrysipps Konzept des universalen theologischen Determinismus ist in Plutarchs polemischen Schriften gegen die Stoiker mehrfach dokumentiert, vgl. Cherniss 1976 [Anm. 77], 546–551. 594f. 792–795.

240 Der bedeutendste, schon in der Antike berühmte Textbeleg hierfür ist ein gebetsartiger *Hymnus an Zeus*, der dem zweiten Schulhaupt der Stoiker Kleanthes (331/330–232/231) zugeschrieben wird, kommentiert und übersetzt bei U. v. Wilamowitz-Moellendorff: *Reden und Vorträge*, Bd. I, Berlin [4]1925, 306–332. Die vorhandenen Parallelen zum jüdischen Gottesverständnis haben Pohlenz (vgl. [5]1978/80 [Anm. 67], 100, 108; 1955 [Anm. 66], 141) sogar vermuten lassen, der gebürtige Zypriote Zenon könne Anregungen aus dem geographisch benachbarten jüdischen Kulturkreis empfangen haben. Doch auch wenn das wirklich zuträfe, würde es an der selbständigen Weiterentwicklung des Stoischen Denkens nichts ändern, zumal dessen rationalistischer und philosophisch-systematischer Grundzug den zeitgleichen Texten der Bibel fremd war.

241 Zum Theodizeeproblem bei den Stoikern vgl. schon die einschlägigen Textbelege in Anm. 99, 104–105 und 107. Auf ihre Stellung zum Problem von Freiheit und Verantwortung wird bei der systematischen Erörterung des Freiheitsbegriffs (im dritten Band) und des Zusammenhangs von Determinismus und Fatalismus (im zweiten Band, Kap. IV) näher einzugehen sein. Antike Kritiker stoischer Lösungsversuche waren u.a. (nach dem Bericht von Cicero: *F* XIV, 31–33 [Anm. 187], 60–65) Karneades, Cicero selbst (vgl. a.a.O., 93), sowie insbesondere Plutarch und Alexander von Aphrodisias, die sich detailliert mit ihnen auseinandergesetzt haben (vgl. die in Anm. 12, 77 und 99 zitierten Schriften, jeweils passim). Weitere Quellennachweise bieten Sambursky 1959 [Anm. 239], 61, Long [2]1986 [Anm. 105], 193ff. und Forschner [2]1995 [Anm. 239], 106f.

242 Das Ergebungsprinzip, poetisch vorformuliert bereits bei Homer (*Ilias* XV, 109) und Euripides (*Hekabē*, 342ff.), hat Kleanthes' Hymnus (Anm. 240)

in ein Gebet gekleidet, das für die Stoiker maßgeblich blieb (Quellennachweise bei Theiler 1966 [Anm. 105], 65). Zenon und Chrysipp wurde der illustrative Vergleich mit einem Hund zugeschrieben, der an einen Wagen gebunden ist und die Wahl hat, freiwillig mitzulaufen oder widerwillig mitgeschleift zu werden (vgl. Long/Sedley 1987 [Anm. 107], vol. I, 386/vol. II, 382). Weitere relevante Belege findet man bei Long [2]1986 [Anm. 105], 175. 181f. und Forschner [2]1995 [Anm. 239], 110. 112f. Um den Widerspruchsvorwurf abzuwenden, der vor allem durch Texte der jüngeren Stoa nahegelegt wird, hat die neuere Forschung z.T. bezweifelt, daß das Hundebild und das Konzept, das es veranschaulicht, tatsächlich schon in der älteren Stoa vertreten wurde (so insbesondere S. Bobzien: *Determinism and Freedom in Stoic Philosophy*, Oxford 1998, chs. 6–7). Doch das ist in der Literatur historisch wie konzeptionell nicht unumstritten (vgl. Anm. 243).

243 Das Gebet des Kleanthes (Anm. 240. 242) wird von Epiktet wiederholt und an herausgehobenen Stellen zitiert, wie etwa *Diatribai [= Gespräche]*, IV, 1, 131, und *Encheiridion* [Anm. 213], cap. 53. Seneca hat es übersetzt und in einer Formel zusammengefaßt, die später zum geflügelten Wort wurde (vgl. *Ad Lucilium epistulae morales [= Briefe an Lucilius über die Moral]*, 107: 10–11, zit. nach *Philosophische Schriften* [Anm. 77], Bd. IV, 632–635. Auch Mark Aurel hat den Gedanken in eigenen Worten aufgegriffen (vgl. *H* [Anm. 77], X, 28).

Der Akt der Ergebung wird dabei nicht etwa an die Gottheit delegiert. Vielmehr erscheint der menschliche Geist, einschließlich seines Wollens und Sich-Entscheidens („būlēsis", „prohairesis", u.a., vgl. S. 82–84, Anm. 214. 232), bei diesen Philosophen als ein Bereich, der ganz in der Macht des Menschen steht, wobei oft und ausdrücklich auch von entsprechender „Freiheit" („eleutheria", „autexūsion" u.a., S. 82f.) die Rede ist, wie etwa bei Mark Aurel (*H* VIII, 56) und vor allem Epiktet: *Encheiridion*, capp. 1, 1–2; 8–9; *Diatribai* I: 1, 10–12. 24; 6, 37–41; 12, 9–15; 17, 20–28; 22, 9–12; II: 1, 12–13; 10, 1–2; 15, 1–2; III: 5, 7–8; 22, 103–105; IV: 1, 1–3. 56. 74–75. 128–131; 7, 8–9. 14. Wie dies mit einem konsequenten Determinismus zusammenpaßt, ist schwer zu sehen, so daß der Verdacht naheliegt, dieser werde hier unter der Hand für den mentalen Bereich verneint. Inwieweit das zutrifft und konzeptionell unausweichlich ist, wird in der Forschung kontrovers diskutiert. Als Beispiel für einen Versuch, das Stoische Konzept, einschließlich des umstrittenen Hundebildes (Anm. 242), als ein von Beginn an kohärent deterministisches zu interpretieren, vgl. etwa Ch. Jedan: *Chrysipp über Determinismus und moralische Verantwortlichkeit*, in: B. Guckes (ed.): *Zur Ethik der älteren Stoa*, Göttingen 2004, 141–164.

244 A. v. Harnack: *Lehrbuch der Dogmengeschichte*, Tübingen [4]1909, Repr. Darmstadt 1964, 20. Schon Harnack selbst sah sich veranlaßt, den Vorwurf zurückzuweisen (a.a.O., 24f.), er wolle die griechische Philosophie als die absolut do-

minante und treibende Kraft bei der Entwicklung einer dogmatischen Theologie hinstellen. Er hat aber daran festgehalten, daß „die Theologie mit den Mitteln der griechischen Philosophie arbeitet“ (24) und, indem sie „sich ihren religiösen Glauben dadurch zum Verständniss bringt, dass sie ihn analysirt, wissenschaftlich präcisirt und begründet“, selbst „als eine grosse Philosophenschule im antiken Sinne des Worts“ erscheint (18), die den Glauben „in ein philosophisches System gefasst hat“ (24). Dies jedenfalls kann als allgemeine Feststellung mit Grund bezweifelt werden.

245 Origenes hat sich nicht nur (in *Kata Kelsu*, Anm. 105) ausgiebig und polemisch mit dem Platonismus auseinandergesetzt, sondern ist von diesem, ebenso wie von anderen philosophischen Strömungen, auch bei seiner Behandlung des Freiheitsproblems wesentlich angeregt worden (vgl. Benjamins 1994 [Anm. 92], 3ff., Kap. III, sowie schon oben S. 108, Anm. 150–152 und Anm. 164). Augustin hat sich philosophisch besonders an Cicero und dessen diversen Erörterungen klassischer philosophischer Positionen orientiert. Zentrale Teile seiner Theorie des Willens und der Willensfreiheit sind direkt durch Cicero angeregt bzw. in Auseinandersetzung mit ihm entwickelt worden, vgl. insbesondere *CD* [Anm. 105] V, 9–10, aber auch *De Trinitate [= Über die Dreieinigkeit]* (399–419), XIII, 3–7, und Cicero: *Hortensius – Lucullus – Academici libri*, lat./dt., edd. L. Straume-Zimmermann et. al., Düsseldorf/Zürich ^{2}1997, 66–79.

246 Näheres zu diesen Teilen der Augustinischen Willenstheorie, auf die bei der systematischen Diskussion des Willensfreiheitsbegriffs (im dritten Band) an verschiedenen Stellen zurückzukommen sein wird, findet man ebenso wie relevante Quellenangaben in Seebaß 2006 [Anm. 1], 123 A. 30–31; 156 A. 47–50; 174–176, A. 20; 214 A. 60–61, 221 A. 75–76, 223 A. 79.

247 Relevante Ansätze und Vorstufen gibt es jedoch. Beispiele mentaler Selbstreflexion sind in der Stoischen Philosophie zu finden, insbesondere bei Epiktet (S. 127 Anm. 243). Ein Versuch, die Frage der Willensfreiheit dadurch zu lösen, daß man von einer Analyse des klassischen Begriffs der Handlungsfreiheit ausgeht und dessen definitorische Bestimmungen kritisch hinterfragt, findet sich bei Plotin: *Peri tū hekūsiū kai thelēmatos tū henos [= Über die Freiwilligkeit und den Willen des Einen]*, 1–7, in: *Plotins Schriften* [Anm. 104], Bd. IV, 2–23. Einschlägige konditionale Handlungsbeschreibungen sind noch älter und lassen sich, wenngleich ohne direkten Bezug auf den Freiheitsbegriff, sogar bis zu Aristoteles zurückverfolgen (vgl. *M* [Anm. 229] IX, 5: 1048a1–24).

248 Vgl. insbesondere *Römer* 7/7–25. Zur handlungstheoretischen Bedeutung dieser zentralen, vieldiskutierten Bibelstelle vgl. Seebaß 1993 [Anm. 4], 32f.,

246 A. 40. Einen Überblick über die ausgedehnte Rezeptionsgeschichte und exegetische Diskussion vermitteln Schelkle 1956 [Anm. 79], 232–258, Wilckens 1980 [Anm. 79], Bd. II, 72–117, sowie W. Kümmel: *Römer 7 und das Bild des Menschen im Neuen Testament*, München 1974, 1–160.

249 Einen gedrängten Überblick, verbunden mit diversen relevanten Textbelegen und Quellenangaben vermitteln Seebaß 2003 [Anm. 61], 55f., und Seebaß 2006 [Anm. 1], 4–8 / 268–278 A. 11–45. Ausführlichere Darstellungen bieten u.a. V. Pöschl: *Der Begriff der Würde im antiken Rom und später*, Heidelberg 1989; G. Ebeling: *Lutherstudien*, Bd. II, Tübingen 1977–1989, vgl. bes. Bd. II/3, § 50; W. Pannenberg: *Systematische Theologie*, Bd. II, Göttingen 1991, Kap. 8; D. Jaber: *Über den mehrfachen Sinn von Menschenwürde-Garantien*, Frankfurt 2003, Kap. 2, § 3, und für das Spätmittelalter und die Renaissance insbesondere Ch. Trinkaus: *In Our Image and Likeness*, 2 vols., Chicago 1970, Repr. Notre Dame 1995.

250 Die Vorstellung von einer quasi-göttlichen Sonderstellung des Menschen, die ihn prinzipiell über den Rest der Natur und partiell auch über seine eigene animalische Natürlichkeit erhebt, war in der griechisch-römischen Tradition ebenfalls fest verankert, bezogen vor allem auf die Vernunft, die jedoch – als Ermöglichungsbedingung einer praktisch-rationalen Weltgestaltung – implizit auch den Gedanken der Freiheit einschließt. Daher wurden Erscheinungen manifester praktischer Irrationalität (wie die „Akrasie", S. 121f.) oder der Ambivalenz im Vernunftgebrauch selbst als irritierend und bedrohlich für das menschliche Selbstverständnis empfunden (dazu Seebaß 2006 [Anm. 1], 6–8).

An dieses Menschenbild konnte die christliche Theologie direkt anknüpfen. Auch hier ist es vorzüglich die Vernunft des Menschen, mit der seine („gottebenbildlich") herausgehobene Stellung als Kontrolleur und Gestalter der Welt begründet wird, nicht seine Willensfreiheit. Und wenn diese ins Spiel gebracht wird, bleibt ihre Bedeutung durchaus begrenzt. Von einer absoluten Distanz zur Welt oder auch nur einer innerweltlichen, prinzipiell indeterminierten Entscheidungsfreiheit kann in der Regel (mit den in Abschn. 3–4 erwähnten Ausnahmen) gar keine Rede sein. Die jüdisch-christliche Gottesvorstellung ist eben mit derart hochfahrenden anthropologischen Ideen grundsätzlich unvereinbar.

All dies gilt im übrigen auch mit Blick auf prima facie extrem klingende Äußerungen wie den vielzitierten, emphatischen Lobpreis der „selbstschöpferischen" Entscheidungsfreiheit bei Pico della Mirandola (vgl. *De hominis dignitate / Über die Würde des Menschen*, ed. G. v. d. Gönna, Stuttgart 1997, 8f.), der sich im übrigen dabei selbst weniger in den christlichen als in den griechisch-römischen Kontext stellt und der auch in der Literatur des Humanismus und der Renaissance ziemlich allein dasteht (vgl. Seebaß 2006, 271 A. 20).

Namenregister

Sachregister

www.ingramcontent.com/pod-product-compliance
Lightning Source LLC
LaVergne TN
LVHW021727021026
849161LV00004BA/760